现代食用菌学

◎ 张江萍　编著

中国农业科学技术出版社

图书在版编目（CIP）数据

现代食用菌学 /张江萍编著 . —北京：中国农业科学技术出版社，
2013. 6（2021.12重印）

ISBN 978 – 7 – 5116 – 1304 – 2

Ⅰ. ①现⋯　Ⅱ. ①张⋯　Ⅲ. ①食用菌 – 蔬菜园艺　Ⅳ. ①S646

中国版本图书馆 CIP 数据核字（2013）第 132903 号

责任编辑　张孝安
责任校对　贾晓红

出 版 者　中国农业科学技术出版社
　　　　　北京市中关村南大街 12 号　邮编：100081
电　　话　（010）82109708（编辑室）　（010）82109704（发行部）
　　　　　（010）82109709（读者服务部）
传　　真　（010）82106625
网　　址　http://www.castp.cn
经 销 者　各地新华书店
印 刷 者　北京建宏印刷有限公司
开　　本　787 mm×1 092 mm　1/16
印　　张　12.75
字　　数　300 千字
版　　次　2013 年 6 月第 1 版　2021 年 12 月第 6 次印刷
定　　价　36.00 元

前　言

本教材根据高等职业院校专业培养目标进行编写。可作为农业、林业、师范院校中园艺、食品、农艺、植保、资环、林学、微生物、生物学及农经等高等职业院校的教材，菌类园艺工及相关从业人员的岗前、就业、转岗的培训教材。

《现代食用菌学》包括六章 28 节，前三章分别阐述了食用菌栽培史及食用菌发展状况，食用菌的形态与分类，食用菌的生理生态，食用菌的消毒灭菌和菌种的制作、培养、质量鉴定及保藏。第四章重点介绍了十二种食用菌的栽培现状，生物学特性及实用栽培技术。第五章介绍了食用菌工厂化生产的状况、原理及构成。第六章阐述了食用菌病虫害的发生及防治。书后附有菌类园艺工国家职业标准附录。

为了适应教学对象的职业性，遵循职业教育规律和行业生产经营规律、适应职业岗位群的职业能力要求和高素质技能型人才培养的要求，作者收集了大量的资料，教材力求具有创新性、实践性、科学性、普适性，尽可能满足新形势下高素质技能型人才培养的需要。

该教材在编写过程中，得到山西农业大学食品科学与工程学院常明昌教授、孟俊龙副教授的大力支持和帮助，在此深表感谢！

由于编者水平有限，书中难免存在着不足、不妥之处，敬请广大读者批评指正。

编者

2013 年 3 月

目　　录

第一章 绪 论

第一节 食用菌的概述

食用菌又称食用真菌。广义的食用菌是指一切可以食用的真菌。它不仅包括大型真菌，而且还包括小型的食用真菌。狭义的食用菌是指可供人类食用的大型真菌，通常是形体较大的，多为肉质、胶质、膜质的，是肉眼可以看得清清楚楚的真菌，通常也被人们称为"菇"、"菌"、"蕈"、"蘑"、"耳"。通常所说的食用菌，实际上就是狭义上的食用菌。

目前，已知的食用菌主要包括担子菌和子囊菌中的一些种类。大约有90%的食用菌属于担子菌，而少数属于子囊菌。

食用菌主要包括伞菌类、耳类、非褶菌类、腹菌类和其他菌类，如常见的平菇、香菇、草菇、双孢菇、金针菇、滑菇、木耳、银耳、金耳、毛木耳、竹荪、牛肝菌、松茸、羊肚菌、蜜环菌，以及可药用的灵芝、猴头、冬虫夏草、猪苓、茯苓、灰包及灰树花等。食用菌也常被人们称为食用菌蕈或食用蕈菌，在我国古代就把生于木上的菇称为菌，长于地上的称为蕈。

大自然中蕴藏着丰富的食用菌资源。2008年年底，全世界报道大型真菌达1.5万种，其中食用菌约2 700种。我国有967种食用菌，常见种类约240种，其中我国驯化和半人工栽培食用菌种类达100种，有20多种能形成大规模商业性产业化生产，有近10种已进行工厂化生产。

我国是世界上绝大多数食用菌人工栽培的发源地，很早就开始了食用菌的驯化、栽培。在当今世界上著名的五大栽培食用菌中，除双孢蘑菇（1707年，法国人首先栽培成功）外，其余的香菇、木耳、金针菇、草菇都是我国最早人工栽培的。目前，广泛栽培的一些其他食用菌，如银耳、灵芝、猪苓、茯苓以及猴头菇等也都是我国最早栽培的。

我国有着近千年的栽培历史。同时，幅员辽阔，菌种资源丰富；又是农业大国、人口众多，生产原料来源广泛、劳动力资源充足，这些都为食用菌产业的发展奠定了雄厚的基础。食用菌生产具有"不与农争时、不与人争粮、不与粮争地、不与地争肥，比种植业占地少、用水少，比养殖业投资小、周期短、见效快"等特点。发展食用菌产业能够缓解资源、环境危机，促进农业可持续发展，为人类提供营养、优质、安全的食品，有利于服务"三农"，带动市场经济的发展。食用菌产业已经成为一个新兴的、颇具生命力的朝阳产业。

第二节 发展食用菌生产的意义

食用菌营养丰富、味道鲜美，是健身强体的理想食品，也是人类的三大食物之一；同时还具有很高的药用价值，是人们公认的高营养保健食品。栽培食用菌，原料来源广，技术简单易行，投资少，见效快；既可变废为宝，又可综合开发利用，有着十分显著的经济效益和社会效益。

一、食用菌的食用价值

食用菌不仅质地柔嫩、味道鲜美、食味独特，而且还含有十分丰富的营养物质兼有较高的药用价值。因此，食用菌正在发展成为介于动物性、植物性食品之间的第三类食品，即菌类食品，是人类理想健康的食品。食用菌产业已成为 21 世纪"白色农业"的发展方向。

食用菌具有高蛋白质、低脂肪、低胆固醇，富含维生素、矿物质和膳食纤维的特点，含有蛋白质、脂肪、碳水化合物、多种维生素和矿质元素等成分（表 1 - 1）。

表 1 - 1 每 100g 食用菌干品的主要成分

种类	产地	水分（g）	蛋白质（g）	脂肪（g）	碳水化合物（g）	粗纤维（g）	灰分（g）
双孢菇	山西	9	36.1	3.6	31.2	6	14.2
香菇	山西	18.5	13	1.8	54	7.8	4.9
木耳	山西	10.9	10.6	0.2	65.5	7	5.8
金针菇	山西	10.8	16.2	1.8	60.2	7.4	3.6
平菇	山西	10.2	7.8	2.3	69	5.6	5.1
银耳	北京	10.4	5	0.6	78.3	2.6	3.1

1. 蛋白质

食用菌子实体中蛋白质的含量丰富，享有"植物肉"的美誉。据测定，一般菇类所含的蛋白质约占可食部分鲜重的 3% ~ 4% 或干重的 10% ~ 40%，介于肉类和蔬菜之间，是大白菜、番茄、白萝卜等常见蔬菜的 3 ~ 6 倍，是香蕉、橙子的 4 ~ 5 倍。虽不及动物性食品的含量丰富，但也不像动物性食品那样，在含有高蛋白质的同时，还含有高脂肪、高胆固醇。

食用菌种氨基酸的组成全面，利用率高。人体所需的 20 种氨基酸，食用菌一般含有 17 ~ 18 种，氨基酸种类齐全、含量丰富，含有大量的人体生长发育所需的必需氨基酸（表1－2）。特别是谷类食物中含量较少或缺乏的赖氨酸和亮氨酸，在食用菌中的含量也很丰富。食用菌中的蛋氨酸、胱氨酸的含量也比一般动物性食品的高。不同种类的食用菌和不同环境中生长的食用菌，其蛋白质的含量也有较大差异，一般地上生的比长在木材上的食用菌蛋白质含量高，而生于地下土壤中的地下块菌含量更高。此外，有些食用菌还含有一些稀有氨基酸。

表1－2　4种食用菌中每100g蛋白质的必需氨基酸

种类	双孢菇（g）	香菇（g）	草菇（g）	平菇（g）
异亮氨酸	4.3	4.4	4.2	4.9
亮氨酸	7.2	7.0	5.5	7.6
赖氨酸	10.0	3.5	9.8	5.0
蛋氨酸	微量	1.8	1.6	1.7
苯丙氨酸	4.4	5.3	4.1	4.2
苏氨酸	4.9	5.2	4.7	5.1
缬氨酸	5.3	5.2	6.5	5.9
酪氨酸	2.2	3.5	5.7	3.5
色氨酸	—	—	1.8	1.4
总计	38.3	35.9	43.9	39.3

2. 脂肪

食用菌含有较低的脂肪，一般都在10%以下，平均为干重的2%～8%。其脂肪组成75%以上为不饱和脂肪酸，这些不饱和脂肪酸中又有70%以上是人体必需脂肪酸，如亚油酸、软脂酸和油酸等。而不饱和脂肪酸对人体的生长发育是十分有益的，可有效地清除人体血液中的垃圾，具有降血脂、降胆固醇、预防心血管系统疾病的作用。

3. 矿物质

食用菌是人类膳食所需矿物质的良好来源。含有极为丰富的矿质营养元素，如钾、钠、钙、铁、锌、镁、磷等，其中钾、磷、钠、钙所占比例较高。食用菌含灰分4%～10%，平均为7%左右。它所含矿质营养元素的种类、数量与其生长环境有着密切的关系。有些食用菌中还含有大量的锗和硒。这些矿物质对调节体液，维持细胞正常代谢起着重要作用，特别是丰富的钾元素和少量的钠，使食用菌成为减少高血压发病率最理想的食品之一。

4. 维生素

食用菌中还含有多种维生素，是蔬菜的2～8倍。尤其是维生素B类和维生素D含量丰富，维生素A类含量较低，维生素C的含量接近于一般蔬菜的含量。香菇维生素D含量最高。鸡腿菇中维生素B_1和维生素E类含量丰富。

食用菌具有很高的营养价值，而且还有较高的药用价值，它能预防和治疗多种疾病。食用菌中含有的甾类、三萜类、香豆精、挥发油、生物碱、有机锗、多糖等，具有调节人体机能、提高机体免疫力、降低血压、降低胆固醇、延缓衰老、抗病毒、抗体肿瘤等作用。如双孢菇中的酪氨酸酶可降低血压，核苷酸可治疗肝炎，核酸有抗病毒的作用。香菇中的维生素 D 原能增强人的体质和防治感冒，还可防治肝硬化等。猴头可以治疗消化道疾病。马勃鲜嫩时可食，老熟后可止血和治疗胃出血。茯苓有养身、利尿之功效。木耳有润肺、清肺和消化纤维的作用。冬虫夏草可作为强壮剂、镇静剂。灵芝还具有健脑强身、主治神经衰弱和延年益寿之功效。

尤其是食用菌中的真菌多糖，具有防癌抗癌的作用，能显著提高人体的免疫机能（表 1 - 3）。如猴头菌对预防和治疗胃癌和食道癌有一定的疗效。灵芝多糖用于肝癌的预防和治疗。

表 1 - 3　几种食用菌抗癌效率

种类	抑癌效率（%）	种类	抑癌效率（%）
松茸	91.3	草菇	75
平菇	75.3	银耳	80
金针菇	81.1	猴头	91.3
香菇	80.7	茯苓	96.9
木耳	42.6	滑菇	86

目前，我国已开发出灵芝片、灵芝糖肽、灵芝肝肽、灵芝胶囊、猴头菌片、三九胃泰、舒筋片散、猪苓多糖、金耳胶囊、银耳孢糖胶囊、香菇多糖、蜜环菌片、胃乐宁、灵芝粉等。

食用菌不但营养丰富，将成为最理想的长寿食品。而且，作为一种天然药物，其药用价值尤为显著。发展食用菌产业意义重大。

二、经济效益

食用菌都是异养型的生物，绝大多数为腐生，少数为寄生或共生。它们是大自然中的分解者，能分解基质吸收营养，把人类所不能直接食用的、富含纤维素和木质素的自然资源充分利用。通过食用菌栽培而形成大量的菌类食品。

食用菌栽培的原料来源十分广泛。如各种农作物的下脚料，麦草、稻草、棉籽壳、玉米芯、麦麸、米糠、野草、作物秸秆、高粱壳等；林业上的阔叶树锯木屑、树枝、树叶、杂木和废木材；酿造业上的酒糟、醋糟；制糖业上的废甜菜丝、废糖蜜；以及各种畜禽的粪尿等。利用这些材料栽培食用菌，不仅可以得到人类理想的健康食品，同时还消除了对环境的污染，化害为利和变废为宝，从而取得良好的经济效益。有的地方发展食用菌栽培，为农民脱贫致富能起到积极的作用，并成为当地农民的主要经济来源。

三、社会效益

中国大农业的发展是"三色"农业，即绿色农业、蓝色农业、白色农业。白色农业就是微生物农业，食用菌是白色农业的一种，为人类提供理想的健康食品。食用菌生产可以调整农村产业结构、开辟农业增收的新途径和新领域；它可以改善环境，促进可持续农业的发展；利用农村剩余劳动力、闲置的土地及各种农作物的下脚料来发展。是农村、农民快速致富的有效途径。

第三节 我国食用菌业

一、我国食用菌业的概况

我国的食用菌生产迅速，各种栽培技术不断提高，食用菌资源得到了开发利用，培育出大量的新品种。人工栽培的食用菌品种约有60多种，如双孢菇、香菇、金针菇、凤尾菇、平菇、秀珍菇、滑菇、竹荪、毛木耳、黑木耳、银耳、草菇、银丝草菇、猴头菌、姬松茸、杏鲍菇、白灵菇、灰树花、皱环球盖菇、长根菇、鸡腿蘑、真姬菇等。已商品化生产平菇、香菇、木耳、猴头、银耳、金针菇等近20种食用菌，产区主要分布在福建省、黑龙江省、河北省、河南省、山东省、浙江省、江苏省、广东省和四川省等地。截至2011年年底，我国食用菌的生产总量达到2 571.74万t，总产值达到1 543.24亿元，全年出口食用菌产品52万t，实现创汇24.07亿美元。2011年总产量较2010年增加了310.49万t，增长13.73%，产值较2010年增加了135.33亿元，增长了14.1%，年出口食用菌产量较2010年增加了2.88万t，出口创汇增加了6.55亿美元，增长37.39%。食用菌已成为我国继粮、棉、油、果、菜之后的第六大农产品，中国也成为名副其实的食用菌大国。

二、我国食用菌业的发展趋势

1. 向多品种发展

开发利用野生食用菌资源，发展新的栽培种类。根据市场需求，发展新、优品种，尤其是国内外畅销的品种，并注重野生品种的驯化研究。20世纪50年代前，人们以栽培双孢菇为主。现在香菇、木耳、平菇、金针菇、草菇、银耳及猴头等食用菌的生产都有了较大的发展。

2. 向多种栽培方式发展

现逐步趋于工厂化生产，进行集约化栽培。如多种形式的立体栽培、菌粮间作、菌菜间作等，现逐步趋于工厂化、专业化生产。

3. 栽培原料向多样化发展

随着新技术、新品种的不断开发和推广，国家封山育林政策的实施，人们环保意识的增强，会逐渐淘汰传统的段木栽培方式，向代料栽培方式发展。从原来以段木、粪草、秸秆为主发展到代料培养，如用棉籽壳、玉米芯、高粱壳、酒糟、废棉等多种工农业下脚料。

4. 从零星散户栽培向联户规模型产业化发展

由过去的一户一家生产，发展到现在许多地方一村一乡，甚至一个县的生产，从而形成大型的食用菌生产基地。从副业生产转向专业生产和产业化生产，正发展成为一门新兴的白色农业产业，并带动其他相关产业发展。食用菌的生产经营管理模式也逐渐由庭院经济模式转向公司基地加农户的产业化模式或工厂化栽培管理模式。

5. 由手工操作向机械化生产发展

食用菌专用机械的面世，使食用菌栽培逐步走向机械化生产，可大大提高生产效率，并可形成周年化生产。

6. 向深加工发展

食用菌以鲜销、干销为主，发展深加工，对一些功能性成份的提取，如真菌多糖等，向保键品、药品方向发展。同时，注重食用菌的贮藏、运输开发。逐渐形成一个从生产、加工到销售的一条产业链。

复习思考题

1. 什么叫食用菌？
2. 试述食用菌的营养价值和药用价值。
3. 浅谈我国食用菌发展状况。

第二章 食用菌基础理论

第一节 食用菌的形态结构与分类

一、食用菌的形态结构

食用菌的种类繁多，千姿百态，大小不一。不同种类的食用菌以及不同的环境中生长的食用菌都有其独特的形态特征。虽然它们在外表上有很大差异，但实际上它们都是由生活于基质内部的菌丝体和生长在基质表面的子实体组成的。

1. 菌丝体的形态

菌丝体是食用菌的营养器官。它生长在土壤、草地、林木或其他基质内，分解基质，吸收营养和水分，以满足其生长发育的需要。菌丝体是由基质内无数纤细的菌丝交织而成的丝状体或网状体，绝大多数呈白色。因其生长于基质内，而又十分纤细，因此人们一般很少注意到它们的存在。如果环境条件适宜，菌丝体就能不断地向四周蔓延扩展，利用基质内的营养，繁衍自己，使菌丝体增殖。达到生理成熟时，菌丝体就会扭结在一起，形成子实体原基，进而形成子实体。食用菌生产中所使用的菌种，实际上就是其菌丝体。

食用菌的菌丝都是多细胞的，由细胞壁、细胞质、细胞核所组成。菌丝是由管状细胞组成的丝状物，是由孢子吸水后萌发产生芽管，芽管的管状细胞不断分枝伸长发育而形成的（图 2-1）。大多数大型真菌的菌丝都有横隔膜将菌丝分成许多间隔，从而形成有隔菌丝。食用菌的菌丝都是有隔菌丝（图 2-2）。食用菌的菌丝细胞中细胞核的数目不一。通常子囊菌的菌丝细胞含有一个核或多个核，而担子菌的菌丝细胞大多数含有两个核。含有两个核的菌丝叫双核菌丝。双核菌丝是大多数担子菌的基本菌丝形态。

根据菌丝发育的顺序和细胞中细胞核的数目，食用菌的菌丝可分为初生菌丝、次生菌丝、三次菌丝。

（1）初生菌丝 孢子萌发而形成的菌丝。开始时菌丝细胞多核、纤细，后产生隔膜，分成许多个单核细胞，每个细胞只有一个细胞核，又称为单核菌丝或一次菌丝（子囊菌的单核菌丝发达而生活期较长，而担子菌的单核菌丝生活期较短且不发达，两条初生菌丝一般很快配合后发育成双核化的次生菌丝）。

单核菌丝无论怎样繁殖，一般都不会形成子实体，只有和另一条可亲和的单核菌丝质配之后变成双核菌丝，才会产生子实体。

（2）次生菌丝 两条初生菌丝结合，经过质配而形成菌丝。由于在形成次生菌丝时，两个初生菌丝细胞的细胞核并没有发生融合，因此次生菌丝的每个细胞含有两个

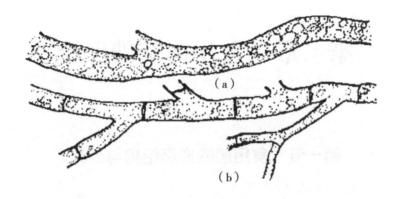

图 2 - 1　菌丝体类型
（a）无隔菌丝；（b）有隔菌丝

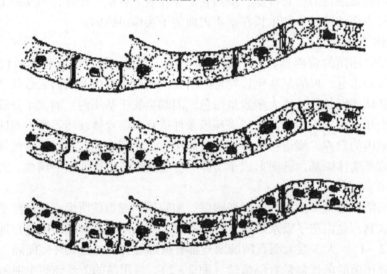

图 2 - 2　单核菌丝、双核菌丝和二倍体菌丝

核，又称为双核菌丝或二次菌丝。

　　它是食用菌菌丝存在的主要形式，食用菌生产上使用的菌种都是双核菌丝，只有双核菌丝才能形成子实体。它能发出多个分枝，向多极生长，并分泌水解酶，将基质中的大分子碳水化合物水解成小分子化合物供自身生长需要，从而不断生长扩大，直至成熟集结形成子实体，同时也为子实体提供养料，两条初生菌丝制种既是培养次生菌丝体，又是任何微小的菌丝体片段（菌种块），均能产生新的生长点，由此产生新的菌丝体。生长基质内的菌丝体，如条件适宜，可以永远生长下去，直至基质养料消耗完毕。

　　大部分食用菌的双核菌丝顶端细胞上常发生锁状联合（图2-3），这是双核菌丝细胞分裂的一种特殊形式。担子菌中许多种类的双核菌丝都是靠锁状联合进行细胞分裂，不断增加细胞数目，锁状联合过程（图2-4）。

　　每一段生活菌丝都具有潜在的分生能力，均可发育成新的菌丝体。生产应用的

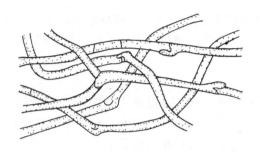

图2-3　菌丝锁状联合结构

（引自常明昌教授《食用菌栽培》第二版

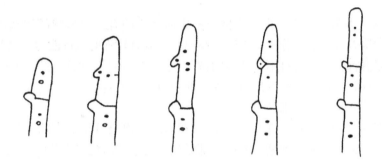

图2-4　担子菌的锁状联合形成

（引自常明昌教授《食用菌栽培》第二版

"菌种"，就是利用菌丝细胞的分生作用进行繁殖的。食用菌的菌丝一般是按以下形态为特征的。

①先在双核菌丝顶端细胞的两核之间的细胞壁上产生一个喙状突起。

②双核中的一个移入喙状突起，另一个仍留在细胞下部。

③两异质核同时进行有丝分裂，成为4个子核。

④分裂完成后，2个在细胞的前部。另外2子核，1个进入喙突中，1个留在细胞后部。

⑤此时，细胞中部和喙基部均生出横隔，将原细胞分成3部分。此后，喙突尖端继续下延与细胞下部接触并融通。同时喙突中的核进入下部细胞内，使细胞下部也成为双核。

⑥经如上变化后，4个子核分成2对，一个双核细胞分裂为两个。

⑦此过程结束后，在两细胞分融处残留一个喙状结构，即锁状联合。

这一过程保证了双核菌丝在进行细胞分裂时，每节（每个细胞）都能含有两个异质（遗传型不同）的核，为进行有性生殖，通过核配形成担子打下基础。

双核菌丝是靠锁状联合进行细胞分裂的；锁状联合是双核菌丝的鉴定标准，凡是产生锁状联合的菌丝均可断定为双核。

锁状联合也是担子菌亚门的明显特征之一，尤其是香菇、平菇、灵芝、木耳、鬼伞等。

（3）三次菌丝　在不良条件下或到达生理成熟时，由二次菌丝进一步发育形成的已组织化的双核菌丝，也叫三生菌丝或结实性菌丝。如菌索、菌核、菌根中菌丝以及子实体中的菌丝。

2. 菌丝的组织体

菌丝体无论在基质内伸展，还是在基质表面蔓延，一般都是很疏松的。但是有的子囊菌和担子菌在不良环境条件或在繁殖的时候，菌丝体的菌丝相互紧密地缠结在一起，就形成了菌丝体的变态。常见的菌丝组织体如下。

（1）菌索　由菌丝缠结而形成的形似绳索状的结构。（菌丝组织体）对不良环境有较强的抵抗力，当环境条件适宜时，菌索可发育成子实体。典型的如蜜环菌、安络小伞等。

（2）菌核　由菌丝体和贮藏营养物质密集而形成的有一定形状的休眠体，又称菌核。菌核中贮藏着较多的养分，对干燥、高温和低温有较强的抵抗能力。因此，菌核既是真菌的贮藏器官，又是度过不良环境的菌丝组织体。菌核中的菌丝有较强的再生力，当环境条件适宜时，很容易萌发出新的菌丝或者由菌核上直接产生子实体。我们常用的药材如猪苓、雷丸和茯苓等都是。

（3）菌丝束　由大量平行菌丝排列在一起形成的肉眼可见的束状菌丝组织叫菌丝束。无顶端分生组织，如双孢菇子实体基部常生长着一些白色绳索状的丝状物，是它的菌丝束。

（4）菌膜　由菌丝紧密交织成一层薄膜，即是菌膜。如香菇的表面形成的褐色被膜。

（5）子座　它是由菌丝组织即拟薄壁组织和疏丝组织构成的容纳子实体的褥座状结构。一般呈垫状、栓状、棍棒状或头状。它是真菌从营养生长阶段到生殖阶段的一种过渡形式。菌丝在基质中吸收养分不断地生长和增殖，在适宜条件下转入生殖生长，形成子实体原基并逐步发育为成熟子实体。子实体是真菌进行有性生殖的产孢结构，俗称菇、蕈、耳等，其功能是产生孢子，繁殖后代，也是人们主要食用的部分。担子菌的子实体称为担子果，是产生担孢子。子囊菌的子实体称为子囊果，是产生子囊孢子的部分。子实体是由菌丝构成的，与营养菌丝比，在形态上具有独特的变化型和特化功能。子实体形态丰富多彩，不同种类各不相同，有的是伞状（蘑菇，香菇），有的贝壳状（平菇）、漏斗状（鸡油菌）、舌状（半舌菌）、头状（猴头菌）、毛刷状（齿菌）、珊瑚状（珊瑚菌）、柱状（羊肚菌）、耳状（木耳）、花瓣状（银耳）等，以伞菌最多，可作商品化栽培的食用菌大多为伞菌，下面着重以伞菌为例，简单地介绍其子实体的形态和构造。伞菌子实体主要由菌盖、菌褶、菌柄组成（图2-5），某些种类还具有菌幕的残存物——菌环和菌托（图2-6）。

（6）菌盖　又称菌帽，是伞菌子实体位于菌柄之上的帽状部分，是主要的繁殖结构，也是我们食用的主要部分。由表皮、菌肉和产孢组织——菌褶和菌管组成。

①形态：因种而异，常见有钟形（草菇）和半球形（蘑菇）（图2-7）。

②颜色：各异，有乳白色（双孢蘑菇）、杏黄色（鸡油菌）、灰色（草菇）、红色（大红菇）和青头菌为紫绿色。

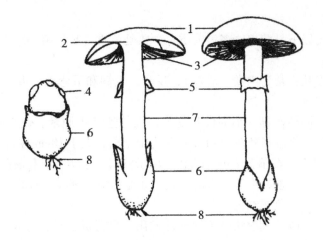

图 2 - 5　伞菌子实体的形态结构

1. 菌盖；2. 菌肉；3. 菌褶；4. 鳞片；5. 菌环；6. 菌托；7. 菌柄；8. 菌丝束

（引自常明昌教授《食用菌栽培》第二版）

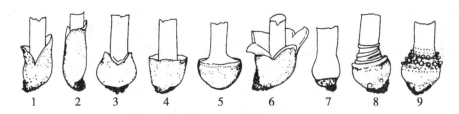

图 2 - 6　菌托特征

1. 苞状；2. 鞘状；3. 鳞茎状；4. 杯状；5. 杵状；6. 瓣裂；7. 菌托退化；8. 带状；9. 数圈颗粒状

（引自常明昌教授《食用菌栽培》第二版）

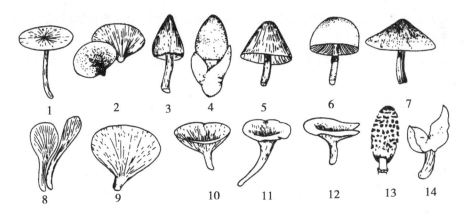

图 2 - 7　菌盖的形状

1. 圆形；2. 半圆形；3. 圆锥形；4. 卵圆形；5. 钟形；6. 半球形；7. 斗笠形；8. 匙形；

9. 扇形；10. 漏斗形；11. 喇叭形；12. 浅漏斗形；13. 圆筒形；14. 马鞍形

（引自常明昌教授《食用菌栽培》第二版）

③附属物：鳞片（蛤蟆菌）、丛卷毛（毛头鬼伞）、颗粒状物（晶粒鬼伞）、丝状

纤维（四孢蘑菇）。

④菌肉：表皮以下是菌肉，多为肉质，少数是革质（裂褶菌）蜡质（蜡菌），也有胶质或软骨质的。

⑤菌盖边缘形状：常为内卷（乳菇），反卷，上翘和下弯等。边缘有的全缘，有的撕裂成不规则波状等。

⑥菌盖大小，因种而异，小的仅几毫米，大约达几十厘米。通常将菌盖直径小于6cm 的称为小型菇，菌盖直径在 6～10cm 称为中型菇，大于 10cm 称为大型菇。

（7）菌褶　是生长在菌盖下的片状物。由子实层、子实下层和菌髓三部分组成。

①形状：三角形、披针形等，有的很宽。如宽褶拟口蘑等。有的窄，如辣乳菇等。

②颜色：白色、黄色、红色。

③排列：菌褶一般呈放射状由菌柄顶部发出，可分成五类：等长；不等长；分叉；有横脉；网纹。菌褶交织成网状。

④菌褶与菌柄的连接方式：

直生：菌褶内端呈直角状着生于菌柄上，如红菇。

离生：菌褶的内端不与菌柄接触，如双孢蘑菇、草菇等。

弯生或凹生：菌褶内端与菌柄着生处呈一弯曲，如香菇、金针菇等。

延生（或垂直）：菌褶内端沿着菌柄向下延伸，如平菇。

菌管就是管状的子实层，在菌盖下面多呈辐射状排列。如牛肝菌或多孔菌。

（8）菌柄　连接菌盖和菌丝体中间结构，同时还起支撑作用。

形状：圆柱状（金针菇）、棒状、假根状（鸡枞菇），纺锤状等。

着生位置分三种：中生（蘑菇和草菇）、偏生（香菇）、侧生（平菇）等类型。

菌柄纵剖面形状可分为实心（如香菇）空心（鬼伞）、半空心（红菇）。

（9）菌环和菌托

①菌幕：指包裹在幼小子实体外面或连接在菌盖和菌柄间的那层膜状结构。前者称外菌幕，后者称内菌幕。

②菌环：幼小子实体的菌盖和菌柄间的那层膜，随着子实体成熟，残留在菌柄上发育成菌环。

③菌托：包裹在幼小子实体外面，随着子实体的生长，残留在菌柄基部，形成菌托。

二、食用菌分类

食用菌的分类是人们认识、研究和利用食用菌的基础。野生食用菌的采集、驯化和鉴定，食用菌的杂交育种以及资源开发利用都必须有一定的分类学知识。

1. 食用菌的分类地位

Whittaker（1969 年）提出的生物界系统包括植物界、动物界、原核生物界、原生生物界、真菌界和非细胞形态结构。和其他生物一样也是按界、门、纲、目、科、属、种的等次依次排列的。种是基本单位（变种、生理小种或培养小系）。

（1）品种　有共同祖先，有一定经济价值，遗传性状比较一致的人工栽培的食用菌群体。

（2）菌株　指单一菌体的后代，由共同祖先（同一种、同一品种、同一子实体）分离的纯培养物。

2. 食用菌的分类依据

食用菌的分类主要是以其形态结构、细胞、生理生化、生态学、遗传等特征为依据的。特别是以子实体的形态和孢子的显微结构为主要依据。

3. 食用菌的种类

全世界目前已发现大约25万种真菌，其中能够形成大型子实体的真菌为1.5万多种，其中可食（药）用约2 700种。我国的地理位置和自然条件十分优越，蕴藏着极为丰富的食用菌资源。到目前为止，在我国已经发现食（药）用菌1 500多种，它们分别隶属于50个科144个属。

（1）子囊菌中的食用菌　少数食用菌属于子囊菌，在我国它们分别隶属于6个科，即麦角菌科、盘菌科、马鞍菌科、羊肚菌类、地菇科和块菌科。

①麦角菌科：冬虫夏草。

②块菌科：黑孢块菌、白块菌、夏块菌。

③羊肚菌：羊肚菌、黑脉羊肚菌、尖顶羊肚菌以及皱柄羊肚菌等。

④地菇科：网孢地菇、瘤孢地菇。

⑤马鞍菌科：马鞍菌、棱柄马鞍菌。

（2）担子菌中的食用菌

①耳类：木耳目、银耳目、花耳类的食用类。常见的种类有：

木耳科的黑木耳、毛木耳、皱木耳以及琥珀褐木耳等。其中，黑木耳是著名食用兼药用菌。

银耳科的银耳、金耳、茶耳、橙耳等。其中，银耳和金耳也是著名的食用兼药用菌。

花耳科的桂花耳。

②非褐菌类：珊瑚菌科、齿菌科、绣球菌科、多孔菌类、灵芝菌科。常见的种类有：

A. 珊瑚菌科的虫形珊瑚菌、杵棒、扫帚菌。

B. 锁瑚菌科的冠锁瑚菌、灰锁瑚菌。

C. 绣球菌科的绣球菌。

D. 牛舌菌科的牛舌菌。

E. 齿菌科的猴头、珊瑚状猴头、卷缘齿菌。其中，猴头是著名的食用兼药用菌，被誉为中国四大名菜之一。

F. 灵芝科的灵芝、树舌。其中，灵芝被誉为灵芝仙草，有神奇的药效。

G. 多孔菌科的灰树花、猪苓、茯苓、硫色干酪菌。猪苓、茯苓的菌核都是著名的中药材。灰树花又称栗子蘑，近年来越来越受国际市场的青睐。

③伞菌科：伞菌目、牛肝菌目、鸡油菌目、红菇目的可食用菌类。其中伞菌目的食用菌种类最多。常见的种类有：

A. 鸡油菌科的鸡油菌、小鸡油菌、灰号角、白鸡油菌等。鸡油菌近年来在国际市场上十分走俏，尤其是盐渍的鸡油菌。

  B. 伞菌科的双孢蘑、野蘑菇、林地蘑菇、大肥蘑。

  C. 粪伞科的田头菇、杨树菇。

  D. 鬼伞科的毛头鬼伞、墨汁伞、粪鬼伞、白鸡腿蘑。

  E. 丝膜菌科的金褐伞、黏柄丝膜菌、蓝丝膜菌、紫丝膜菌、皱皮环锈伞等。

  F. 蜡伞科的鸡油伞蜡伞、小红蜡伞、变黑蜡伞、鹦鹉绿蜡伞。

  G. 光柄菇科的灰光柄菇、草菇、银丝草菇。

  H. 粉褐菌科的晶盖粉褐菌、斜盖褐菌。

  I. 球盖菇科的滑菇、毛柄鳞伞、白鳞环锈伞、尖鳞伞。

  J. 靴耳科的靴耳。

  K. 鹅膏科的灰托柄菇、橙盖鹅膏菌。

  L. 口蘑科的大杯伞、雷蘑、鸡、肉白香蘑、长根菇、松口蘑、金针菇、堆金钱菌、红蜡蘑、棕灰口蘑、榆生离褐伞等。其中，松口蘑是十分珍贵的食用菌，在日本享有"蘑菇之王"的美称，每千克鲜品其价格高达几十美元到上百元美元。

  M. 牛肝菌科的美味牛肝菌、厚环乳牛肝菌、褐疣柄牛肝菌、黏盖牛肝菌、黑牛肝菌、松乳牛肝菌、松塔牛肝菌。

  N. 铆钉菇科的铆钉菇。

  O. 桩菇科的卷边网褶菌、毛柄网褶菌。

  P. 红菇科的大白菇、变色红菇、黑菇、正红菇、变绿红菇、松乳菇、多汁乳菇。

  Q. 侧耳科的香菇、虎皮香菇、糙皮侧耳、金顶侧耳、桃红侧耳、凤尾菇、小平菇。

  ④腹菌类：腹菌类的食用菌主要指灰包目、鬼笔目、轴灰包目、黑腹菌目和层腹菌类。其中黑腹菌目和层腹菌目属于地下真菌，即子实体的生长发育是在地下土壤中或腐殖质层下面土表完成的真菌。常见的种类有：

  A. 灰包科的网纹灰包、梨形灰包、大秃马勃、中国静灰球。

  B. 鬼笔科的白鬼笔、短裙竹荪、长裙竹荪。

  C. 灰包菇科的荒漠胃腹菌。

  D. 黑腹菌科的倒卵孢黑腹菌、山西光腹菌。

  E. 须腹菌科的红须腹菌、黑络丸菌、柱孢须腹菌。

  F. 层腹菌科的梭孢层腹菌、苍岩山层腹菌。

复习思考题

  1. 试述菌丝体的功能、菌丝和菌丝组织体的类型。

  2. 试述锁状联合的形成过程。

  3. 试述子实体的功能，并以伞菌为例阐述子实体的形态和功能。

  4. 简述食用菌的生活史。

第二节　食用菌的生理生态

专题一　食用菌的生物环境

在自然界中，食用菌不是单独生存的，它的生长发育过程与其他生物的生命活动密切相关。与周围环境中的微生物、动物、植物有密切的关系，有些是有利的，有些是有害的。

一、食用菌与植物

森林是野生食用菌的大本营。森林不仅为食用菌的生长提供营养基础，还能创造适宜的生态环境。不同的林木中生长出不同的菌类。如针叶林中常长有松乳菇；栎叶或混交林地里易长有蜜环菌；长白山赤松林中长有松口蘑；山毛榉林中长有猴头菌；竹林中长出竹荪等。若森林的自然生态受到破坏，许多珍贵的食用菌也会消失。

有的食用菌与植物共生形成菌根，能与植物形成菌根的真菌称为菌根真菌。菌根有外生菌根和内生菌根两大类型。如牛肝菌与松树、天麻与密环菌、松口蘑与红松等。

现在食用菌的立体栽培，就是对食用菌自然生态环境的模拟。树木的侧枝、农作物的秸秆、种壳等下脚料是人工栽培食用菌的原料，这些原料一旦枯竭，食用菌生产就会坐以待毙。

木腐型食用菌对林木有很强的分解作用，使木材腐烂。有些兼性寄生性食用菌能侵入植物活体内，使植物发病或死亡。如蜜环菌能寄生在桑、茶、柑橘、松、杉、栎等植物上，造成根腐；硬柄小皮伞在草本植物上也会造成根腐；猴头菌常寄生在栎等阔叶树上，使其发生白腐病。

二、食用菌与动物

动物与食用菌的关系也很密切。有些动物能传播食用菌的孢子。如竹荪的孢子靠蝇类传播，块菌的子囊果生于地下，它的孢子是通过野猪挖掘才能得到传播。有的动物和食用菌构成共生关系，如黑翅土白蚁和鸡纵。鸡纵生长在蚁巢上，菌丝即成了幼白蚁的主要食物，而经白蚁半消化的植物材料却成了鸡纵菌丝生长发育的培养基，两者构成了奇妙的共生关系。

食用菌的菌丝体和子实体常遭到一些动物的咬食，主要是节肢动物和软体动物，如菇蝇、菌蚁、螨类、蛞虫等。通常以昆虫类发生量最大，为害最重。直接为害是咬食菌丝体和子实体，使菌丝伤亡、菌床腐朽、子实体千疮百孔、降低或丧失商品价值。间接为害主要在于害虫又是杂菌的携带者和传播者，被害虫咬过的伤口极易导致病原菌的侵入，给食用菌生产带来毁灭性损害。

三、食用菌与微生物

有的微生物对食用菌是有益的，如双孢菇发酵料栽培，就是利用了一些中、高温型微生物的活动，使培养料变得疏松柔软，透气性、吸水性和保温性得到了改善，利于双孢菇菌丝的生长发育。同时，菌体蛋白和代谢物对双孢菇的生长有促进作用。还有银耳与香灰菌的伴生，银耳的芽孢不能分解纤维素和半纤维素，也不能很好利用淀粉，只有利用香灰菌分解纤维而得到糖，才能进行繁殖结耳。但是，有不少微生物与食用菌争夺营养和生存空间，污染培养基或引起食用菌病害，如细菌、放线菌、酵母菌等，栽培上统称它们为杂菌。在食用菌栽培的各个环节，要时刻树立无菌意识，严格按操作规程进行操作。

专题二　食用菌的营养

一、营养方式

食用菌是一种无根、无叶、无叶绿素，不能进行光合作用的异养型生物。根据食用菌生活方式的不同，可将其分为腐生、共生、寄生和兼性寄生4种类型。

1. 腐生型

从动植物尸体上或无生命的有机物中吸取养料的食用菌为腐生菌。绝大多数食用菌都营腐生生活，在自然界有机物质的分解和转化中起重要作用。根据腐生对象，主要分为木生菌和粪草土生菌。

（1）木生菌　又称木腐菌，从木本植物残体中吸取养料。在自然界主要生长在死亡的树木、树桩、断枝或活立木上的死亡部分，常以木质素为优先利用的碳源、也能利用纤维素、半纤维素、淀粉等物质。可利用段木、木屑等进行栽培，如香菇、灵芝、平菇、金针菇、茯苓等。人工栽培木腐菌，以前多用段木，现在多用木屑、秸秆等混合料栽培。

（2）粪草土生菌　又称草腐菌，利用土壤有机质、草本植物残体或粪草腐殖质作为生长基质。在自然条件下，主要生长在腐熟的堆肥、厩肥、腐烂草堆或有机废料上，如草菇、双孢菇、鸡腿菇等。人工栽培时，主要选用秸草、畜禽粪为培养料。

2. 寄生型

生活于寄主体内或体表，从活着的寄主细胞中吸取养分而进行生长繁殖的食用菌为寄生菌。在食用菌中，专性寄生的十分罕见多为兼性寄生或兼性腐生。以腐生为主，兼营寄生的为兼性寄生；以寄生为主，兼营腐生的为兼性腐生。如蜜环菌既可在枯木上腐生，又可在活树桩上寄生，还可与天麻共生。冬虫夏草，"虫"是指鳞翅目蝙蝠蛾科的幼虫，"草"是指子囊菌类虫草属的种，即虫草菌侵染寄主，从寄主体内吸收营养，并在寄主体内繁殖，使其死亡。

3. 共生型

与相应生物生活在一起，形成互惠互利，相互依存关系的为共生。其中最典型的是菌根，它是菌根菌与高等植物根系结合形成的共生体，大多数森林蘑菇都是属于菌根菌，如牛肝菌、口蘑、松乳菇、大红菇等。它们和一定树种形成共生关系，菌根菌的菌丝紧密包围在根毛外围，形成菌套，不侵入根细胞内，只在根细胞间隙中蔓延的为外生菌根。菌根菌的菌丝侵入根细胞内部的为内生菌根。如蜜环菌的菌索侵入天麻块茎中，吸收部分养料。而天麻块茎在中柱和皮层交界处有一消化层，该处的溶菌酶能将侵入到块茎的蜜环菌菌丝溶解，使菌丝内含物释放出来供天麻吸收。

二、营养物质

能够满足食用菌生命活动的物质，称为营养物质。食用菌属异养型生物，需要大量的水分、碳源、氮源、无机盐和生长因素等营养物质，才能正常的生长发育。

1. 碳源

碳源是指构成细胞物质和代谢产物中碳素来源的营养物质，主要作用是构成细胞物质和提供生长发育所需能量。碳源是食用菌重最要的，也是需求量最大的营养源。

（1）碳源种类 单糖、双糖、纤维素、半纤维素、淀粉、木质素、果胶质、低分子醇类和有机酸。单糖、有机酸和醇类等均可被直接吸收利用。葡萄糖是利用最广泛的碳源。而纤维素、木质素、半纤维素、淀粉、果胶等高分子碳源，必须经菌丝分泌相应的胞外酶，将其降解为简单碳化物后才能被吸收利用。

（2）不同食用菌对碳源的选择性 多数食用菌对果胶利用较差，却是松口蘑的良好碳源；甘露醇是杨树菇的最好碳源。

在生产中，母种培养基以葡萄糖、蔗糖、马铃薯为较好的碳源。生产原种、栽培种时以木屑、玉米芯、棉籽壳、麦秸、稻草、甘蔗渣、马铃薯等，这些植物性原料为主要碳源。而这些原料多为农产品下脚料，具有来源广泛、价格低廉等优点。在食用菌生产中，通常向培养料中加入适量葡萄糖，以诱导胞外酶的产生和维持细胞代谢产生的能量，并促进菌丝在培养料中快速生长。

2. 氮源

氮源是指用于构成细胞物质和代谢产物中氮素来源的营养物质，其生理功能是食用菌合成核酸、蛋白质和酶类的主要原料，对生长发育有重要作用，一般不提供能量。

（1）有机氮 食用菌主要利用有机氮，如尿素、氨基酸、蛋白胨、蛋白质等。氨基酸、尿素等小分子有机氮可被菌丝直接吸收，而大分子有机氮则必须通过菌丝分泌的胞外酶，将其降解成小分子有机氮才能被吸收利用。生产上常用的有机氮有蛋白胨、酵母膏、尿素、豆饼、麦麸、米糠、黄豆饼和畜禽粪等。尿素经高温处理后易分解，释放出氨和氰氢酸，易使培养料的 pH 值升高和产生氨味而有利于菌丝生长。因此，若栽培时需加尿素，其用量应控制在 0.1% ~0.2%，勿用量过大。

（2）无机氮 少数食用菌只能利用有机氮，多数食用菌除以有机氮为主要氮源外，也能利用硝酸盐、铵盐等无机氮。通常，铵态氮比硝态氮更易被菌丝吸收利用，若 NO_3^- 和 NH_4^+ 同时存在，则多数食用菌首先摄取 NH_4^+。但以无机氮为唯一氮源时，菌丝生长一般较慢，且有不长菇现象。这主要是因为菌丝没有充分利用无机氮合成细胞所必需的全部氨基酸的能力。

食用菌在不同生长阶段对氮的需求量不同。在菌丝体生长阶段对氮的需求量偏高，培养基中的含氮量以 0.016% ~0.064% 为宜，若含氮量低于 0.016% 时，菌丝生长就会受阻；在子实体发育阶段，培养基的适宜含氮量为 0.016% ~0.032%。含氮量过高会导致菌丝徒长，抑制子实体的发生和生长，推迟出菇。

碳源和氮源是食用菌的主要营养。培养基质中的碳、氮浓度要有适当比例，称为碳氮比（C/N）。食用菌适宜的 C/N，一般在菌丝体生长阶段为 20 : 1；在子实体生长阶段为（30~40）:1 为宜。若 C/N 比过大，菌丝生长慢而弱，难以高产；若 C/N 比太小，菌丝会因徒长而不易转入生殖生长。

3. 无机盐

无机盐是食用菌生长发育不可缺少的矿质营养。按其在菌丝中的含量可分为大量元素和微量元素。

①大量元素：磷、硫、钙、镁、钾等。在生产中配制营养基质时，常用磷酸二氢钾、磷酸氢二钾、硫酸镁、石膏粉（硫酸钙）、过磷酸钙等。其中，以磷、钙、镁、钾最为重要，每升培养基的添加量一般为 100~500mg/L 为宜。

②微量元素：铁、铜、锌、锰、硼、钴、钼等。微量元素一般不需要添加，培养料中存在的含量就可满足其需要，过量加入会有抵制或毒害作用。

在秸秆、木屑、畜粪等原料中均含有各种矿质元素，只酌情补充少量过磷酸钙或钙镁磷肥、石膏粉、草木灰、熟石灰等，就可满足食用菌的生长发育。

4. 生长因子

食用菌生长必不可少的微量有机物质，称为生长因子（生长因素）。主要为维生素、氨基酸、核酸碱基类等物质，如维生素 B_1、维生素 B_2、维生素 B_6、维生素 H、烟酸、核苷、核苷酸等。生长因素的主要功能是参与酶的组成和菌体代谢，具有刺激和调节生长的作用。当严重缺乏时，就会停止生长发育。有的食用菌自身有合成某些生长因素的能力，若无合成能力，则必须添加。

实际生产中常用的牛肉膏、酵母膏、玉米浆、马铃薯汁、麦麸、玉米粉等原料中含有丰富的生长因素，用其配制培养基时可不必添加。但由于大多数维生素在 120℃ 以上高温条件下易分解，因此培养基灭菌时应防止灭菌温度太高和灭菌时间过长。

以上营养物质是食用菌生长的物质基础。配制培养基时，除选用适宜营养种类外，还需控制各成分间的比例，注意营养协调。一般来说，除需要大量水分外，对 C、N、无机盐及生长因子的需求在量上的比例大体符合 10 倍序列的递减规律。如碳源在培养基中约占 10^{-2}，氮源约占 10^{-3}，磷、硫约占 10^{-4}，钾、镁约占 10^{-5}，生长因素约占 10^{-6}。

专题三　食用菌对环境生活条件的要求

食用菌的生长发育必须有适宜的温度、湿度、酸碱度、空气和光照等环境条件做保证。不同种类的食用菌对环境的要求不同，同一种食用菌在菌丝体生长、子实体分化及子实体发育阶段对环境的需求也不一样。

一、温度

温度是影响食用菌生长发育的重要因子之一。总体来说，食用菌是属于中温型、耐低温、怕高温的生物。在食用菌的生长过程中对温度的需求呈现前高后低的规律，即孢子萌发温度高于菌丝体生长温度，而菌丝体生长温度高于子实体分化和发育的温度，但子实体分化所需的温度最低。不同种类的食用菌有不同的极限温度和适宜温度（表 2-1）。

表2-1 几种食用菌对温度的需求

品种	菌丝体		子实体	
	生长范围（℃）	最适温度（℃）	分化温度（℃）	发育温度（℃）
蘑菇	6～33	24	8～18	13～16
香菇	3～33	25	7～21	12～18
木耳	4～39	30	15～27	24～27
草菇	12～45	35	22～35	30～32
平菇	10～35	24～27	7～22	12～17
银耳	12～36	25	18～26	20～24
猴头	12～33	21～24	12～24	15～22
金针菇	7～30	23	5～19	8～14
鸡腿菇	10～35	25	9～20	12～18

1. 菌丝体对温度的需求

菌丝体所需的温度是指培养料的温度，其特点是耐低温、怕高温。菌丝体耐低温能力强，一般在0℃左右不会死亡，段木内的香菇菌丝能耐-20℃的低温。但草菇菌丝体抗寒力极差，在5℃条件下极易死亡，故草菇菌种不能放冰箱内保藏。菌丝体一般不耐高温，如香菇菌丝体在46℃条件下仅能存活4h。多数食用菌菌丝体的致死温度在40℃左右，但草菇除外。

多数菌丝体生长的适宜温度一般在20～30℃。最适生长温度一般是指菌丝体生长最快的温度，但不是菌丝体健壮生长的温度。在生产实践中，为培育出健壮的菌丝体，常将温度调至比菌丝最适生长温度低2～3℃。如香菇菌丝最适生长温度为25℃，培养温度每升高5℃或降低10℃，其菌丝生长速度只有在25℃下的一半。又如双孢菇菌丝体在24～25℃条件下生长最快，但长得稀疏无力，在22～24℃条件下虽然生长略慢，但菌丝体却长得粗壮浓密。

2. 子实体对温度的需求

子实体阶段温度要比菌丝体阶段温度低，范围窄。子实体分化温度要比子实体生长温度低。

（1）子实体分化（原基形成）对温度的需求 子实体分化阶段所需的温度是指培养料的温度，也是食用菌一生中最低的温度。如香菇菌丝体生长的最适温度是25℃，而子实体分化的适宜温度在15℃左右。

①温度类型：根据子实体分化所需的适宜温度，将食用菌分为低温型、中温型和高温型。

低温型：子实体分化的适宜温度是13～18℃，如香菇、金针菇、猴头、平菇、双孢菇等。多发生于早春、秋末或冬季。

中温型：子实体分化的适宜温度是20～24℃，如榆黄蘑、银耳、木耳、大肥菇等。

多发生于春、秋季。

高温型：子实体分化的适宜温度是 24 ~ 30℃，如灵芝、草菇等，多发生于盛夏、早秋。

②温度反应：根据子实体分化时对温度的反应，可分为恒温结实性和变温结实性菌类。恒温结实：子实体分化时不需温差，如草菇、木耳、猴头、灵芝等。变温结实：子实体分化需 8 ~ 10℃ 的温差，如平菇、香菇、金针菇等。

（2）子实体发育对温度的需求　子实体生长阶段暴露于空气中，所以，子实体发育所需温度是指气温。受空气温度的影响比较大，菇蕾形成后就应提供适宜的子实体发育温度。不同食用菌子实体的最适发育温度也不同，但一般都略高于子实体分化的最适温度。

在生产实践中，要根据菌株的温度型合理安排栽培时间，并根据其对温度的反应，采取不同的管理措施。栽培管理时，既注重料温，又要注意气温，生长前期的料温一般比气温高几度至十几度。

二、水分和湿度

水分是指培养基的含水量，湿度是指空气相对湿度。不同食用菌对水分的要求不同，就是同一食用菌在不同阶段，对水分的要求也不一样（表 2 - 2）。

1. 培养基含水量

食用菌生长发育所需的水分绝大部分来自培养料。一般适合食用菌生长的培养料含水量在 60% ~ 65%。

在生产中，应根据实际情况，如品种、栽培季节、原料、拌料场所等来确定培养料的含水量。常用手握法测定培养料的含水量，一般以紧握培养料，指缝间有水泌出，但不下滴为宜，此时的料水比一般掌握在 1 : 1.3 左右。有的原料吸水性强，如棉籽壳、玉米芯、甘蔗渣等，应加大料水比，反之则减少。高海拔地区、干燥季节和气温略低时，含水量应加大；在 30℃ 以上的高温期，含水量应减少。水分过多或过少都会造成食用菌生长发育不正常。

表 2 - 2　几种食用菌对水分和湿度的需求

品种	菌丝体		子实体	
	培养料含水量（%）	空气相对湿度（%）	培养料含水量（%）	空气相对湿度（%）
平菇	60 ~ 65	70 ~ 75	65 ~ 70	80 ~ 90
草菇	70 ~ 85	85 ~ 95	70 ~ 85	85 ~ 95
凤尾菇	65 ~ 70	65 ~ 75	65 ~ 75	80 ~ 90
香菇	55 ~ 60	65 ~ 75	60 ~ 65	80 ~ 90
双孢菇	60 ~ 65	60 ~ 70	60 ~ 65	85 ~ 90
猴头菇	55 ~ 65	70 ~ 75	60 ~ 65	85 ~ 90
金针菇	55 ~ 60	60 ~ 70	65 ~ 70	85 ~ 90

2. 湿度

空气相对湿度是影响培养料含水量、子实体分化及发育的重要因素。食用菌在不同生长阶段对空气湿度的需求不一样，一般呈现前低后高的规律。菌丝体生长阶段的适宜空气湿度为 60%～70%；在子实体阶段，空气湿度应提高至 85%～90%。通常用干湿温度计来测定空气相对湿度。

空气湿度过低，会使培养料大量失水，阻碍子实体的分化或使子实体的生长停止，严重影响食用菌的品质与产量。此时就应补水，向空气、地面喷水或洒水，补水应结合通风进行，切勿形成闷湿的环境，还应避开高温、低温阶段，天干多补，天湿少补。

三、酸碱度

不同食用菌对培养料的酸碱度要求不一样，大多数食用菌宜在中性偏酸性环境中生长，菌丝生长的 pH 值是 3.0～8.0，最适 pH 值是 5.0～6.5（表 2-3）。有的嗜碱性，如双孢菇、草菇等，最适 pH 值是在 7.5 左右；有的嗜酸性，如猴头菌，最适 pH 值为 4.0，在 pH 值为 2.4 的环境中也能生长。适宜食用菌生长的 pH 值并不是配制培养基时的 pH 值，培养基质经高温灭菌、堆肥等处理之后，pH 值一般要下降 1.5～2。在生产中，常将 pH 值调至比最适 pH 值高 1.5，在后期管理中，用 1%～2% 的石灰水喷洒菌床。也可在配料时，加入具有缓冲作用、稳定作用的盐类，如磷酸二氢钾、磷酸氢二钾、石膏粉、碳酸钙等。

表 2-3 几种食用菌对 pH 值的需求

种类	适宜生长 pH 值	最适生长 pH 值
双孢菇	6.0～8.0	6.8～7.2
香菇	4.0～7.5	4.0～6.5
草菇	6.8～7.8	6.8～7.2
平菇	5.0～6.5	5.4～6.0
金针菇	3.0～8.4	4.0～7.0
黑木耳	4.0～7.0	5.5～6.5
猴头	4.5～6.5	4.0～5.0
银耳	5.2～7.2	5.2～5.8
灵芝	4.0～6.0	4.0～5.0
鸡腿菇	6.0～8.0	6.8～7.2

四、空气

食用菌是好气性真菌，在生长过程中需不断吸进氧气，呼出 CO_2。同一种食用菌在不同生长阶段对氧气的需求量不同，在生长过程中一般呈现前少后多的需求规律。菌丝体生长阶段一般需氧量较少，但是多数菌丝在过低的氧气浓度下生长会受到抵制。子实体分化阶段对 CO_2 敏感，空气新鲜有利于多数食用菌子实体的分化。然而，可利用高

浓度的 CO_2 栽培鹿角状灵芝及获得菌柄细长、菌盖小的优质金针菇。

食用菌生长环境极易造成 CO_2 的积累和氧气不足。菌种培养室和栽培场所要设置良好的通风系统。通风换气时，应避开雨雪天、干热风、对流风、低温或高温时段。通风由弱到强、通风次数逐渐增加、时间间隔适当延长，效果以嗅不到异味、不闷气、感觉不到风的存在及不导致温湿度大幅度的变化为宜。同时，适当的通风换气还能排除掉食用菌生长不断产生的 CO_2、H_2S、NH_3 等废气，保证菌丝旺盛生长。

五、光照

不同种类的食用菌对光的需求不一样。同一种食用菌，在不同生长阶段对光线的需求也不一样，一般呈现前暗后亮的需求规律。

大多数食用菌在菌丝体生长阶段不需要光线，在黑暗处长得快、齐、壮，光线对菌丝体有明显的抑制作用。

多数食用菌在子实体分化阶段进入光敏感期，需要一定散射光的刺激。在黑暗环境中，子实体分化得慢、少、不整齐。所以，光照是成熟菌丝顺利扭结的重要环境因子。

子实体发育阶段，大多数食用菌喜欢七分阴三分阳的光度，如金针菇等；喜光型食用菌需五分阴五分阳的光度，如香菇等；厌光型食用菌可以在无光或微光的环境中生长，如双孢菇、大肥菇等。因此，食用菌一般种在菇房、菇棚、坑窖及高秆作物的绿荫下。

光照还会影响子实体的色泽，改变菌柄和菌盖宽度的比例，并影响干重。有的菌类的子实体有正向光性，如平菇、金针菇、灵芝等。因此，出菇房内的光源，应设置均匀，位于菌柄直立生长的正上方，防止产生畸形菇。

复习思考题

1. 食用菌需要哪些营养？各类营养的生理功能是什么？
2. 食用菌对温度、湿度、空气及光照的需求有何规律？
3. 哪些因素有利于变温性食用菌子实体的分化？
4. 导致子实体畸形的主要因素有哪些？

第三节　食用菌消毒灭菌

微生物在自然界中的分布十分广泛，食用菌生产中所涉及的原料、水、设备和空间等都存在着大量的微生物。在食用菌生产中，除要求培养的菌类以外的微生物统称为杂菌。一旦染上杂菌，杂菌就会迅速繁殖，与食用菌争夺养料、空间。轻则减产，重则绝收。因此，需采取有效措施杀灭或抑制杂菌的活动，对食用菌进行纯培养。在食用菌栽培中，必须树立严格的无菌观念，掌握和运用消毒、灭菌技术，严防杂菌污染。

根据生产目的的不同，对培养基质、工具、环境中的灭菌程度要求不同。可以根据不同的生产情况选择不同的消毒灭菌方法，如灭菌、消毒、防腐、除菌等。

灭菌：指在一定范围内，用物理、化学、生物的方法，杀死物体上或环境中的一切微生物，包括营养体和孢子，使物体和环境呈无菌状态。

消毒：指利用物理、化学的方法，杀死物体上或环境中部分微生物，主要指杀死微生物的营养体，不能杀死微生物的休眠体。

防腐：指利用物理、化学的方法，暂时抑制微生物的生长。

除菌：指利用过滤、离心分离、静电吸附等机械的方法除去液体或气体中的微生物。

在食用菌生产中，根据灭菌原理，将消毒灭菌分为物理、化学、生物等方法。

专题一　物理消毒灭菌

物理消毒灭菌的方法主要有热力灭菌、紫外线杀菌、过滤除菌、低温抑菌等方法。

一、热力灭菌

热力灭菌是利用热能杀死微生物。其原理是热能使菌体蛋白变性，酶失去活性，核酸结构遭到破坏，从而导致菌体死亡，达到灭菌的目的。分干热灭菌和湿热灭菌。

干热灭菌的热源是火焰及热空气。如酒精灯的外焰进行灼烧灭菌或利用酒精灯火焰周围形成的无菌区进行无菌操作；干燥箱对玻璃器皿、金属器械等物品的灭菌。采用160～170℃，灭菌2h，灭菌温度切勿超过170℃。注意灭菌物品，随灭随包，随用随开包；干燥箱温度降至70℃以下时，开箱取物。

湿热灭菌的热源是热蒸汽或热水，热蒸汽的穿透力强，灭菌效果好，成为食用菌生产中应用最为广泛的灭菌方法。常用的灭菌方法有：高压灭菌、常压灭菌、常压间歇灭菌、煮沸灭菌（巴氏消毒）等方法。

1. 高压蒸汽灭菌

在热蒸汽条件下，微生物及其芽孢或孢子在121℃（$0.1kg/cm^2$）下，经20～30min可全部被杀死。高压蒸汽灭菌所需压力的保持时间与被灭菌的物料有关，一般液体培养基在$1kg/cm^2$的压力下，处理20～30min，温度约为121℃。对固体培养基，如木屑、棉籽壳、谷粒、粪草等，必须在$1.5kg/cm^2$的压力下，处理1～2h，温度约为128℃，才能达到满意的灭菌效果。

高压蒸汽灭菌的操作方法：检查灭菌锅→加水至水位线→装锅→加盖→加热升温→排冷空气→升温保压→降压→开盖→取物。

注意事项：

①灭菌时间和压力因物而异；

②锅内灭菌物要留有一定空隙，不宜过多、过密，防止出现灭菌死角；

③升降压力要稳；

④排冷空气时必须排尽；

⑤灭菌时间从保压时算起；

⑥压力降至"0"才能开盖。

2. 常压蒸汽灭菌

常压灭菌是利用常压产生的100℃蒸汽进行灭菌的方法，一般维持约8～10h。目前生产上常见的是灭菌灶。

注意事项：

①不要将灭菌物排得过密；

②尽快达到100℃；

③达到100℃时开始计时；

④灭菌中勿降温，勿干锅。

3. 常压间歇灭菌

在没有高压灭菌设备的条件下，或对一些不宜用100℃以上温度而又须杀灭其中的细菌芽孢的物质的灭菌，可采用此法。具体做法是：将培养基或其他灭菌物置于灭菌锅里，经100℃的热蒸汽1h，杀死细菌的营养体，然后将灭菌物取出，置于28～37℃条件下培养24h，诱发其中残留的芽孢萌发成营养体，再以同样的方法，杀死新萌发的营养体。如此连续3次，即可杀死灭菌物的芽孢、厚垣孢子。

4. 煮沸灭菌

一般用于接种工具、器材的灭菌。杀灭微生物营养体100℃需5min以上，芽孢需2h以上。通常是将待灭菌物品放在水中煮沸15～20min，可杀死所有的微生物营养体。在煮沸时加入2%碳酸氢钠或2%石炭酸可增强灭菌效果。

二、紫外线杀菌

紫外线杀菌是利用电子射过水银气体产生的紫外线而杀菌的方法。紫外线的穿透力很弱，因此，只适合空气和物体表面的消毒杀菌。紫外线的杀菌波长为200～300nm，以265～266nm波长的杀菌力最强。通常用30～40W的紫外线灯管，有效作用距离为1.5～2m，通常1.2m以内效果最好。安装数量应平均不少于1.5W/m²。一般照射20～30min，可以杀死空气中95%的细菌。经紫外线照射后的微生物立即暴露于可见光上，部分微生物又会复活，其死亡率明显降低，此现象为光复活。为防止光复活作用，应该在黑暗中使用紫外线，白天应遮光，可提高杀菌效果。紫外线对人体有伤害作用，须在照射结束后30min，再入室工作。另外，需定期更换灯管。这种方法只起辅助作用。

三、过滤除菌

过滤除菌是利用机械阻留的方法除去介质中微生物的方法。所用的器具是滤菌器，过滤空气或一些不耐高温液体营养物质。如超净工作台、发酵罐空气过滤、无菌室的空气净化器等。棉塞、试管塞是最原始的空气过滤除菌设备。

专题二　化学消毒灭菌

化学消毒灭菌是指利用化学药剂杀灭或抑制微生物的方法。这些药物一般都对人体组织有害，只能外用或用于环境的消毒。依据其存在状态可分为气雾消毒灭菌法和液体消毒灭菌法。

一、气雾消毒灭菌法

在密闭的空间内，利用喷雾、加热、焚烧、氧化等方式，对空间和物体表面进行消毒杀菌的方法。

1. 甲醛熏蒸法

接种箱、接种室和菇房消毒时，先密闭门窗，再用甲醛进行熏蒸，剂量为 8～10ml/m³40%甲醛溶液，再加 5～7g 高锰酸钾加热蒸发，让二者沸腾挥发。熏蒸后，甲醛气体刺激鼻眼及呼吸道，影响健康。在熏蒸后的 12h，取浓度为 25%～38% 氨水喷雾，每立方米空间用 38ml，时间 10～30min，可驱除室内残留的甲醛气味。

2. 气雾消毒盒

一般用量 2～6g/m³，时间 30min。常用于接种空间及接种箱的消毒。此方法使用方便、扩散力及渗透力强、杀菌效果好、对人体刺激性小等优点。

3. 硫磺

一般用量为 15～20g/m³，时间 24h。常用无金属架的培养室、接种箱、接种室等密闭空间的消毒。一般采用硫磺燃烧法。

二、液体消毒灭菌法

1. 表面活性剂

（1）酒精　化学名称为乙醇是强表面活性剂，也是最常用的表面消毒剂。以 70%～75% 酒精的消毒能力最强。过高或过低消毒效果都差。在生产中，常用于操作人员手的消毒、接种针、镊子、手术刀、刀片、分离材料等的消毒。

（2）苯酚　化学名称为石炭酸，使用浓度为 3%～5%，常用于接种工具、培养室、无菌室等的消毒灭菌。采用浸泡或喷雾的方法。配制溶液时，将苯酚用热水溶化。若加入 0.9% 食盐可提高其杀菌力。使用时因其刺激性很强，对皮肤有腐蚀作用，应加以注意。

2. 氧化剂

（1）高锰酸钾　常用 0.1% 高锰酸钾，时间 30min 可杀死微生物营养体。2%～3% 高锰酸钾短时间作用可导致菌体和芽孢死亡。高锰酸钾水溶液暴露在空气中易分解，应随配随用。

（2）漂白粉　白色颗粒状粉末，主要成分为次氯酸钙，有强烈的氯臭味，极易分解，不稳定，应随用随配。常用浓度为 2%～3%。可用于墙壁、地面的消毒。

3. 熟石灰

石灰有生石灰、熟石灰之分。一般用 5%～10% 的熟石灰喷洒或洗刷。也可用生石灰干撒霉染处或湿环境。一般用于培养室、地面、菇床的消毒灭菌。

复习思考题

1. 什么叫灭菌、消毒和防腐？它们在食用菌生产过程中有何意义？

2. 试述高压蒸汽灭菌和常压灭菌的方法及其应特别注意的关键环节。

3. 常用的化学消毒剂有哪些？它们在食用菌生产中如何使用？

第三章　菌种生产

第一节　菌种基础知识

一、菌种定义

菌种是食用菌生产的首要条件，菌种性状的优劣直接影响到生产的成败。常言道："有收无收在于种（种子），多收少收在于种（栽培）"。在自然界中，食用菌依靠孢子繁衍后代，孢子就相当于植物的种子。孢子借助风力或某些小昆虫、小动物传播到各地，在适宜的条件下，萌发成菌丝体，进而产生子实体。虽然孢子是食用菌的种子，但在人工栽培时，由于孢子很微小，很难在生产中直接应用。而是用孢子或子实体组织、菌丝体组织萌发而成的纯菌丝体作为"种子"。通常生产上所用的菌种，是指经过人工培养的纯菌丝体。也就是培养基和菌丝的联合体。

二、菌种的类型

1. 根据菌种来源、繁殖代数及生产目的，把菌种分为母种、原种和栽培种（表3-1）

表3-1　菌种分级

菌种名称	别称	来源	生产目的
原生母种	一级母种、试管种	首次从大自然分离	扩繁菌种；菌种保藏
再生母种	一级母种、试管种	经原生母种转管扩繁	扩繁菌种；菌种保藏
原种	二级种、瓶装种	试管种	生产栽培种；小规模出菇试验
栽培种	三级种、生产种	瓶装种	用于栽培；不能再扩培菌种

（1）母种　指从大自然首次分离得到的纯菌丝体。因其在试管里培养而成，并且是菌种生产的第一程序，因此又被称为试管种和一级种。纯菌丝体在试管斜面上再次扩大繁殖后，则形成再生母种。所以生产用的母种实际上都是再生母种。它既可以繁殖原种，又适于菌种保藏。

（2）原种　指由母种扩大繁殖培养而成的菌种，又称二级菌种。因其一般在菌种瓶或普通罐头瓶中培育而成的，故又称瓶装种。母种在固体培养基上经过一次扩大培养后，菌丝体生长更为健壮，不仅增强了对培养基和生活环境的适应性，而且还能为生产上提供足够的菌种数量。原种主要用于菌种的扩大培养，有时也可以直接出菇。

（3）栽培种　指原种扩大培养而成的菌种。它可直接用于生产，又称为生产种或三级种。栽培种常采用塑料袋培养，因此有时又称为袋装种。栽培种一般不能用于再扩大繁殖菌种，否则会导致生活力下降，菌种退化，给生产带来减产或更为严重的损失。要想进行商业化的食用菌生产，就必须学会食用菌制种技术，否则经济效益难以十分显著。

2. 根据培养基的物理特性不同，把菌种分为固体菌种、液体菌种

固体菌种：用固化培养基或固体培养基培养的菌种为固体菌种。固体菌种对设备、工艺、技术等要求较低。实际生产中最为常见，但菌龄长、不一致，生产周期长，从一级到二级菌种的转代培养一般需 2~3 个月。

液体菌种：采用液体培养基培养的菌种，菌丝体在液体中呈絮状或球状。对工艺、设备、技术要求较高。液体菌种平均制种时间约 3d。生产周期短，发酵率高，菌龄一致，成本低，接种方便等特点，更有利于食用菌生产的标准化、工厂化和周年化，是菌种生产的一个方向。

三、制种程序

菌种生产就是指在严格的无菌条件下大量培养繁殖菌种的过程，一般都需要经过母种、原种和栽培种 3 个培养步骤。一般食用菌制种的程序如图 3-1 所示。

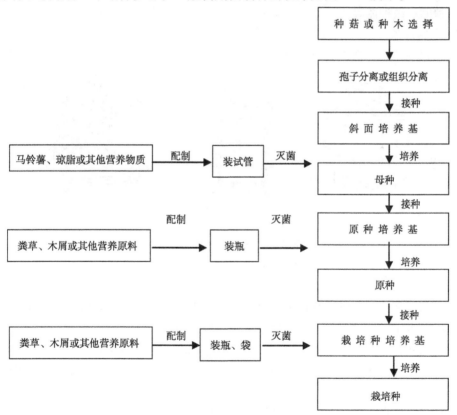

图 3-1　食用菌制种程序

食用菌的菌种生产，基本上是按菌种分离→母种扩大培养→原种培养→栽培种培养的程序进行。菌种通过三级扩大，菌种数量大为增加，同时菌丝也从初生菌丝发育到次生菌丝，使菌丝更加粗状，分解基质的能力也增强。只有采用这样质量的菌种，才能获得优质高产的子实体。

四、制种的设备

1. 配料室设备

在实际生产中，就根据不同的生产条件选择配料所需要的设备，尽量在有水有电的场所进行。其主要设备有以下几类。

（1）基本器具　试管、酒精灯、菌种瓶、试剂瓶、烧杯、三角瓶、培养皿、漏斗、磅秤、天平、量杯、量筒、温度计、湿度计、普通罐头瓶、塑料袋、塑料瓶。塑料容器主要用聚乙烯、聚丙烯塑料筒、塑料袋子、塑料套环（口圈）、无棉盖体等。制作菌种用的塑料袋子质量一定要好，厚度要在 0.03cm 以上。

（2）培养基料制备设备　原料处理设备：铝锅、电炉或煤炉、水桶、扫帚、切片粉碎两用机、粉碎机、铡草机、培养料筛选机、拌料机、铁锹等。

培养基料分装设备：采用人工装料，只需一根木棒制成的打孔器；有一定规模生产时，为了提高生产效率，常用装袋机、装瓶机，与之配套的设备有打穴器、挖瓶机、菌种袋、颈圈、菌种瓶等。

2. 灭菌设备

（1）高压蒸汽灭菌设备（图 3 - 2）

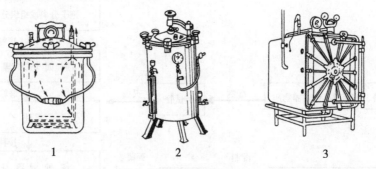

图 3 - 2　高压蒸汽灭菌设备
1. 手提式高压灭菌锅；2. 立式高压灭菌锅；3. 卧式高压灭菌锅
（引自常明昌教授《食用菌栽培》第二版）

①手提式高压灭菌锅：此种灭菌锅的容量较小，主要用于母种斜面培养基、无菌水等灭菌用，可用煤气炉、木炭或电炉作热源。较轻便、经济。

②立式和卧式高压灭菌锅（柜）：这两类高压锅（柜）的容量都比较大，每次可容纳 750ml 的菌种瓶几十至几百瓶，主要适用于原种和栽培种培养基的灭菌，用电热作热源。

③自制简易高压锅：菌种生产量较大的菌种厂可自制简易高压锅。采用 10mm 厚的钢板焊接成内径为 110cm × 230cm 的筒状锅体，底和盖用 15m 厚的钢板冲成半圆形，否

则平盖灭菌时棉塞易潮湿。锅口用紧固的螺丝拧紧密封，锅上安装压力表、温度计、安全阀、放气阀、水位计、进出水管等设备。以煤作燃料，用鼓风机助燃升温。菌种袋（瓶）放入铁提篮内，吊入锅中，一般约放 4～5 层，每锅装 800～1 000 袋（瓶），适合于专业菌种厂制作栽培种培养基的灭菌。

（2）常压蒸汽灭菌设备　灭菌灶多种多样，大小根据生产量自行设计。灶体用砖和水泥建造，也有用铁皮焊接，大小可安放 1～2 个直径为 1～1.2m 的铁锅为宜。蒸仓直接建在灶体上，可上开口或一侧设门；内设层架结构，以便分层装入待灭菌物品。蒸仓还应安装温度测试装置和加水装置（图 3－3）。

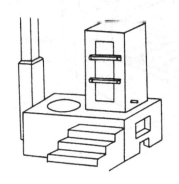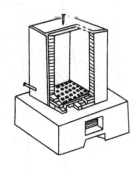

图 3－3　常压灭菌灶
（引自常明昌教授《食用菌栽培》第二版）

蒸笼灭菌适宜于农村制种量小，条件差的单位。采用蒸笼灭菌时，密闭条件较差，由于锅内温度最高是 100℃，所以灭菌时间从温度达 100℃ 开始计时，需保持 6～9h（图 3－4）。

（3）电热恒温干燥箱　电热恒温干燥箱是进行干热灭菌的一种工具，主要用于玻璃器皿及金属小工具等的灭菌，不用于培养基的灭菌。

3. 接种设备

是指分离和扩大转接各级菌种的专用设备，主要有接种室、接种箱、超净工作台以及各种接种工具。

（1）接种室　又称无菌室，是进行菌种分离和接种的专用房间。此室的设置不宜与灭菌室和培养室距离过远，以免在搬运过程中造成杂菌污染。

接种室的面积一般 5～6m²，高 2～3m 即可，过大过小都难于保证无菌状态（图 3－5）。接种室外面设缓冲间，面积约 2m²。门不宜对开，最好安装移动门。接种室内的地面和墙壁要求光滑洁净，便于洗清消毒。室内和缓冲间装紫外线灯（波长 265nm，功率 30W）及日光灯各一支。接种室具有操作方便，接种量大和速度快等优点，适宜大规模生产。

（2）接种箱　它是分离、移接菌种的专用木箱（图 3－6）。

接种箱的形式很多，目前，一般多采用的是长 143cm、宽 86cm、高 159cm、一人或双人操作的接种箱。箱的上层两侧安装玻璃，能灵活开闭，以便观察和操作。箱中部两侧各留有两个直径为 15cm 的圆孔口，孔口上再装有 40cm 长的布袖套，双

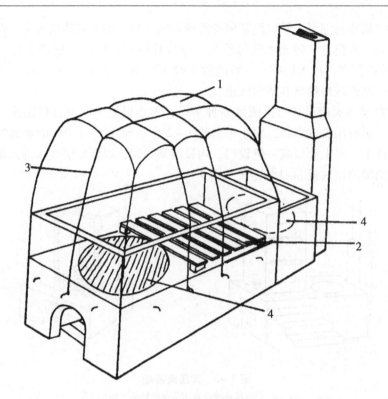

图 3-4 蒸笼灭菌灶

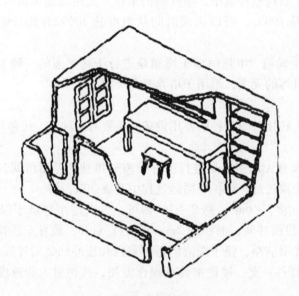

图 3-5 接种室

手伸入箱内操作时，布套的松紧带能紧套手腕处，可防止外界空气中的杂菌介入。在有条件的情况下，接种箱内，再装上一支日光灯用于照明，装上一支紫外线灯用于消毒。

图3-6　接种箱

接种箱结构简单，制造容易，造价较低，移动方便，易于消毒灭菌，由于人在箱外操作，气温较高时也能维持作业，适合于专业户制作母种、原种。

（3）超净工作台　它是一局部净化空气的设备（图3-7），即利用空气洁净技术使一定操作区的空间达到相对的无尘、无菌状态。它使用时必须放在比较洁净的房间，一般放于接种室中。使用它的最大优点就在于分离、接种安全可靠，接种数量不受无菌空间的限制，操作方便，不必非要使用酒精灯，尤其是在炎热的夏季，接种工作人员感到舒适。

（4）接种工具　主要有接种针、接种铲、接种匙、接种枪、打孔器以及大镊子等。此外还有分离用的手术刀、剪刀和乳胶手套（图3-8）。

4. 培养设备

主要是指接种后用于培养菌丝体的设备，如菌种培养室、恒温培养箱、摇床机等。

（1）菌种培养室　它是用来放置接种后的各级菌种，并能为菌种的生长提供较好的生活条件，如能保温、调湿、避光、通风等。房间的大小和数量可根据生产规模而定。

（2）恒温培养箱　用于制作母种或少量原种时，可用恒温培养箱，它的温度一般在20~40℃之间。购买恒温培养箱，价格太贵，对于一般的菇农来讲，需要时最好自己制作一个简易的培养箱就行（图3-9）。一般用双层木板制成箱体，夹层中填充锯末保温，底层装上石棉板或其他防燃绝缘材料，再用灯泡、电炉丝或电热线作为热源，箱内上方装乙醚膨胀片用于调温，箱顶装上一支温度计，以测试箱内温度，并钻上几个通气孔，中间用铁丝网架制成隔层架子2~3层。

（3）摇床　又叫摇瓶机。用于食用菌深层培养或制备液体菌种，分往复式、旋转

图 3 - 7　超净工作台

（引自常明昌教授《食用菌栽培》第二版）

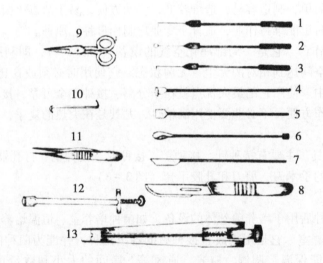

图 3 - 8　接种工具

1. 接种针；2. 接种环；3. 接种钩；4. 接种锄；5. 接种铲；6. 接种匙；7. 接种刀；

8. 接种刀；9. 剪刀；10. 钢钩；11. 镊子；12. 弹簧接种枪；13. 接种枪

式两种，往复式摇瓶机的摇荡频率是 80 ~ 140 次/min，往复距一般为 8 ~ 12cm，频率过快、往复距过大或瓶内液体过多，瓶内液体容易溅到瓶塞上。旋转式的摇荡频率为偏心距一般为 3 ~ 6cm，180 ~ 220 次/min。旋转式的耐用，氧的传递性好，培养效果好，但造价较贵。

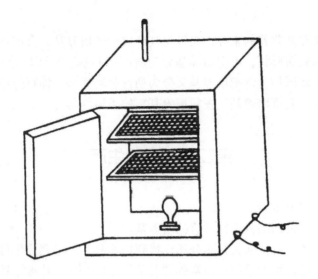

图 3-9　简易自制培养箱

（引自常明昌教授《食用菌栽培》第二版）

5. 菌种保藏设备

冰箱、冰柜、生物冷藏柜、菌种库等。母种一般采用冰箱冷藏室保藏，原种和栽培种用冷藏恒温库保藏。生产中，也常把大批的原种、栽培种放到温度较低的房间保藏。冬天，放到不生火的房间即可，但草菇、灵芝等高温菌种例外。

6. 菌种的培养基

培养基就是采用人工的方法，按照一定比例配制各种营养物质，以供给食用菌生长繁殖的基质。它对于食用菌来讲，就像绿色植物需要肥沃土壤一样重要。

培养基一般必须具备 3 个条件：第一，它要含有该菌生长发育所需要的营养物质。第二，它要具有一定的生长反应。第三，它必须经过严格的灭菌，从而保持无菌状态。

一般按照培养基的物理性状，可将培养基分成液体培养基、固体培养基和固化培养基。

（1）液体培养基　它是指把食用菌生长发育所需的营养物质按一定比例加水配制而成的液体状培养基。它的优点是营养成分布均匀，有利于食用菌营养体充分接触和吸收；理化条件易于控制，进行工厂化生产，便于机械操作；菌丝生长迅速，菌丝体产量高。在实验室多用于生理生化方面的研究。在生产上培养液体菌种或生产某些食用菌的菌丝体及其代谢产物。

（2）固体培养基　它是以含有纤维素、木质素、淀粉等各种碳源物质为主，添加适量有机氮源、无机盐等，含有一定水分呈固体状态的培养基。其原材料来源广泛，并且价格低廉，配制容易，营养丰富，因此，是食用菌原种、栽培种的主要培养基。

（3）固化培养基　它是指将各种营养物质按比例配制成营养液后，再加入适量的凝固剂，如 2% 左右的琼脂，加热至 60℃ 以上是液体，冷却到 40℃ 以下时则为固体，即可制成斜面培养基和平面培养基。它主要用于菌种的分离、培养、扩大及其保藏母种。

此外，按照培养基营养的来源，又可将其分成天然培养基、合成培养基和半合成培养基。按照培养基表面形状，可把培养基分为斜面培养基、平面培养基和高层培养基。按照培养基中的主要原料，常把培养基又分为马铃薯培养基、棉籽壳培养基、玉米芯培养基、木屑培养基、粪草培养基、麦粒培养基、枝条培养基。

第二节　母种生产

母种生产包括以下步骤。

①制作培养基，根据品种选择适合的培养基。

②进行菌种分离，直接从大自然分离，接到培养基上，得到原生母种。

③对原生母种进行扩大繁殖，通常称"转管"。生产中，买到的菌种主要是这种菌种，即再生母种。

专题一　母种培养基

一、常用的母种培养基

母种培养基有很多种配方，其中以 PDA 最为常用。科研工作者、生产者根据培养的品种，以及结合当地资源优势，设计出不同的培养基配方。生产时，可根据实际情况进行选择。以下例举出几种常见培养基配方，各配方中，琼脂 18～20g，水 1 000ml，pH 值自然。

1. 马铃薯葡萄糖（PDA）培养基

马铃薯 200g，葡萄糖 20g。一般用于食用菌的母种分离、培养和保藏，广泛应用于绝大多数的食用菌。是生产中最常用的培养基。可用蔗糖来代替葡萄糖。

2. 马铃薯综合培养基

马铃薯 200g，葡萄糖 20g，磷酸二氢钾 3g，硫酸镁 1.5g，维生素 $B_1$10mg。此培养基适合于一般食用菌的母种分离、培养和保藏，如平菇、双孢菇、金针菇、猴头、灵芝、木耳等，也适合于香菇菌种保藏。

3. 棉籽壳煮汁培养基

新鲜棉籽壳 250g，葡萄糖 20g。此培养基主要适用于猴头、木耳、平菇及代料栽培的母种。

4. 豆芽汁培养基

黄豆芽 200g，葡萄糖 20g。此培养基主要适合于黑木耳、猴头、平菇等木腐菌的母种培养。

5. 木屑浸出汁培养基

阔叶树木屑 500g，米糠或麸皮 100g，葡萄糖 20g，硫酸铵 1g。此培养基适合于木腐菌类的菌种分离和培养。

6. 子实体浸出液培养基

鲜子实体 200g，葡萄糖 20g。此培养基适用于一般食用菌母种的分离、培养，特别适用于孢子分离法培养母种，它可刺激孢子的萌发。

7. 粪汁培养基

干马粪或牛粪 150g，葡萄糖 20g。此培养基适用于双孢蘑菇母种的培养。

8. 麦芽膏酵母膏培养基

麦芽浸膏 20g，酵母膏 20g。此培养基适合于各种食用菌的母种。

9. 萝卜马铃薯培养基

马铃薯 20g，胡萝卜 20g。此培养基适合于一般的食用菌母种。其菌丝生长优于马铃薯培养基。

10. 完全培养基

蛋白胨 2g，葡萄糖 20g，磷酸二氢钾 0.46g，硫酸镁 0.5g，磷酸氢二钾 1g。此培养基为培养食用菌母种最常用的合成培养基，有缓冲作用，适用于保藏各类菌种的母种。

11. 麦芽汁培养基

干麦芽 150～200g。此培养基适合于部分食用菌母种的培养。

二、母种培养基的制作

以马铃薯葡萄糖（PDA）培养基为例介绍母种培养基的制作过程。马铃薯葡萄糖（PDA）培养基：马铃薯 200g，葡萄糖 20g，琼脂 18～20g，水 1 000ml，pH 值自然。

①将马铃薯洗净、去皮、挖掉芽眼，切成大小均匀的小块。按配方准确地称取各种营养物质，如果琼脂是条的，应提前剪成小断。

②小锅或大烧杯中加入 1 000ml 水，水开后，将马铃薯小块放入，用文火煮至酥而不烂（用筷子轻轻夹能夹碎），煮制过程中，要适当搅拌，防止溢锅。用预湿的纱布过滤取汁，通常用 4～8 层纱布，具体选用几层纱布依滤液澄清为原则。

③滤液不足 1 000ml，补足 1 000ml，加入琼脂 20g，文火煮熔。琼脂是培养基中的凝固剂，其凝固点是 40℃。它的常用浓度为 1.5%～2%，低于 1% 则不易凝固。实际浓度取决于琼脂的好坏、以及天气状况。

④加入需加入的其他营养物质，充分搅拌均匀，有条件的可适当减小火力，防止溢锅或糊锅。如需调 pH 值的培养基，应在此时调 pH 值。

⑤趁热分装。提前准备好分装装置，实验室最常用的是用漏斗下面连上橡皮管，橡皮管的末端再夹个止水夹，放在铁架台上。调好高度，高度以橡皮管的末端稍高于试管口，试管放在铁架台台面上。培养基的分装量应为试管长度的 1/5 或 1/4，不能过多或过少。操作时应快速、准确。尽量防止培养基黏在试管口上，若己黏上应用纱布或脱脂棉擦净（图 3－10）。

⑥装好培养基的试管应及时塞上棉塞。棉塞要用未经脱脂的原棉。棉塞要大小均匀、松紧度适中，长度一般为 4～5cm。一般要求 3/5 留在试管内，其余 2/5 露在试管外面，棉塞起空气过滤的作用。

⑦捆扎试管。把塞好棉塞的试管每 7～10 支捆扎成一把，用牛皮纸或双层报纸包

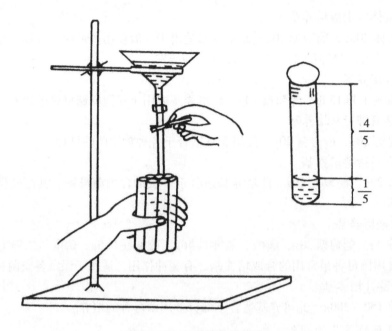

图 3 - 10　斜面培养基分装
（引自常明昌教授《食用菌栽培》第二版）

住，再把皮套扎紧或棉线捆好，放入手提式高压锅中。

⑧灭菌。采用高压蒸汽灭菌。把捆扎好的一把把试管，直立于锅中，以免灭菌时弄湿棉塞。在 $1.0 \sim 1.1 kg/cm^2$ 压力下灭菌 30min。

⑨灭菌完毕后，让其压力和温度自然降至零后，立即取出培养基，在清洁的台面或桌面上倾斜排放，摆成斜面，一般斜面长度以达到试管全长的 1/2 为宜。培养基冷至室温时，就自然凝固成斜面培养基（图 3 - 11）。

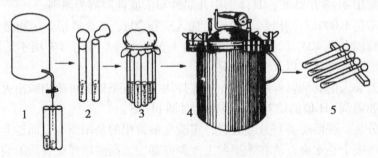

图 3 - 11　斜面试管培养基的制作
1. 分装试管；2. 塞棉塞；3. 捆扎包好；4. 高压灭菌；5. 摆斜面
（引自常明昌教授《食用菌栽培》第二版）

⑩检查灭菌效果。把斜面培养基放在 28～30℃ 的条件下，空白培养 24～48h，检查无杂菌污染后，才能使用该培养基。

专题二　接种

人们通常把接种物移至培养基上，在菌种秤工艺中称为接种。

母种分为原生母种和再生母种，即通过菌种分离和转管进行扩大繁殖。

母种的分离、转管都是在无菌接种箱内或超净工作台上进行的。因此要想搞好菌种分离、扩大培养，就必须首先正确使用接种箱或超净工作台。

接种箱和超净工作台的使用：接种箱每次使用前后，都应将箱内外擦干净或通风15min让其干燥。接着用5%的来苏尔或1%的多菌灵、克霉灵溶液将接种室内和接种箱外细致地喷洒一次，然后将制备好的培养基和一起使用的工具与物品（除去分离材料和菌种）放入箱内，再用甲醛熏蒸法对箱内消毒，目前，也可采用克霉灵烟雾剂、菇保一号气雾消毒剂等消毒，效果更佳。使用前打开接种箱盖一点，让残存的药味散发后，再关紧箱盖。有条件时，也可打开箱内的紫外线灯照射20~30min。开紫外线灯前，可用酒精棉球，将灯管擦一遍，使紫外线灯穿透不受灯管上尘埃的影响，这样杀菌的效果更佳。

在超净工作台上进行菌种的分离、接种和转管，比接种箱更方便，消毒处理方法十分简单。无菌操作前，先用70%~75%的酒精棉球，擦一遍超净工作台的工作台面，然后开机20~30min，同时打开紫外线灯。最后关灭紫外线灯，在开机状态下进行无菌操作，分离或接种。

为了进一步保证无菌操作的效果，常在超净工作台上或接种箱中，再放入1~2个酒精灯，并在酒精灯火焰周围接种、分离和转管。每次使用后，都应清扫干净。

一、菌种分离

依据分离材料的不同，可分为组织分离法、菇木分离法、孢子分离法。

（1）菇木分离法　又被称为耳木分离法或寄主分离法，是从生长食用菌的菇木或耳木中获得纯菌丝体的方法。木腐菌类的木耳、银耳、香菇、平菇等菌类都可以采用此法。生产中，这种方法污染率高，所以能用组织分离或孢子分离的菇类一般不采用此法。

（2）孢子分离法　指用食用菌成熟的有性孢子（担孢子或子囊孢子）萌发培养成菌丝体而得到菌种的方法。食用菌的有性孢子具备双亲的遗传特性，变异的机会多，生命力强，培育成的菌种质量好。有性孢子是选育优良新品种和杂交育种的好材料。

（3）组织分离法　指采用食用菌子实体或菌核、菌索的任何一部分组织，培养成纯菌丝体的方法。该方法属无性繁殖，简便易行，菌丝生长发育快，能保持原有性状。它是大多数食用菌进行菌种分离的最简便而又有效的方法。根据分离材料的不同，组织分离法又可分为子实体组织分离法、菌核组织分离法以及菌索分离法等。

子实体组织分离法是生产中最常采用的方法，它是采用子实体的任何一部分如菌盖、菌柄、菌褶、菌肉进行组织培养，而形成纯菌丝体的方法。以其为例来介绍，具体方法如下。

①种菇的选择：选择头潮菇、外观典型、大小适中、菌肉肥厚、颜色正常、尚未散孢、无病虫害、长至七八分成熟的优质单朵菇作种菇。

②种菇的消毒：切取菇体基部，放入已消毒灭菌的接种箱或超净工作台上。先将种菇放入0.1%的升汞溶液或75%的酒精溶液中，浸泡0.5~1min，上下不断翻动，以充分杀死种菇表面的杂菌。用无菌水冲洗2~3次，再用无菌纱布或脱脂棉吸干表面的水分。

③切块接种：用消过毒的解剖刀，在菇柄与菇盖中部纵切一刀，撕开后再在菇柄与菇盖交接处的菌肉上，用刀划过一些口子，挑取大小约0.2~0.5cm见方的小块组织，接在斜面培养基的中央。一般一个菇体可以分离6~8支试管。一般每次接种在30支以上，以供挑选用。

④培养纯化：在适温下培养2~4d可看到组织块上长出白色绒毛状菌丝体，移接到新的培养基上，再经过5~7d的适温培养，长满试管后即为纯菌丝体菌种。

⑤出菇试验：将分离得到的试管种扩大繁殖，并移接培养成原种、栽培种，做出菇试验，选出出菇好、产量高、质量好的，即可作栽培生产用种（图3-12）。

图3-12 子实体组织分离法
（引自常明昌教授《食用菌栽培》第二版）

经出菇试验合格，得到的即为原生母种。

尽管子实体的任何一部分都能分离培养出菌种，但是实践表明，选用菌柄和菌褶交接处的菌肉最好。因其新生菌丝发育健壮、活力强，做分离材料最适合，而且不易被杂菌污染，制成的菌种播种到菇床上，容易定植成功，生命力强。而用菌褶和菌柄做分离材料，由于它们暴露在空气中，很易污染杂菌，菌丝的生活力也弱，从而不容易分离成功。

此外，还有一种更为简便实用的子实体组织分离法，即种菇消毒后，用手从菌柄直至菌盖交接处撕成两半，再用无菌镊子夹取菌柄与菌盖衔接处的少量菌肉，接入试管内，在适温下培养，很快萌出菌丝，分离的成功率很高。

二、转管

分离选育出的母种或是从有关菌种销售单位购进的母种，数量都很少，生产时都应该移接、扩大培养后再用。将试管中的菌种接到另外的试管培养基上，就称为转管。制作二代、三代母种，实际上就是转管。在转管过程中至关重要的就是采用无菌技术，在接种箱、超净工作台和酒精灯火焰周围10cm的无菌区进行。一般程序如图3-13所示。

转管方法。在开始工作前，工作人员应提前做好个人卫生，打扫好操作空间。准备

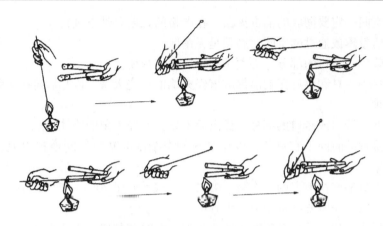

图 3 – 13　斜面培养基的无菌操作

（引自常明昌教授《食用菌栽培》第二版）

开始工作时，应关闭门窗，防止空气流动。

①用 70% ~75% 的酒精棉球对手指、菌种试管外壁进行擦涂消毒。

②点燃酒精灯，最好点燃两个酒精灯，利用酒精灯火焰的无菌区，进行操作。

③将所要转接的菌种和斜面培养基两支试管，用左手的大拇指和其他四指并排握住，斜面向上，并使试管位于水平位置。

④用右手轻轻转动试管棉塞，这样松动后有利于接种时快速拔出，还可防止由于拔塞过猛，使空气流入试管内。

⑤右手拿接种针，在火焰上将凡在接种过程中可能进入试管的部分，全部用火烧过。为了更好地保证接种针上无菌，人们常在装有酒精的瓶子中蘸一下接种针或用酒精棉球擦一下，然后在火焰上烧。

⑥用右手小指和无名指及手掌拔掉棉塞。菌种的棉塞可以放在一边，而斜面培养基试管的棉塞要夹在右手指缝间。

⑦用火焰灼烧试管口，灼烧时应不断转动管口，将试管口上沾染的少量杂菌烧死。

⑧将烧过的接种针伸入菌种试管内，先接触一下没有长菌种的培养基部分或试管内壁，稍停留片刻，使之冷却，以免烫死或烫伤菌种，然后轻轻接触菌种，取出少许接种块，将接种针迅速抽出试管，不要使其碰到管壁。

⑨迅速用接种针将菌种块通过酒精灯火焰无菌区放入另一支试管，送到斜面培养基的中央，即接种。

⑩灼烧试管口，并将棉塞在火焰上迅速过一下，然后塞上管口。

⑪放回接种针前，将其在火焰上再烧红灭菌，以备下次使用。

一般一支母种试管可转接 10 支再生母种。整个过程都要快速、准确、熟练。然后将接好的试管贴上标签，注明菌种名称、接种时间、繁殖代数等，放在适宜条件下培养以便长满斜面，即为母种或试管种。

转管注意事项如下。

①接种空间一定要彻底的消毒灭菌，在严格的无菌条件下进行。

②菌种所暴露或通过的空间，必须是无菌区。

③菌种管口、瓶口的部分，必须用酒精灯火焰封闭。

④各种接种工具和菌种接触前都应该经火焰的灼烧灭菌，冷却后再接菌种，以免烫死或烫伤菌种。

⑤棉塞塞入管口或瓶口的部分，拔出后不要与未经灭菌的物体接触。

⑥每次接种的时间不宜过长，以免空气的中杂菌的基数不断地积累太多，影响转管、接种效果。

⑦操作人员最好换消毒的工作服、戴口罩，双手要用70%～75%的酒精消毒。

⑧不戴口罩操作时要尽量少说话为宜。

⑨整个操作过程，动作必须准确迅速无误。时时刻刻树立无菌观念。

在条件差的情况下，如野外实地考察过程中的菌种分离、接种，一般菇农的菌种分离、接种，在没有超净工作台或接种箱的条件下，在酒精灯火焰周围也可以进行。只不过要求尽量对环境在分离接种前消好毒，严格采用无菌操作技术即可。

第三节　原种、栽培种制作

专题一　原种、栽培种培养基

原种的培养基与栽培种的培养基的配制基本相同。但原则上原种的培养基要更精细些，营养成分尽可能丰富，而且还要易于菌丝吸收，以便移接的母种菌丝更好地生长发育。由于原种的菌丝已基本适应了固体培养基，而且也比母种的菌丝要健壮得多，因此用作栽培种的培养基可以更粗放些、更广泛些，用于原种培养基的配方，一定都能适用于栽培种的培养基制作。

一、常用的原种、栽培种培养基配方

原种和栽培种的培养基配方有很多。根据食用菌的营养源、食用菌的生物学特性以及结合当地的原料来源，因地制宜地选择培养基。配制多种原种、栽培种的培养基。常用的培养基配方如下。

1. 木屑培养基

阔叶树的锯木屑78%，米糠或麸皮20%，石膏粉1%，蔗糖1%，加水调至含水量50%～60%。此培养基适用于木腐菌的原种、栽培种的培养。

2. 棉籽壳培养基

棉籽壳98%，蔗糖1%，石膏粉1%，加水调至含水量65%左右。此培养基适用于一般食用菌原种、栽培种的培养。

3. 棉籽壳培养基

棉籽壳88%，麦麸10%，蔗糖1%，石膏粉1%，加水调至含水量65%左右。此培养基适用于平菇、香菇、金针菇、草菇、木耳、银耳、猴头、灵芝、滑菇的原种、栽培种的培养。

4. 棉籽壳木屑培养基

棉籽壳 50%，阔叶树木屑 40%，麸皮或米糠 8%，蔗糖 1%，石膏粉 1%，加水调至含水量 60%～65%。此培养基适用于一般木腐菌的原种、栽培种的培养。

5. 玉米芯培养基

碎玉米芯 80%，米糠或麸皮 18%，石膏粉 1%，过磷酸钙 1%，加水调至含水量 60%～63%。此培养基适用于平菇、猴头、木耳、金针菇、灵芝的原种、栽培种的培养。

6. 高粱壳粉培养基

高粱壳 50%，高粱壳粉 30%，米糠或麸皮 18%，石膏粉 1%，过磷酸钙 1%，加水调至含水量 60%～63%。此培养基适用于平菇、猴头、木耳、金针菇等菌的原种、栽培种的培养。

7. 草粉培养基

麦草粉或稻草粉 97%，蔗糖 1%，石膏粉 1%，过磷酸钙 1%，加水调至含水量 60%～65%。此培养基主要适用于草腐菌类，也适用于木腐菌类原种、栽培种的培养。

8. 粪草培养基

干粪草 90%，麸皮 8%，蔗糖 1%，碳酸钙 1%，加水调至含水量 60%。此培养基主要适用于双孢菇、草菇原种、栽培种的培养。

9. 废甜菜丝培养基

干甜菜丝 78%，米糠 20%，石膏粉 1%，过磷酸钙 1%，加水调至含水量 60%。此培养基主要适用于平菇、金针菇原种、栽培种的培养。

10. 矿石培养基

蛭石（膨胀珍珠岩）57%，麸皮 40%，石膏粉 1%，蔗糖 1%，过磷酸钙 1%，加水调至含水量 60%～65%。此培养基既适用于草腐菌，也适用于木腐菌的原种、栽培种的培养。

11. 麦粒培养基

麦粒（谷粒、大麦、燕麦、高粱粒、粉碎的玉米粒等）1 000g，石膏粉 13g，碳酸钙 4g。注意要用煮熟而又不胀破麦粒种皮的麦粒，拌入石膏粉、碳酸钙，调 pH 值为 7.5～8，调至含水量 60%～65%。此培养基适用于各种食用菌的原种、栽培种的培养，尤其是双孢蘑菇。

12. 木块培养基

木块（枝条、木片）10kg，红糖 400g，米糠或麸皮 2kg，碳酸钙 200g。将木块在 1% 的红糖水里煮沸 30min，捞出后与米糠、碳酸钙拌匀，装瓶。此培养基适用于多种木腐菌的原种、栽培种的培养。

一般草腐菌（双孢菇、草菇等）可用粪草原料栽培；木腐菌（平菇、香菇等）可用木屑或棉籽壳等为主要原料来栽培。

二、原种、栽培种培养基的制作

以制作平菇母种为例来介绍。

1. 选择培养基

依据所栽培食用菌的营养特点及当地原料资源，选择适宜的培养基。

木屑培养基：阔叶树的锯木屑 78%，米糠或麸皮 20%，石膏粉 1%，蔗糖 1%，加水调至含水量 50% ~60%。

2. 配料

按配方准确计算、称取各营养物质。石膏粉、蔗糖等易溶于水的，要提前制成水溶液。把新鲜无霉的木屑、米糠或麸皮干拌均，然后加水，边拌边加。充分拌匀后，检查并调节好水分，调 pH 值。

3. 装袋或装瓶

在分装棉籽壳、玉米芯、木屑等培养基时，上下料的松紧度要一致，装至瓶肩，压平表面。

4. 打孔

用直径 1.5cm 的一根锥形捣木的尖端，在瓶内或袋内中央打 1 个孔，其深度要接近瓶底，这样有利于增加瓶中料内的通气和固定菌种块的作用。此小孔又称为接种穴（图 3 - 14）。

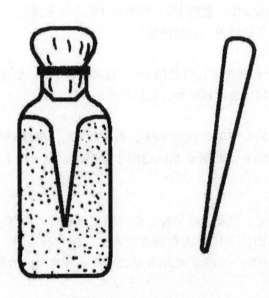

图 3 - 14　装好料的菌种瓶及捣木

（引自常明昌教授，2009）

5. 用干布擦净瓶口

用牛皮纸、塑料布扎口，或用棉塞堵住；或用棉线扎住塑料袋口。

6. 将已装好料的瓶或袋进行高压或常压灭菌，即为制备好的原种和栽培种培养基

若是分装麦粒菌种培养时，装料量应为 1/3 瓶或 1/2 瓶，便于培养时摇动基料促进菌丝均匀生长。分装种木培养基时，应配备适量的木屑培养基，用来填充空隙和铺于料面。以塑料袋代替瓶装料时，要求袋子要厚薄均匀、无砂眼，并要消除料中的尖利杂物

后才可装料。边装边压实，装至离袋口 4~5cm 处，加口圈再用纸扎口即可。

专题二 接种

菌种瓶、袋灭菌之后，从灭菌锅中取出，冷却至 30℃ 左右时，即可进行接种。一般一支再生母种可转接 8 瓶原种，而 1 瓶原种又可转接 60 瓶栽培种。母种是菌种生产之母，绝不允许有一点杂菌污染。原种的接种也是在严格的无菌操作条件下进行的。

一、母种接栽培种

将试管种转接到灭过菌的菌种瓶中，进行扩大培养。其接种步骤如下。

①用左手拿起试管，用右手拔棉塞，一边在酒精灯火焰上消毒接种针，一边把试管口向下稍稍倾斜，用酒精灯的无菌区封闭管口，不让空气中的杂菌侵入。

②把消毒后的接种针伸入菌种管内，稍稍冷却，再伸入斜面菌种挑取一小块菌种，迅速移接到原种瓶口的接种穴内，紧贴培养基，再迅速塞好棉塞或用塑料布、牛皮纸扎口（图 3-15）。

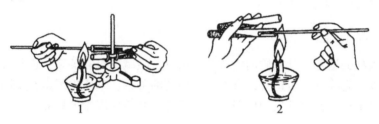

图 3-15　母种接种法

1. 用试管架固定母种；2. 手持母种

（引自常明昌教授《食用菌栽培》第二版）

③接种后的菌种瓶，应移入温度、湿度、光线等适宜条件下培养，待菌丝长满后即为原种。

④菌丝体生长初期，需每天观察新菌丝的生长情况，检查有无杂菌污染及其他异常情况，如有污染应及时拣出。一般在 24~26℃ 的温度条件下，各种菌种多在 3d 后恢复菌丝生长。一支试管可接原种 8 瓶左右。

二、原种接栽培种

把原种接到栽培种的培养基上，进一步培养就成为栽培种。栽培种的培养基既可瓶装也可袋装。一般在严格的无菌操作条件下，用大镊子、铲子或小勺，每瓶接入一大块菌种或一小勺麦粒菌种即可（图 3-16）。

栽培种用袋子时，接种量一般要适当大些。塑料袋多用 16cm 宽、0.03cm 厚的筒料。一般一瓶原种可接 60 瓶栽培种或 25 袋左右的栽培种。

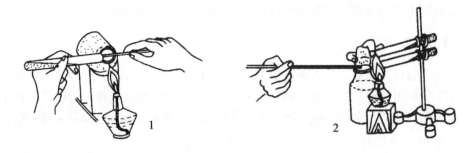

图 3 - 16　原种接种法

1. 手持母种；2. 用试管架固定母种

(引自常明昌教授《食用菌栽培》第二版)

第四节　菌种接种后的培养、质量鉴定及保藏

一、菌种的培养

食用菌菌种的培养与其基质内的营养、水分、酸碱度等有关系，也与其基质外的时间因子、温度、光线等是否适宜，有着十分密切的关系。基质内因素在配制培养料的时候已充分做好工作，接完种后的培养，主要是针对基质外因素的培养。

1. 温度

它是影响食用菌菌丝生长速度最重要的一个因子。一般应把温度控制在 22 ~ 25℃。菌丝在生长发育过程中进行呼吸作用而产生热量，室内的温度与瓶内或袋内的温度要相差 1 ~ 4℃，因此，室温应控制在比该菌种最适温度低 2 ~ 3℃。在菌种生产过程中，培养的温度过高会造成菌种早衰，太低则会导致菌丝生长缓慢，而延长生产周期。

2. 光线

大多数食用菌的菌丝体都可以在完全黑暗的条件下正常生长，散射光对菌丝的影响不太大，而太强的光线对菌丝体有抑制作用。如黑木耳制种时，为了不使子实体形成，培养室平时还需要用黑布窗帘遮光。

3. 培养时间

作为菌种应在菌丝生长处于最佳期进行扩大培养或栽培。这也是菌种生产者应该注意的。一株菌种从分离出来，随着时间的推移会越来越老，培养时间越长，菌种越易衰退。瓶内的培养基，随着培养时间的延长，营养成分会越来越少，菌丝也会由于生理饥饿而由强变弱，当营养消耗完后，若不及时补给，菌丝就会死亡。

二、菌种质量的鉴定

菌种质量的好坏，直接关系到食用菌栽培的成败。把好菌种质量关是食用菌生产中最重要的关键环节之一，也是食用菌生产中首要的一关。没有高质量的优良菌种，就无法获得食用菌的高产和稳产。

菌种鉴定主要包括两方面，一方面鉴定未知的菌种是什么菌种，从而避免菌种混乱带来的损失，可根据菌种的生物学特性安排生产；另一方面鉴定已知菌种质量的好坏，从而选择优良品种，夺得食用菌的丰产。

鉴定菌种的好坏，是通过菌种质量标准进行的。菌种的质量标准就是衡量菌种培养特征、生理特征、栽培性状、经济效益所制定的综合检验标准。一般从菌种的纯度、长势、颜色、菌龄、均匀度和出菇快慢等6个方面进行鉴定的。虽然菌种的鉴定有许多种方法，但是最可靠的、最实际的方法就是出菇试验。只要通过出菇试验，就不难知道它是什么菌种以及菌种的产量及生产性能。只有产量高、品质好的菌种才是优良菌种。

1. 母种质量的鉴定

食用菌的母种分离、引进和转管扩大培养后，都应检验其质量是否符合质量标准，经选优去劣后，才能用于生产。

一般分离培养以及引进的母种，都应严格控制转管次数。次数过多会引起菌种的退化或变异。转管移植的次数，最多不超过 4～5 次，同时还要考虑其菌龄。菌种随着培养时间的延长，菌龄越来越大，生活力随之而逐渐下降，菌种易老化。因此，在冰箱冷藏低温下保藏的母种一般不超过 6 个月，常温下保藏时间应更短些，超过菌龄的母种不应再应用于生产。

（1）出菇试验　将菌种接到木屑、粪草、棉籽壳等代料培养基上，放于适宜的条件下培养，菌丝生长健壮，出菇快、朵形好、产量高的为优良菌种。

（2）外观肉眼鉴定　外表菌丝浓白、粗壮、富有弹性，则生命力强。如有淡茶褐色的菌膜及子实体，只要接种时除去就还可以用。若菌丝已干燥、收缩或菌丝自溶产生大量红褐色液体，则表明生活力降低，不能继续用作菌种使用。

（3）长势鉴定　将母种接到干湿度适宜的培养基上，在适宜的条件下培养，菌丝生长快、整齐，浓而健壮的是优良菌种。若菌丝生长过快或过慢，菌丝不整齐且凌乱的则是不好的菌种。

（4）温度适应性鉴定　接种后，在适温下培养 1 周，再放入高温下，即一般菌为 30℃，凤尾菇、灵芝等高温型菌为 35℃，培养 4h，菌丝仍然能健壮生长的为优良菌种。若在高温下菌丝萎缩，则为不良菌种。

（5）干湿度鉴定　将母种接到不同干湿度的培养基上培养，以观察菌种对干湿度的适应性。能在偏干或偏湿培养基上生长良好的菌种为符合要求的母种。具体方法是将母种分别接到干湿度不同的培养基上进行培养，观察生长情况。在 1 000ml 培养基中加入 16.5g 琼脂为湿度适宜，加入 15g 琼脂制成的培养基为偏湿，加入 18g 琼脂为偏干。

2. 原种和栽培种的质量鉴定

只有严格进行菌种质量的检验，才能保证菌种的质量。好的原种和栽培种一般都符合下列要求。

（1）用转管转 4～5 次以内的母种生产的原种和栽培种

（2）一般食用菌的原种和栽培种　在 20℃ 左右常温下可保存 3 个月内有效；草菇、灵芝、凤尾菇等高温型菌则保存 1 个月内有效。超过上述菌龄的菌种就已老化，不应再用于生产，即使外表看上去健壮的，也不能再用，否则影响生产。

（3）原种和栽培种的外观要求

①菌丝生长健壮，绒状菌丝多，生长整齐。

②菌丝已长满培养基，银耳的菌种还要求在培养基上分化出子实体原基。

③菌丝色泽洁白或符合该菌类菌丝特有的色泽。

④菌种瓶内无杂色出现和无杂菌污染。

⑤菌种瓶内无黄色汁液渗出。

⑥菌种培养基不能干缩与瓶壁分开。

此外，在鉴别原种和栽培种的质量时，人们还应区分开原种和栽培种，特别是当二者都是用同样的瓶子装着的时候，这在生产上具有十分重要的意义。因为许多出售菌种的单位，常把栽培种当做原种，并按原种的价格出售，使栽培者购回后仍按"原种"继续扩大培养后，会造成菌种退化或老化，生长性能显著下降，从而给生产者带来难以估量的损失。为了防止这类事情的发生，生产者应很好地区分原种和栽培种。一般打开瓶盖扎口后，在接种穴中有琼脂块的即为原种，没有则为栽培种。另外原种瓶内菌种表面常向下凹陷，这是母种移接时掉入接种穴后留下的痕迹。栽培种表面常平整或向上突起，这是原种接到栽培种接种穴后，用周围培养料掩埋后留下的痕迹。

（4）常见优质原种和栽培种的性状

①平菇：菌丝粗壮，浓白，密集，爬壁力强，菌柱断面菌丝浓白，清香，无异味，发菌快，为优质菌种的性状。

②猴头：菌丝洁白，细绒毛状，紧贴培养基放射状生长，呈星芒状或点片状，后期在培养基上易产生珊瑚状子实体原基，培养基的颜色常变为淡棕褐色，为优质菌种的性状。

③金针菇：菌丝洁白，较粗壮，密集，长绒毛状，外观似细粉状，培养后期菌种表面易产生菇蕾，为优质菌种的性状。

④香菇：菌丝洁白，绵毛状，后期见光易分泌出酱油色液体，呈褐色，有时表面产生小菇蕾，为优质菌种的性状。

⑤木耳：菌丝洁白，密集，绵绒状，短而整齐，全瓶发育均匀，有时瓶壁间出现淡褐色、褐色、浅黑色的梅花状胶质物即子实体原基，为优质菌种的性状。

⑥银耳：银耳菌丝与香灰菌菌丝按比例混合培养。羽毛状菌丝生长健壮，成束分布，黑疤多，分布均匀，无其他杂斑斓同时银耳菌丝吃料较深，瓶内有发白的棉毛团或耳片，为优质菌种的性状。

⑦草菇：菌丝呈透明状的白色或黄白色，分布均匀，常有大量的红褐色的厚垣孢子堆，为优质菌种的性状。

⑧双孢蘑菇：菌丝灰白带微蓝，密集，细绒状，气生菌丝少，贴生菌丝在培养基内呈细绒状分布，发菌均匀，有特有的双孢蘑菇的香味，为优质菌种性状。

⑨灵芝：菌丝白色，密集，以接种点为中心，呈辐射状向四周生长，接种点菌丝常呈淡黄白色，菌丝贴生于培养基表面，易形成菌膜，为优质菌种性状。

⑩滑菇：菌丝洁白、密集，棉絮状，上下分布均匀，用手指按菌种柱有弹性，菌柱的断面呈白色或橙黄色，颜色均匀一致，用手捏碎成大块而不是粉末的，为优质菌种性状。

三、菌种保藏

菌种是国家重要的生物资源，也是教学、科研和生产的基本材料，因此菌种保藏十分重要。只有通过科学的菌种保藏，才能使优良菌种不死亡、不衰退、不被杂菌污染，长期应用于生产。

保藏菌种一般都是以试管的形式进行保存的。菌种保藏的基本原理就是尽可能地降低菌丝的生理代谢活动，使生命活动处于休眠状态，从而达到菌种保藏的目的。通常采用干燥、低温、冷冻和缺氧、真空等手段进行菌种保藏。

菌种保藏的目的，第一，在于使菌种经过较长时期的保藏之后，仍然能保持原有的生活力，不至于死亡灭种。第二，尽可能地保持原有的优良生产性能，其形态特征和生理特征不发生或少发生变异。第三，要保持菌种的纯正、无杂菌污染等。

1. 斜面低温保藏

这是一种最常用最简便的菌种保藏方法。

①选用马铃薯葡萄糖（即 PDA）培养基或综合马铃薯培养基，为了减少培养基水分的蒸发，延长菌种保藏时间，可将琼脂量增大到 2.5%。在这些培养基中加上 0.2% 的磷酸二氢钾以中和菌种在保藏过程中产生积累的有机酸。

②将需要保藏的菌种，接到斜面培养基上。

③在适宜的温度下培养，当菌丝健壮地长满斜面时，即将此试管菌种取出，放置于 4℃ 的冰箱中保藏。电冰箱温度控制在 4℃ 条件下，草菇例外，应在 10~15℃ 下保藏，有效保藏期一般为 3~6 个月，快要超过期限时，应转管一次，最好在 2~3 个月时转管一次。

在菌种保藏过程中应尽量减少开冰箱次数，并及时清除被污染的菌种。如将棉塞齐管口剪去，用固体石蜡封口，或改换棉塞用橡皮塞封口，可以有效地防止棉塞受潮而污染，还可隔绝空气，避免斜面干燥，从而延长菌种保藏时间。用无菌胶盖或橡皮盖封口的菌种，在冰箱中可保藏 3 年之久，仍具有很强的生活力。严格地讲，所保藏的菌种，在使用时应提前 12~24h 从冰箱中取出，经过适温培养恢复活力后方能转管移植。

2. 液体石蜡保藏

又称为矿油保藏，即用矿油覆盖斜面试管保藏菌种的方法。矿油是指无色、透明、黏稠、性质稳定、不易被微生物分解的石蜡油和液体石蜡，用于覆盖于斜面菌种之上，可以隔绝空气，防止培养基水分的蒸发，抑制微生物的代谢活动，推迟细胞衰老，从而达到长期保藏菌种的目的。

①将需要保藏的菌种接到培养基上，最好用综合马铃薯琼脂培养基，在适温下培养至菌丝长满斜面备用。

②把液体石蜡装入三角瓶内，装至瓶体 1/3 处，塞上棉塞，用纸包扎，在 $1kg/cm^2$ 压力下，高压灭菌 1h，灭菌后冷却。

③放在 40℃ 恒温箱中，使水分蒸发至石蜡液透明为止。冷却后，在无菌接种箱或超净工作台上，在无菌操作下，用无菌吸管吸取无菌液体石蜡，分别注入待保存的各个菌种试管内，注入量以淹过斜面 1cm 为宜，然后用无菌橡皮塞封口。

④在室温条件下或 4℃ 冰箱中垂直放置保藏，可有效地保藏 5~7 年，每 1~2 年应

移植一次。

使用时可不必倒去石蜡油，只要用接种针从斜面上挑取 1 小块菌丝即可，但要尽量少带石蜡油。余下的试管中的母种可以继续保藏。由于直接挑取的菌丝沾有石蜡，生长较弱，需经再次转接培养一次才能恢复正常生长。这种方法保藏菌种的缺点就在于必须垂直放置菌种试管，运输、邮寄不便。因矿油易燃，在转接操作时应注意安全，防止烧伤皮肤或引起火灾（图 3 - 17）。

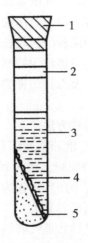

图 3 - 17　矿油保藏

1. 胶塞；2. 标签；3. 矿油；4. 菌种；5. 培养基

（引自常明昌教授《食用菌栽培》第二版）

3. 滤纸保藏

这是一种以无菌滤纸作为食用菌孢子吸附载体，长期保藏菌种的方法，又称滤纸孢子保藏法。它保藏菌种时间长，菌种不易衰老退化，制作简便，又易贮运（图 3 - 18）。

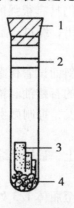

图 3 - 18　滤纸保藏

1. 胶塞；2. 标签；3. 滤纸条；4. 硅胶

（引自常明昌教授，2009）

（1）制作　将滤纸剪成（2 ~ 3）cm ×（0.5 ~ 0.8）cm 的小条，整齐平铺于直径为 9cm 的培养皿中，用纸包好，1kg/cm^2 压力下灭菌 30min。另取变色硅胶数粒，放进干净试管内，塞上棉塞，随同滤纸一起灭菌。灭菌后，将其放在 80℃ 烘箱中烧烤 1h 备用。

（2）孢子采集 把消过毒的种菇插在无菌支架上，支架放在铺有滤纸条并经过灭菌的培养皿内，罩上无菌玻璃钟罩，在 20～25℃ 温度下，经 1～2d，滤纸条上即落满孢子。

（3）保藏 以无菌操作移去种菇，镊取落有孢子的滤纸条，分别装入放有硅胶的无菌试管中，再置干燥器中 1～2d，充分干燥后，塞上无菌的胶塞封口，或用火焰熔封试管口，即制成滤纸条保管，贴上标签，置低温下保藏。

（4）方法 使用时在无菌操作下镊取滤纸条，将有孢子的一面贴在培养基上，在适温下培养 1 周左右，即可观察到孢子萌发和菌丝生长状况。这种方法简便易行，有效保藏期 2～4 年，长的可达 30 年以上。

4. 自然基质保藏

就是以不含毒性、刺激性和抑菌性而又富含营养的自然生长的基质作培养基来保藏菌种的方法。自然基质很多，食用菌常用的自然基质有发酵的粪草、木屑及枝条基质等，取材方便，制作方法简便，保藏的时间也较长。使用时，只需取一块、一粒或一条培养物放在新鲜的培养基上，并在适温下培养即可。

（1）木屑保藏 此法适用于木腐菌。利用木屑培养基作保藏木腐菌用的培养基比使用 PDA 培养基为好，因为木屑培养基内菌丝生长容易而且菌丝量大，有利于菌种保藏。

具体操作方法：以 78% 的阔叶树木屑，20% 的米糠或麸皮，1% 石膏粉，1% 的蔗糖为配比，用水拌料，拌匀后使培养基含水量为 60%，然后装入试管中进行高压灭菌，冷却后接入所需保藏的菌种，在 25℃ 下培养，待菌丝长满木屑培养基时，取出，在无菌操作下换上无菌的橡皮塞。最后放入冰箱冷藏室中在 3～4℃ 下保藏，1～2 年转管一次即可。

（2）粪草保藏法 此法适用于草菇、双孢菇等草腐性菌类的菌种保藏。即采用发酵过的粪草作培养基，培养出菌种，放于冰箱或室温下保藏即可。

具体操作方法：取发酵培养料，晒干除去粪块，剪成 2cm 左右大小，在清水中浸泡 4～5h，让料草被水浸透，然后取出，挤去多余的水分，使料的含水量在 68% 左右。装进试管，要松紧适宜。装好清洗瓶壁，塞上棉塞，进行高压灭菌 2h，冷却后，接入要保藏的菌种，在 25℃ 下培养。菌丝长满培养基后，在无菌操作下换上无菌胶塞并蜡封，放入冰箱在 2℃ 下保藏，两年转管一次。

（3）麦粒保藏 采用麦粒培养基作为保藏菌种的培养基，可保藏菌种 1 年以上。

具体操作方法：选择籽粒饱满、新鲜、无病虫害的小麦粒，用清水浸泡 8～12h，稍滤干后分装入试管，容量为试管长的 1/4，塞好棉塞，在 1.5kg/cm^2 压力下灭菌 1h；28～37℃ 培养 24h 后，再在 1.5kg/cm^2 下灭菌 1h。在无菌操作下，将要保藏的菌种接入灭好菌的麦粒培养基内。在 25℃ 下培养菌丝长满培养基，再放入干燥器内干燥 1 个月，放入 4℃ 左右的冰箱内或室温下保藏。使用时，在无菌操作下，在每块斜面培养基中央接上一粒麦粒，培养至菌丝长满斜面即可。

此外，还有许多种菌种保藏方法，如砂土保藏、菌丝球保藏、真空冷冻保藏、枝条保藏、液氮超低温保藏、风干菌种保藏等。

四、菌种退化原因及复壮

在菌种繁殖过程中，往往会发现某些原来优良性状渐渐消失或变劣，出现长势弱、生长慢、出菇迟，产量低质量差等变化。这就是"退化"。

1. 菌种退化的原因

①菌种遗传性状分离或突变。

②可能感染病毒。

③菌龄变大。

④不适的培养和保藏条件。

2. 菌种复壮的措施

①纯种分离法。

②变化培养基复壮。

③控制传代次数，组织分离/年，孢子分离/3 年。

④创造良好的培养条件和有效的菌种保藏方法。

复习思考题

1. 什么叫食用菌菌种？它又有哪些类型？

2. 食用菌制种需要哪些条件？

3. 什么叫食用菌的培养基？它又有哪些类型？

4. 食用菌菌种的分离有哪些方法？生产中最常用的是哪一种？

5. 优质的母种、原种和栽培种一般应符合哪些要求？

6. 试述食用菌菌种保藏的原理、基本手段和方法。

第四章　栽培技术

第一节　平菇栽培

专题一　基础知识

一、概述

平菇，学名侧耳，属于真菌门，担子菌亚门，层菌纲，伞菌目，侧耳科，侧耳属，俗称冻菌、北风菌、元蘑、青蘑等。是全世界广泛栽培的食用菌，也是我国栽培与消费量最多的一种菇类。我国平菇总产量 2000 年度为 172.3 万 t，2011 年度达到 563.3 万 t。

目前，主要栽培的平菇种类如表 4 - 1 所示，主要糙皮侧耳、佛罗里达平菇、凤尾菇、美味侧耳、榆黄蘑、小平菇、鲍鱼菇等。

表 4 - 1　平菇主栽品种

品种	温度类型	常见菌株
糙皮侧耳	中低温型	平杂 17、江都 88 13、双耐、天达、黑 89 等
凤尾菇	中高温型	平菇 831、F327
榆黄蘑	高温型	东北榆黄蘑、农大榆黄 96
佛州侧耳	中低温型	平菇中蔬 10 号、平菇 AS5.184
黄白侧耳	中低温型	姬菇 9008、姬菇 9811
桃红侧耳	高温型	福建桃红平菇、江西桃红平菇

平菇人工栽培历史如表 4 - 2 所示。

表 4 - 2　平菇栽培历史

栽培时期	栽培状况
20 世纪初	意大利首次用木屑栽培
1936 年	日本国森木彦三郎和我国的黄范希进行瓶栽
1972 年	中国河南省刘纯业用棉籽壳生料栽培成功
2007 年	中国平菇鲜菇总产量达 414.5 万 t

平菇肉质细嫩、味道鲜美，营养价值高。蛋白质含量占干物质的 10.5%，且必需氨基酸含量高达蛋白质含量的 39.3%；还含有大量的谷氨酸、鸟苷酸、胞苷酸等鲜味成分；维生素和矿物质种类齐全，含量丰富；平菇不含淀粉，脂肪含量极少。所以，平菇味道鲜美，是糖尿病和肥胖症患者的理想食品，能增强机体免疫力，对肿瘤细胞有很强的抵制作用。

二、生物学特性

1. 形态特征

平菇是由孢子、菌丝体和子实体组成（图 4 -1）。

图 4 -1　平菇

（1）孢子　孢子印白色。在显微镜下，孢子无色、光滑、近圆柱形，大小约（3 ~ 10）μm ×（2.5 ~ 5.5）μm。

（2）菌丝体　由孢子萌发、伸长、分枝，形成单核的初生菌丝，单核菌丝相结合形成二次菌丝，然后再形成菌丝体。平菇的菌丝体白色、密集、强壮有力，气生菌丝发达，爬壁力强，不分泌色素，生长速度快，抗逆性强。

（3）子实体　由菌盖、菌褶和菌柄 3 部分组成，菌柄侧生，菌褶延生。菌盖是食用的主要部分，肉质厚嫩。常见栽培品种的子实体特征如表 4 -3 所示。

表 4 -3　常见栽培品种的子实体特征

品种	生长方式	菌盖	菌柄	菌褶
糙皮侧耳	覆瓦状丛生	扇形、肾形、浅喇叭形，直径 5 ~ 21cm，灰白色、紫白色、青灰色	短或无，白色，内实，长 1 ~ 3cm，粗 2cm	白色，扇骨状排列，不等长
凤尾菇	单生或丛生	扇形至贝壳状，直径 3 ~ 15cm，灰褐色	白色，直径 1.5 ~ 3cm，长 3 ~ 10cm	白色，不等长

（续表）

品种	生长方式	菌盖	菌柄	菌褶
榆黄蘑	丛生或簇生	扇形、半圆形、圆形或喇叭形，直径 3～12cm，草黄至金黄色	菌柄偏生，基部常相连	白色，稍密不分叉
佛州侧耳	覆瓦状丛生	扇形、浅漏斗形，直径 3～12cm，白色至黄色	白色，内实，长 3～7cm，粗 1～2cm	淡黄白色，菌褶宽，脉络状
黄白侧耳	近覆瓦状丛生	扁半球形，直径 5～13cm，灰白至近白色，有进稍带浅褐色	短，内实，光滑，常与基部相连	白色至近白色，菌褶宽，稍密
桃红侧耳	群生或叠生	贝壳状、扇形，直径 3～13cm，黄土红色至近白色	短或常无柄	桃红色，密集

平菇适应性很强，在我国分布极为广泛。多在深秋至早春，甚至初夏簇生于一些阔叶树木的枯木或朽桩上，或簇生于活树的枯死部分。

2. 生活条件

（1）营养　平菇属木腐菌，菌丝体阶段 C/N 为 20：1，子实体生长阶段 C/N（30～40）：1。根据当地食用菌主要原料的来源和栽培品种对料的适应性来选择适宜的原料作主料。常用栽培平菇的配方如下，料水比 1：1.5，pH 值为 7～7.5。

①棉籽壳98%，糖1%，石膏粉1%。

②棉籽壳85%，麸皮12%，糖1%，过磷酸钙1%，石膏粉1%。

③稻草74%，麸皮或米糠24%，石膏粉1%，过磷酸钙1%。

④玉米芯76%，麸皮或米糠20%，石灰2%，过磷酸钙1%，石膏粉1%。

⑤麦草75%，麸皮15%，玉米粉5%，石灰2%，过磷酸钙2%，石膏粉1%。

⑥甘蔗渣95%，过磷酸钙2%，石灰2%，石膏1%。

⑦棉籽壳39%，阔叶树木屑39%，麸皮或米糠18%，过磷酸钙1%，石膏粉1%。

（2）温度　平菇为变温结实性菌类。

菌丝体在 3～35℃ 范围内均能生长，最适温度为 24～28℃。

通常，人们以子实体的分化和发育期的温度要求，把平菇属划分为 3 种类型，如表 4-4 所示。

表 4-4　子实体的分化、发育期的温度

温度类型	分化最高温度（℃）	最适温度（℃）	常见菌株
低温型	22	13～17	816、AX3
中温型	28	20～24	凤尾菇、紫孢菇
高温型	30	24～28	鲍鱼菇、红平菇

（3）水分和湿度 平菇属于喜湿性菌类，其子实体含水量在90%左右，因此，在生长过程中需要大量的水分。水分是指培养基质的含水量；湿度则是平菇在发菌期空气相对湿度。

平菇菌丝体生长阶段，培养料的含水量一般为55% ~ 65%。由于不同的培养料基质材料不同，其物理性状（吸水性、孔隙度、持水率）存在差异，故在拌料时，应依原料不同而做适当调节，如棉籽壳培养料为65%，锯末料为55%，稻草料为70%。水分过大，抵制菌丝生长；水分过低，菌丝生长没力，产量下降。

平菇在发菌期空气相对湿度一般以60% ~ 70%为宜，子实体分化时期为80% ~ 85%，子实体发育阶段为85% ~ 95%。湿度过低，培养料面干燥，易造成子实体分化困难，幼菇干缩，影响产量。湿度高于95%时，菇体易腐化变色且引发病虫害。

（4）空气 平菇是好气性真菌。

菌丝体阶段能忍受较高浓度的 CO_2，可以在半嫌气条件下正常生长。

在子实体分化及生长发育阶段，则需大量 O_2。在发菌后期应加大通风换气，促进子实体的分化。子实体生长阶段应在通风良好的条件下培育。菇房内 CO_2 含量不宜超过0.1%，过高，轻者会造成柄长、盖小，重者原基不分化，不形成子实体，即使形成，有时菌盖上也会产生许多瘤状突起，形成畸形菇。

（5）光线 菌丝体生长阶段不需要光照，可以在完全黑暗中正常生长。过强的光线会抑制菌丝生长。

在子实体分化阶段需要一定的散射光，光线不足，分化出的原基数少，畸形菇多。光线过强抑制子实体的生长。光线的强弱也影响着子实体的颜色。同一品种在光线弱的条件下颜色浅，多为白色、浅灰白色，而在较强的光线条件下颜色深，多呈灰白色、青灰色或灰褐色。

（6）酸碱度 平菇对酸碱度的适应范围较广，pH值在3 ~ 10范围内均能生长；其中以pH值为5.5 ~ 7最为适宜。不同品种的菇，最适pH值不同，糙皮侧耳最适pH值为5.4 ~ 6.0，凤尾菇最适pH值为6.5 ~ 7.0，姬菇及佛罗里达平菇最适pH值为6.5 ~ 7.5，以上均指培养料的pH值。由于培养料在灭菌后pH值会下降，所以，在配制培养基时应调节pH值为7 ~ 8。

平菇在生长发育过程中，由于代谢作用会产生有机酸，使培养料的pH值下降，常添加0.2%的 K_2HPO_4、KH_2PO_4 等缓冲物质形成稳定生长的pH值。在大量生产中也常常用石膏或石灰水调节酸碱度。

专题二 熟料袋栽

一、生产流程

准备工作：菇棚准备、制定生产计划，了解原材料的市场价格、产品信息，成本核算，确定投入资金、栽培时间、数量，备种备料。

培养料配制 → 装袋 → 灭菌 → 接种 → 发菌 → 出菇 → 采收

二、栽培任务

本栽培任务结合教学环节进行。400m² 日光温室棉籽壳熟料栽培 1 万袋，预计 6 月上旬出菇。

三、栽培过程

1. 确定栽培季节

平菇虽然有各种温型的品种，适宜于一年四季栽培。但是，绝大部分品种还是中、低温型的。根据平菇生长发育对温度的需求，春、秋两季是平菇生产的旺季。我国各地气候差异较大，同一地区不同海拔的气温也有一定差异。因此，平菇的栽培季节必须根据平菇品种的特性和当地的气候情况来确定，通常分为春栽和秋栽。秋栽出菇期长，温度变化与平菇要求一致，效果较好。周年进行生产时，人为创造条件，满足平菇生长发育各阶段对环境的要求，可不受季节限制。秋栽时间为 8～12 月，北方早于南方。春栽为 2～4 月，南方早于北方。

本次栽培任务预计 6 月上旬出菇，接种日期应往前倒推 30～40d。当然，具体出菇时间可根据市场的变化来调整。

2. 培养料的选择

平菇的栽培原料非常广泛，棉籽壳、玉米芯、木屑、稻草、麦草等均可利用。应当根据当地资源情况就地取材，变废为宝。

确定配方为：

棉籽壳 85%，麸皮 12%，糖 1%，过磷酸钙 1%，石膏粉 1%。

栽培任务所需培养料如表 4-5 所示。

表 4-5　培养料

棉籽壳（kg）	麸皮（kg）	糖（kg）	过磷酸钙（kg）	石膏粉（kg）
10 625	1 500	125	125	125

3. 菌种制备

根据当地气候条件及所选用的培养料的类型，选择适合的优良品种进行栽培。

按常规制种方法、播种时间、生产规模制备出所需栽培种。

通常 1t 料需制备 8 瓶原种。本次任务，需制备约 80 瓶原种。

4. 配制培养料

按表 4-5 称取各原料。配制时，棉籽壳、麸皮要搅拌均匀。把溶于水的其他辅料配制成水溶液加入。必须多次翻堆翻均，使培养料充分吸水。水可提前预备好，培养料含水量以 65% 计，约 23 200kg。也可凭经验来估计含水量。用棉籽壳培养料拌料时，用手抓起一把拌好的原料，紧握一下，水能从手指缝渗出，滴而不成线时，其含水量为65% 左右；仅有水痕出现，含水量为 60% 左右。此外，料拌好后，必须堆成一堆，让水分充分渗入原料。

料拌好后，用 pH 试纸测定 pH 值，一般 pH 值在 7～7.5 为宜。如果偏碱，用柠檬酸来调节；若偏酸，用石灰粉调节。

所选原料在使用前必须根据其性状做适当处理，如切段、粉碎、发酵等。依据培养料物质性状的不同，调节到合适的含水量。一般掌握"三高三低"，即①基质颗粒偏大或偏干，水分应多，反之应少。②夏天温度高，水分应少些，冬天则应多些。晴天水分蒸发量大，水分应略高些；阴天则应偏低。③拌料场地吸水性强，水分应调高，反之应调低。

5. 装袋

一般选用宽度为22~25cm，长度为（40~50）cm×0.05mm的聚乙烯筒膜，每袋装干料约1.25kg。手工装袋时，先将一端折叠5~6cm，然后把培养料装入，边装边压紧，压时沿袋四周压，做到外紧内松。料装至离袋口5~6cm时，停止装料，用手压平料面，再用直径2.5cm的钝尖木棒在料中心打洞。料装好后要求两头紧中间松，沿袋壁紧内部松，外观袋面平整，无突起凹陷。

注意：配好料后，应尽快装袋，否则料会发热、发酸；料不能装得过松，培养料之间若出现空隙，易造成周身出菇，造成营养浪费；装袋时也不能装得过紧，造成袋内通风不良，灭菌时易受热胀破；装得太紧，接种后，菌丝生长慢；不能弄破袋子，易造成污染。

6. 扎口

采取两头出菇。采用套环封口，然后将袋口翻下，用一层牛皮纸或两层废报纸封口，再用绳子或橡皮筋扎紧封密。

注意：扎口要紧，以免在灭菌和搬运过程中封口纸脱落；封口纸应用韧性较好的牛皮纸，如用废旧报纸时，一定用双层，以免破裂；袋内料装满后，应及时扎口，以免水分散失。

7. 灭菌

采用常压灭菌法。应注意码堆，不要太挤，让蒸汽在蒸仓内对流，避免形成灭菌死角。袋子装入后，立即旺火猛攻，尽快让大气上来，随后稳火，连续保持8h灭菌，切忌大气上来后停止加热或用小火加热使温度降低。准确计时以保证灭菌效果。

注意：料装好后，应及时灭菌，防止基质酸变；灭菌时防止干锅或火灭。

8. 冷却

灭菌结束后，把料袋放到冷却室冷却。锅内温度降低后取出菌袋。搬出时应轻拿轻放，防止刺破袋子或封口纸脱落。

9. 接种

待料温降到28℃以下时即可接种。提前将各种接种工具、料袋、栽培种一起放进接种室进行消毒。接种时，最好两到三人流水操作，解袋口、接种、封口连续进行。封袋口时动作要快，尽量缩短袋料暴露的时间，防止杂菌污染。

用种量，一般为培养料干料重的5%~8%。接种时，用消过毒的镊子将菌种搅成玉米料大小的碎块。

10. 发菌管理

接种后的菌袋搬入培养室进入发菌期。这一时期主要是调温保湿、防止杂菌污染以及发菌情况的检查。

培养室要打扫干净，并进行必要的消毒和杀虫处理。培养室尽量保持黑暗。

菌袋采用单排堆叠的方式排放，菌袋可堆 6~8 层，排与排之间相距 20cm 左右即可。一般每 7~10d 倒袋翻堆一次，调节袋内温度、湿度，以及袋与袋之间的温差，约 30d 长满袋。

注意：气温高时，通常堆 3~4 层，排与排之间相距 50cm 左右。夏季反季节栽培通常单层或 2 层排放，亦可"井"字形排放。无论何种排放方式，尽量使料内温度不要超过 30℃，以 20~25℃ 为宜，超过 30℃ 时要及时散堆，并通风换气以降温。

在发菌期间，还应注意检查发菌情况。如发现全部菌种不萌发，即属菌种问题，应重新接种；若菌种萌动，但不吃料扩展，可能是培养料太湿或菌种衰退，要更换菌种；若菌种萌动，但不吃料，也有可能是袋内温度太高，尤其是菌种层周围温度过高，超过 34℃，应立即降低温度。

通常在生产中还要检查菌袋是否被污染，并应分析其原因，及时进行处理如表 4-6 所示。

表 4-6 污染情况

污染原因	污染特征	处理措施
栽培种	接种 3~5d 后，菌袋大批污染，杂菌分布在菌种块周围和培养基的表面上	重新灭菌接种，检查菌种质量
灭菌不彻底	接种 7d 后，菌袋开始逐渐大批量污染，霉菌的菌落分布在菌袋的上、中、下部位的表面上，打开菌袋，料的中部也存在杂菌污染	把污染袋重新进行灭菌、接种
操作不当	菌袋有少部分发生污染，霉菌的菌落星星点点分布在培养料面上	严格遵守无菌操作规程
培养期间	菌丝已生长 5~8cm，成批出现菌袋中部杂菌污染	注意通风换气、消灭老鼠、蟑螂、防止刺破袋

11. 出菇期的管理

当菌丝长满菌袋后，移入温室，5~10d 后就可现出菌蕾，应及时打开菌袋两头出菇。通过通风换气增大昼夜温差，同时，通过向地面喷水，加大湿度差，来刺激原基的形成。

此时，应给予低于 20℃ 的温度和尽量大的温差，有利于刺激子实体原基形成。原基形成后，温度可根据品种的温型进行调控。但温度低子实体生长慢，但菌盖肥厚；温度过高，虽然子实体生长快，但菌盖薄且脆，纤维较多，品质下降。空气相对湿度以 90% 左右为适宜。要给予一定的散射光，否则全黑暗子实体难以形成，但不能阳光直射。另外，子实体生长阶段需大量的氧气，逐渐增加通风换气的次数、时间。

12. 采收

平菇长至八成熟时，要及时采收。一般掌握在菇体发育到成熟，菌盖边缘尚未完全展开，孢子未弹射时采收最好。一般按潮采收，每潮菇采收完之后，都要将菌袋口残留的死菇、菌柄清理干净，以防腐烂，为下一潮出菇做好准备。一般采 5 ~ 6 潮菇。采收时一手按住菇柄基部的培养料，一手捏住菌柄轻轻拧下，切不可硬扳，以免将培养料带起。

专题三　其他栽培方法

一、发酵料袋栽

指培养料不经高温灭菌，靠堆积发酵，用巴氏消毒法杀死其中大部分不耐高温的杂菌和害虫，再接种培养的方法。

发酵料袋栽的主要生产过程为：

菌种制备→确定栽培季节→培养料的选择、处理→配制及调制 pH 值→培养料堆制发酵→装袋与接种→发菌→出菇管理→转潮管理→后期管理。

1. 制备菌种

一般 1t 原料需购买 15 ~ 20 瓶菌种，制成栽培种后用于栽培。发酵料栽培用菌种量大于熟料栽培，

2. 确定栽培期

一般从早春 2 月开始，秋季从 9 月开始。发酵料栽培要避开高温期，宜在早春和秋末进行栽培，以秋末栽培最好。

3. 培养料配制

选择新鲜、无霉变的培养料。配制时，需在配方中加入 3% 的石灰粉，使 pH 值在 7.5 ~ 8.5。

4. 堆积发酵

应注意两个问题：一是升温要快，温度要高；二是翻堆时要认真，不夹带生料，要保证发酵质量。具体步骤包括：建堆、翻堆、发酵质量检查。

（1）建堆　按配料比例混合后，调好水分建堆。料堆高 1m，宽 1.5 ~ 2m，长不限定，四边宜陡。堆毕后用铁铲轻拍堆表，然后用较粗的木棒在堆上自上而下、斜面均匀的打透气孔，直通堆底。为防日晒风吹雨淋，堆上应盖薄膜或草帘，但不要覆盖过紧密，并定期掀动，通风换气。

（2）翻堆　建堆后一般 2 ~ 3d 应进行第一次翻堆，这时料温上升到 60 ~ 80℃。翻堆时须将料抖松，以增加料中含氧量。同时，将上下、里外的培养料互换位置，以 4 次即可。时间过长，会大量消耗养分；时间太短，可能发酵不充分，达不到堆料发酵杀灭害虫、害菌的目的。

（3）发酵料质量检查　在预定时间内（建堆 48h 左右）若能正常升温至 60℃以上，开堆时可见适量白色菌丝（嗜热放线菌），表示堆料含水适中，发酵正常。如果建堆后迟迟达不到 60℃，说明不好。可能培养料加水过多，或堆料过紧、过实，或因未插孔造成通气不良，不利于放线菌繁殖，堆料不能发酵升温。遇此情况应及时翻堆，将料摊开晾晒，如果堆料升温正常，但开堆时培养料呈白色现象，表示培养料含水太少。可在第一次翻堆时适当添加水分。

5. 装袋与播种

发酵料栽培所用的塑料袋规格为宽 20 ~ 23cm，长 40 ~ 45cm。秋栽可略长些，封口

方式与熟料栽培基本相同，播种方式差异较大，发酵料袋栽一般采用分层播种。

先将料筒一端扎紧，装入一层菌种，再往袋中填料，每填料 6~8cm 播一层菌种，装满料之后，在料面再撒播一层菌种，每袋共装三层料、播四层种。然后用绳扎牢，最后用一直径 1~1.5cm 的粗的尖头钢筋在料中心部位纵向打 2~3 个孔，以利通气。接种量一般为 10%~12%。

6. 发菌

排袋发菌的方法依季节不同而异。温度低可堆得高些、堆得紧些。若气温超过 25℃，应将菇袋散置或以井字形堆放 3~4 层，堆与堆之间要留出 35~40cm 的距离（兼做人行道），以利散热。接种以后防止菌袋烧菌是早秋平菇袋装成功与否的关键所在。

一般播种后 2~3d 就可以明显地看到接种菌块的菌丝恢复生长，色泽逐渐浓白，并向两侧蔓延。袋内温度逐渐上升，并超过环境温度，特别是超过 30℃时就应采取强制通风措施，使其温度迅速下降。一般播种后 10d 左右菌袋内料温基本能稳定下来。

翻堆是菌丝培养期间的一项重要管理工作，一般每隔 5~7d 翻 1 次堆，使堆内菌袋受温均匀，发菌整齐，出菇一致。在第一次翻堆时应用缝纫机针在接种层部位扎通气孔，横向每隔 5cm 扎一针，针深 3~5cm，以利通风换气。若发现菌丝不吃料，应查明原因，采取相应措施，妥善处理。若发现有杂菌污染，可单独放置或单独处理，不得随意乱放。

装袋接种后如果气温低，在管理上就要以保温发菌为重点，将接种后的菌袋以井字形堆成 8~10 层高，1~1.2m 宽，长度视栽培量而定，并在上面覆盖薄膜保温。

7. 出菇阶段的管理

管理方法和熟料方法基本相同。

二、生料袋栽

采用拌药消毒栽培食用菌，培养料不经过任何热力杀菌。生料栽培的方式很多，目前常用的有：袋式栽培、室外大棚栽培、地沟栽培以及农作物的套种。应用最为广泛的是袋式栽培，袋式栽培的主要步骤与发酵料除培养料的制备不同，其他基本相同。其具体方法如下。

1. 制备菌种

生料栽培应选择抗逆性强的低温型品种。播种量一般为 10%~15%，1t 原料需要购买 20 瓶左右的原种制成栽培种后方可满足使用。

2. 确定栽培季节

应选择气温较低、湿度较小时进行。南方一般选择在 11 月底至翌年 3 月初；北方地区一般在 10 月上旬至翌年 4 月。

3. 培养料配制

生料栽培对原料要求较为严格，多采用新鲜棉籽壳，配方中含氮物质加入量应适当减少，以减少杂菌污染。常加入 2% 的石灰、0.1% 的多菌灵或克霉灵。料的处理与前面相同。按照发酵料栽培方法将培养料拌好后，喷入氧化乐果杀虫。然后加入适量的多菌灵或克霉灵。添加方法通常是按培养基干料重的 0.1%~0.2%，加适量水溶解后以喷雾的方式加入，边喷边翻拌。

4. 装料、接种

装袋接种时，先将袋的一端用绳扎好，将另一端打开，放一层菌种于袋底，厚度约1cm，然后装培养料。装至袋长 1/3 处时，播一层菌种，菌种播在袋内边缘，厚度约1cm。再装培养料至袋长 2/3 处，再接一层菌种，方法同上，装培养料至袋口，以剩下的袋可扎紧为准。在料面播一层菌种，均匀散在料面，与底层菌种量相同，最后将袋口扎紧。这样，一个 4 层种，3 层料的培养袋就做好了。若要缩短发菌时间，或塑料袋较长时，可播 5 层种 4 层料。菌种使用量为干料重的 15% 左右。扎口方法同熟料袋栽。

5. 发菌

生料栽培最关键的环节就是发菌。而影响发菌的最主要因素就是温度，其次是通风换气。装袋播种以后，把袋子搬运到消过毒的培养室或场所中，有时也可在遮阳条件下的室外直接发菌。将袋子平放到地面上或放在架子上发菌。为了充分利用空间，常常要把袋子在地表堆放数层，垒起菌墙。堆放的层数，应根据培养环境的气温来定。在 0~5℃时可堆放菌墙 4~6 层；5~10℃时，可堆放 3~4 层；10~15℃时，可堆放 2 层；15℃以上时，一般不堆放。此外发菌初期还应及时翻堆，以防料温升高过快、过高烧死菌种或引起杂菌污染。

生料栽培时，一定要低温发菌，而不要在 20℃ 以上的气温下发菌，这样做有利于防止杂菌污染。一般等到料温比较稳定时，才可堆放较高的菌墙。翻堆的次数应根据菌袋堆放的层数和环境的温度而定。一般情况下发菌初期，翻堆翻得比较勤，每 2d 翻一次，十几天后，则每隔 5~6d 翻一次。一般 22~30d 就可以长满菌袋。温度太低时，发菌时间也稍延长些。

在同样的环境发菌时，一般生料栽培的菌袋比熟料栽培的菌袋要快一些，特别是在低温下要快得多。这是因为生料栽培时，播种量大并且培养料发酵升温的缘故。因此，在大规模生产时温度低的季节才用生料栽培，而在温度高的季节常采用熟料栽培平菇。

生料发菌时还要特别注意一个问题，就是通风换气的问题。随着菌丝的快速生长，应不断加强通风换气，并在避光条件下培养。

生料袋栽平菇的主要优点是：培养料不需要高温灭菌；接种为开放式，不需要专门的设施；方法简便易行，易于推广；省工省时省能源，能在短时间内进行大规模生产而不受灭菌量的限制；管理粗放，对环境要求不严格；投资少见效快；发菌可在室内外进行等。其缺点是：不适合在高温地区和高温季节栽培；容易受到培养料中虫卵孵化成的幼虫啃食对菌丝体的为害；对培养料的新鲜程度和种类要求较严；拌料时对料中的水分要求一定要适宜；要求接种量大；料中必须拌有消毒剂如多菌灵或克霉灵等。

复习思考题

1. 简述平菇的形态特征和生态习性。

2. 简述平菇熟料栽培的技术要点。

3. 比较熟料袋栽、生料栽培及发酵料栽培的异同。

第二节 香菇栽培

专题一 基础知识

一、概述

香菇［*Lentinula edodes*（Berk.）Sing］是世界上最著名的食药用菌之一，也是我国重要的出口食用菌产品。香菇又名香菌、香蕈、香信、冬菇、花菇、栎菌、椎茸以及香皮褶菌等。在分类上隶属于真菌门，担子菌纲，担子菌亚纲，伞菌目，侧耳科，香菇属。

香菇肉质肥厚细嫩、味道鲜美、香气独特、营养丰富（表4-7），还含有十分丰富的维生素和矿质营养。香菇中含有18种氨基酸，其中有7种人体必需氨基酸，并含有大量的赖氨酸、精氨酸和谷氨酸以及30多种酶。还有一定的药用价值，因此深受国内外人们的喜爱，是不可多得的理想的健康食品。

表4-7 干香菇中营养物质含量/100g

蛋白质（g）	脂肪（g）	碳水化合物（g）	粗纤维（g）	灰分（g）
18.64	4.8	71	9.6	5.56

香菇中含有一般蔬菜较为缺乏的维生素D原（即麦角甾醇），并且在食用菌中含量最高。每克干香菇中维生素D原的含量为128个国际单位（一个国际单位含维生素D标准品0.005mg），其含量大约是大豆的21倍，紫菜、海带的8倍，甘薯的7倍，可增强人体抵抗力，帮助儿童的骨骼和牙齿生长。香菇还有预防感冒，降低胆固醇、抗病毒，抗肿瘤，降低血压，提高人体免疫机能的等功效，是一种非常好的保健食品。

香菇常见栽培品种有：7402、7420、7401、L8、L9、L380、Cr01、Cr04、L241、沪香、常香、豫香、闽优1号、古优1号、闽优2号、农安1号、农安2号、辽香8号、花菇99、香菇66、香9、广香51、香浓7号、香菇9207、香菇856、广香8003、菇皇1号等。这些优良品种有的适合于春栽，如香菇9608、香菇135、花菇939、香菇9015；有的适合于秋栽，如L26、泌阳香菇、087、苏香2号；还有的适合于夏栽。有的适合段木栽培，有的适合于代料栽培，还有的既适合于段木又适合于代料栽培，可根据实际情况选择适合的品种。

根据子实体分化发育温度划分，又可分为：

高温型品种：温度范围15~25℃，常见品种有武香1号、香高1号、931等。

中温型品种：温度范围10~20℃，常见品种有867、937、939、L26、L42、L868、Cr04、Cr20、Cr66、苏香1号、中香1号、西峡1号、中香2号、申香2号、泌阳3号、沈农63等。

低温型品种：温度范围5~15℃，常见品种有101、135、241-4、7401、7402、

908 等。

香菇是世界著名第二大食用菌，栽培广泛分布于中国、朝鲜、菲律宾、新西兰、尼泊尔、巴布亚新几内亚。我国的香菇栽培经历了古代砍花栽培、近代段木栽培和现代代料栽培三个阶段之后，形成了五大香菇产区，即浙江庆元、福建漳州、广东北江、江西赣州、安徽徽州。我国香菇总产量 2000 年度为 220.5 万 t，2011 年度达到 501.8 万 t。

二、生物学特性

1. 形态特征

（1）孢子　孢子印白色，担孢子在显微镜下无色，椭圆形至卵圆形，大小约（4.5～7）μm×（3～4）μm，担孢子萌发时不产生典型的芽管，而是先膨大，然后沿长轴方向伸长。担孢子萌发后形成单核菌丝。

（2）菌丝体　菌丝体分为初生菌丝、次生菌丝和三生菌丝。菌丝呈白色绒毛状，有横隔和分枝，薄壁或厚壁，有锁状联合。担孢子萌发后可形成四种不同交配型的单核菌丝，可亲合的单核菌丝经异宗配合形成双核菌丝。双核菌丝经一段时间发育，便扭结成三生菌丝。双核菌丝在适宜的条件下可形成大量的子实体。

（3）子实体　香菇子实体单生、丛生至群生。菌盖直径为 4～15cm，前期呈扁半球形，后逐渐平展，淡褐色、茶褐色至深褐色，常有淡褐色或褐色的鳞片，呈辐射状排列，有时有菊花状龟裂露出菌肉。菌盖边缘初期内卷，后渐伸展，幼时菌盖边缘有白色至淡褐色的菌膜，后期渐消失，以小破片残留于盖缘。菌肉白色，厚至稍厚，质韧，干后有特殊的香味。菌褶弯生至直生，白色，受伤后菌褶产生斑点，生长后期变为红褐色。菌柄中生或偏生，粗 0.5～1.5cm，长 3～8cm，菌环白色易消失，菌环以下有纤维毛状白色鳞片，菌环以下部分带褐色，菌柄内部结实，纤维质（图 4-2）。

2. 生活条件

香菇春、秋、冬三季，常群生或丛生于麻栎、栓皮栎、山毛榉、青冈、桦树等阔叶树的倒木上。

（1）营养　香菇是木腐菌，营腐生生活。在菌丝体阶段，C/N 为（25～40）:1，子实体生长阶段 C/N 为（63～73）:1。

（2）温度　低温型变温结实性的食用菌。香菇在不同的生长阶段，对温度的需求也不同（表 4-8）。

表 4-8　不同生长阶段对温度的要求

不同生长阶段	温度范围（℃）	最适温度（℃）
菌丝体	5～32	24～27
子实体分化	8～21	10～15
子实体生长	5～26	10～20

香菇菌丝生长在 10℃以下和 32℃以上菌丝生长不良。在 5℃以下和 35℃以上停止生长。在 38℃以上就会死亡。但香菇菌丝在 -5℃经 2 个月，一般不会冻死，非常耐低

图 4 - 2 香菇

温。生于木材内的菌丝能忍受更低或更高的温度。根据子实体生长发育所需温度分为：
低温品系，高温品系。低温品系子实体分化所需昼夜温差较大，子实体生长发育所需温
度也较低，高温品系则相反（表 4 - 9）。在恒温条件下，不能产生子实体的分化。香菇
的子实体原基是在高温刺激条件下，由双核菌丝发育而来的，因此当发好菌后，要想尽
快出菇，就必须经过一段时间的高温刺激。在北方栽培香菇一定要注意这个特点。

表 4 - 9 不同品系对温度的要求

品系	子实体分化所需温差（℃）	子实体生长发育温差（℃）
低温品系	5 ~ 10	8 ~ 15
高温品系	3 ~ 5	20 ~ 24

　　一般低温品系在低温下生长得好，高温品系在高温下才生长得好。同一品种，在其
适宜的温度范围内，较低的温度，子实体生长和发育虽慢些，但不易开伞，厚菇多，质
量好；较高温度下，如 20℃ 以上子实体发育快，但质量差，质地柔软，易开伞，厚菇
多，多出高脚薄盖菇。在菇蕾形成初期，遇到打霜结冰的低温，则容易产生菇丁。可见
选择适合本地区栽培的香菇品系以及确定适合的栽培播种季节，对香菇生产有着十分重
要的意义。

　　（3）水分和湿度　代料栽培时，培养料含水量菌丝生长阶段为 55% ~ 60%，子实
体阶段为 60% ~ 65%；空气相对湿度菌丝生长阶段为 65% ~ 70%，子实体阶段为
85% ~ 90%。一定的干湿差，干湿交替有利于子实体的分化、厚菇、花菇的产生。

　　（4）空气　香菇是好气性菌。通风良好的环境，有利于菌丝的健壮生长、子实体

的分化和生长发育。通风好，则香菇的菇形好、盖大柄短、商品价值高。反之，则常形成盖小柄长、柄大的畸形菇，其商品价值低。

（5）光照　香菇是喜光性菌。

菌丝生长阶段不需要光线，过强的光线反而会抑制菌丝的生长。当菌丝长满菌袋或菌瓶时，需经过一定时间的光照，香菇菌丝才能良好转色。香菇只有转色转得好，子实体原基才能分化得好，产量也才能高。子实体分化和生长发育阶段，则需要一定的散射光。一定量的散射光有利于子实体的分化，并能促进菌盖的生长和着色。光线过暗，子实体分化少，易形成盖小柄长的高脚菇，菇体的颜色也变浅；光线太强，子实体的分化也不太好。

（6）酸碱度　香菇是喜酸性菌。其适宜 pH 值一般为 3~7，最适 pH 值在 5 左右。当培养料呈碱性时，其菌丝很难生长。为了使料中的 pH 值不要变化太大，配料时常加入 1% 的石膏粉。

专题二　代料栽培

一、生产流程

准备工作：菇棚准备、制定生产计划，了解原材料的市场价格、产品信息，成本核算，确定投入资金、栽培时间、数量，备种备料。

培养料配制 → 装袋 → 灭菌 → 接种 → 发菌 → 脱袋排场 → 转色 → 催蕾 → 出菇 → 采收

二、生产任务

本栽培任务结合教学环节进行。400m² 日光温室木屑代料栽培 10 000 袋，6 月下旬播种，9 月上旬出菇。选择袋栽方式进行栽培。

三、生产过程

1. 培养料的选择

可用于栽培香菇的代料有很多，如棉籽壳、玉米芯、阔叶树木屑、豆秸粉、麦秸粉、花生壳、多种杂草等，但其中仍以棉籽壳、木屑培养料栽培香菇产量高。辅料主要是麦麸、米糠、石膏粉、过磷酸钙、蔗糖、尿素等。培养料的配方很多，常见的有：

①阔叶树木屑 78%，麸皮或米糠 20%，石膏粉 1%，蔗糖 1%。料与水之比为 1∶（0.90~1.10）。

②阔叶树木屑 76%，麸皮 18%，玉米粉 2%，石膏粉 2%，过磷酸钙 0.5%，蔗糖 1.2%，尿素 0.3%。料与水之比为 1∶（0.90~1.10）。

③阔叶树木屑 63%，棉籽壳 20%，麸皮 15%，石膏粉 1%，蔗糖 1%。料与水之比为 1∶（0.90~1.20）。

④棉籽壳 76%，麸皮 20%，石膏粉 1.5%，过磷酸钙 1.5%，糖 1%。料与水之比为 1∶（1.10~1.30）。

⑤棉籽壳40%，木屑35%，麸皮20%，玉米粉2%，石膏粉1%，过磷酸钙1%，糖1%。料与水之比为1：（1.22～1.28）。

确定配方一为栽培料：

木屑78%，麸皮20%，石膏粉1%，蔗糖1%。

生产任务所需培养料如表4-10所示。

表4-10 培养料

木屑（kg）	麸皮（kg）	糖（kg）	石膏粉（kg）
15 600	4 000	200	200

2. 培养料配制

根据选定的培养料配方，按比例称取各种原料。然后剔除料中的小木片、小枝条以及其他有棱角的尖硬物，以防装料时刺破塑料袋，引起杂菌污染。拌木屑时，最好用2～3目的铁丝筛过筛。拌料时，尽可能拌匀，水分一定要适宜。为了防止天气热，培养料易发生酸变，接种后菌袋成品率低的问题，拌料所需的时间一定要少，因此拌料操作要尽可能地快。大规模拌料生产时可采用原料搅拌机即拌料机。

拌料时，为了防止天气热或料温过高引起培养料变酸、杂菌污染，常在料中加入0.1%的多菌灵或克霉灵。尤其是克霉灵Ⅱ型，其效果十分明显。有条件时，尽可能当天拌料，当天及时装袋灭菌。

拌料时还应注意培养料的pH值。一般多把pH值调到6.5左右。在生产实践中，为防止培养料酸性增加，多用适量的石灰水调节。

3. 装袋

拌好料后应立即装袋。一般用规格为15cm×55cm×（0.045～0.050）cm的塑料袋，每袋装干料0.9～1.0kg，湿重2.1～2.3kg。装袋方法有机械装和手工装两种方法。

手工装料的方法是用手一把一把地把料装进袋内。当装料1/3时，把袋子提起来，在地面小心地震动几下，让料落实，再用大小相应的啤酒瓶或木棒将袋内的料压实，装至满袋时用手在袋面旋转下压或在袋口拳击几下，使料或袋紧实无空隙，然后再填充足量，袋口留薄膜6cm，直接"双层"扎紧袋口，即在离封口2cm处再用棉线回折扎紧。而不必用口圈扎口。

大规模生产时，最好采用装袋机。这样既能大大提高工作效率，又能保证装袋的质量。一台装袋机每小时一般可装香菇菌袋300～500袋。

无论手工装料还是机械装料，都要松紧度适宜。装料不能太紧，也不能太松，以空隙度为12.5%最佳。其检验方法：五指握住料袋稍用力才出现凹陷；用手指托起料袋中部，两端不向下弯曲。装料过紧，容易灭菌后胀破袋子；装料过松，袋膜与料不紧，接种、搬动操作时，袋子必然上下鼓动，杂菌随气流进入接种穴，从而引起杂菌污染。

装袋时为防止杂菌污染，必须轻拿轻放，不可硬拉乱扔；还须扎紧袋口和及时装袋灭菌，做到当日拌的料，当日灭菌。

4. 灭菌

及时装锅灭菌。装锅时，要把料袋"井"字形叠放或用周转筐装袋。一点着火后，要立即用旺火猛烧，要使温度在5h内达到100℃，这叫"上马温"。如果长时间不能达到100℃，那么一些耐高温杂菌就会迅速繁殖，从而使养分受到破坏，影响培养料的品质。达到100℃后要保持温度，应不停地浇火14~16h，才能达到彻底灭菌的目的。

5. 冷却接种

接种环境在接种前，必须经过严格的消毒。用气雾消毒剂消毒。

菌袋冷却至28℃以下时，接种。采用的是长袋侧面打穴接种方法（图4-3）。

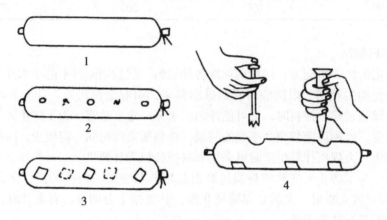

图4-3 接种
1. 消毒；2. 打穴；3. 胶片封口；4. 打穴接
（引自常明昌教授《食用菌栽培》第二版）

在温度较低的时间内进行。一般用75%酒精，配50%多菌灵，按20∶1的比例混合成药液，或采用克霉灵拌酒精制成药液。用纱布蘸上少许药液，在料袋将要打穴处迅速擦洗一遍。采用木棍制成的尖形打穴钻或空心打孔器，在料袋正面消过毒的袋面上，按等距离打上3个接种穴，穴口直径为1.5cm，深2cm，再翻过另一面，错开对面孔穴位置再打上2个接种穴。边打穴，边马上接种，用接种枪把菌种迅速在无菌操作下接入接种穴内。尽量接满接种穴，最好菌种略高出料面1~2mm。随即用食用菌专用胶布或胶片封口，再把胶布封口顺手向下压一下，使之黏牢穴口，从而减少杂菌污染。过去用普通胶布封口，后来用纸胶带或胶片封口，现在最先进的方法是采用食用菌专用胶片封口，特别是透气性香菇专用胶片，一般胶片规格为3.25cm×3.6cm或3.6cm×4.0cm。整个接种过程要动作迅速敏捷，尽可能减少"病从口入"的机会。每接完一批料袋，应打开门窗通风换气30min左右，然后关闭门窗，再重新进袋、消毒，继续接种。接种时切忌高温高湿。

6. 发菌

接种后，料袋在培养室内控温发菌。菌袋发菌时多采用"井"字形堆放，每层堆4袋，依次堆叠4~10层，堆高1m左右，最多40袋为一堆。注意堆放时，不要压到接种穴上。发菌时一定要注意防湿遮阳、通风换气和及时翻堆检查。第一次翻堆在接种后

6~7d，以后每隔7~10d翻堆一次。发菌时间为60d左右，要翻堆4~5次。

注意：一般刚接种5d内不要搬动，利于菌丝定植。翻堆时尽量做到上下、内外、左右翻匀，并且轻拿轻放，不要擦掉封口胶布或胶片。翻袋时要认真检查有无杂菌污染。

7. 脱袋排场

菌袋经过约60d的培养，菌丝长满袋，应脱袋排场。

（1）脱袋时期的确定　一般人们从菌龄、菌丝形态、色泽和基质这四个方面来判断是否该脱袋。当菌龄达到60d左右，菌丝表面起菌发泡，接种穴周围出现不规则小泡隆起；菌袋内长满浓白菌丝，接种穴和袋壁部分出现红褐色斑点；用手抓起菌袋富有弹性感时，就表明菌丝已生理成熟，适于脱袋。

（2）具体操作　脱袋应在晴天或阴天上午进行。脱袋的最适温度为16~23℃。用刀片沿袋面割破，剥掉塑料袋。脱袋后的菌袋为菌筒、菌棒或菌柱。要边脱袋、边排筒、边盖膜。脱袋后要及时起架排筒。常采用梯形菌筒架（图4-4）为依托。脱袋后的菌筒在畦面上呈鱼鳞式排列。架子的长和宽与畦面尺寸相同，横杆间相距20cm，离地面25cm。为了便于覆盖塑料薄膜保湿，还必须用长2~2.5m的竹片弯成拱形，固定在菌筒架上，拱形竹片间相距1.5m左右。菌筒放于排筒架的横条上，立筒斜靠，与畦面成60°~70°夹角。排筒后，应立即用塑料薄膜罩住。

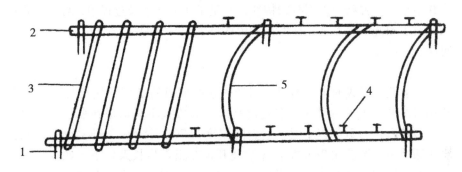

图4-4　梯形菌筒架
1. 架脚；2. 直杆；3. 横杆；4. 铁钉；5. 拱形竹片
（引自常明昌教授《食用菌栽培》第二版）

（3）注意　脱袋要适时，这样菌筒才转色好。脱袋太早，菌丝生理没成熟，菌筒不转色。脱袋太迟，菌丝早已生理成熟，袋内黄水积累，渗透到培养料中，会引起绿霉污染；同时造成菌膜增厚，影响子实体分化和长菇。

8. 转色

脱袋排场后，3~5d内，尽量不掀动塑料薄膜，保温保湿。到5~6d后，菌柱表面长出一层浓白的香菇绒毛状的菌丝，开始每天通风1~2次，每次20min，促使菌丝逐渐倒伏形成一层薄薄的菌膜，同时开始分泌色素，吐出黄水。此时应掀膜，往菌筒上喷水，每天1~2次，连续2d，冲洗菌柱上的黄水。喷完水后再覆膜。菌筒开始由白色转为粉色，通过人工管理，逐步变成棕褐色。正常情况下，脱袋后12d左右，菌筒表面形成棕褐色的像树皮状的菌被，即转色，也就是"人造树皮"的形成。

9. 出菇管理

脱袋转色后的菌筒，通过温差、干湿差、光暗差及通风的刺激，就会产生子实体原基和菇蕾。从菇蕾生长到子实体成熟，一般只需 3～5d，气温低时需 6～7d。这一时期的管理主要从温、湿、气、光 4 个方面进行。子实体生长发育最佳温度为 15℃ 左右。长菇阶段，菌筒前期以喷水保湿为主，后期则以浸水、注水和喷水相结合。长菇阶段，要加强通风换气，保持空气新鲜。菇场的光照以"三分阳七分阴"为好。

10. 采收

当香菇子实体长至七八成熟时，菌盖尚未完全张开，边缘稍内卷呈铜锣边状，菌幕刚刚破裂，菌褶已全部伸直时，就应适时采摘。用手指捏住菇柄基部，轻轻旋转拧下来即可。注意不要碰伤未成熟的菇蕾。菇柄最好要完整地摘下来，以免残留部分在菇木上腐烂，引发病菌和虫害，影响今后出菇。如果采收过早，就会影响产量，过迟采摘又会影响品质。

四、花菇的培育

花菇是香菇中的上品，其菌盖肥厚、质嫩、柄短，菌盖有不规则开裂的花纹，露出白色菌肉组织，故称为花菇。

1. 花菇的培育条件

花菇并不是某一香菇菌株固有的特性，它是子实体在生长过程中，处于不良的环境条件下，所产生的优质畸形菇，任何香菇菌株都能形成花菇。形成花菇的条件是干燥、强光、通风、大温差。

2. 湿度

湿度是影响花菇形成的主要因子。菇场内花菇形成的最高空气相对湿度为 75% 以下，最佳相对湿度为 55%～65%，湿度过高，不形成或不易形成花菇。湿度过低，菇易干死。菌盖直径在 1.5cm 以下时，适宜的湿度为 70%～75%。随着菌盖的长大，相对湿度要逐渐减小。菌盖在 2cm 左右开始裂开，在正常生长条件下，如空气相对湿度在 55%～65% 时，裂纹的增大与菌盖的增大成正比，即菌盖生长愈快，裂纹增粗也愈快，此时若气温在 8～15℃ 时，可得到最佳花菇，出菇场所地面的干湿，会直接影响菌盖纹理的出现和开裂深度。所以，出菇场所应保持干燥通风，地面绝对不能潮湿，地面潮湿，不形成花菇。另外，在代料栽培时培养基的含水量为 60%～65% 时，易形成花菇。段木栽培时，只有当菇木自身已呈缺水状态，但又能维持最低的出菇水分时，才能成长为花菇。

3. 温度

温度和温差对花菇的形成和质量的优劣起着重要作用。一般低温（8～15℃）易形成优质花菇，低温可使菇体生长缓慢，组织致密，菇肉厚实。较大温差（8～10℃）有利于香菇原基的形成，也有利于在一定的低温、低湿条件下，加速菌盖开裂和加深裂纹，加速形成优质花菇。

4. 光照

培育花菇，要给予充足的直射光，遮阳过暗，不易形成花菇。光照不足，花菇颜色不佳，白度不够。在花菇生长的不同阶段，对光照强度的要求也有差异，幼蕾初现（菌盖2cm以下）经不起强光，否则会因被晒裂而死亡。在花菇生长期，要有较强的直射光（光照强度要达到1 500～2 000lx）。冬季和早春，阳光辐射强度弱，菇场可让阳光直接照射，可有效提高花菇质量。

5. 通风

在花菇形成期间，轻微的风速流动，对花菇的形成有促进作用，微风可使菇场内湿度降低，风力1～3级为宜，风速过大菇体表面水分蒸发过快，易使还未成熟的幼菇干枯萎缩。因此，菇场既要通风又要防风。菇场应选择在通风良好的地方，且菇棚与菇棚之间要有一定的距离，不应相互影响通风。

专题三　段木栽培

段木栽培指的是利用一定长度的阔叶树木段木进行人工接种、栽培食用菌的方法。一般要经过，选树→砍树→截段→打孔→接种→发菌→出菇管理→收获等过程。段木栽培又常分为长段木栽培法、短段木栽培法、埋木栽培法等。

具体生产过程如下。

1. 菌种制备

选择适合本地段木栽培的香菇优良品种，按常规制种方法培养出大批栽培种。栽培种采用木屑培养基培养的木屑菌种。

2. 选择菇场

菇场周围应有水源、菇木资源以及高大树木遮阳。菇场应坐北朝南或东南方向，或是冬暖夏凉的缓坡地带。应对场地进行彻底的清理，主要工作有常清除杂草、平整土地、挖排水沟、修筑浇灌和喷灌设施以及搭荫棚等。

3. 段木准备

段木栽培多在2～5月完成接种。一般在5～25℃的温度下都可播种。

适时砍树：砍树多在树叶发黄之后一直到立春发芽之前进行。选择适合香菇生长的树种如栎树、桦树等，胸径为10～20cm粗的树木进行砍伐。

适当干燥：通常将砍伐后的菇树叫原木，将去枝截段后的原木叫段木。进行原木干燥，段木含水量在40%～50%时接种较易成活。

打枝截段：原木干燥后，应及时打枝截段。这项工作应在晴天进行。把原木截成1～1.2m长的段木。打枝时不要齐树身砍平，须留枝杈3～5cm，以缩小砍口，减少杂菌侵入段木，但也不宜留得太长，以免难以摆放。截成段木后，应立即把所有的伤口、断面、砍口用0.5%的波尔多液、5%的石灰水或多菌灵、克霉灵等消毒液涂抹，防止杂菌从口侵入。然后按段木的粗细和质地的软硬分开堆放，以便接种后分别管理。

4. 接种

按长1m，粗10～12cm的段木100根，需要准备500ml普通罐头瓶木屑种15瓶，或750ml的菌种瓶木屑种8瓶。通常采用钻头为1.2～1.3cm的电钻、打孔器或皮带冲子、空心冲子来打孔接种。接种穴多呈梅花形排列，行距5～6cm，穴距10～15cm，穴深 1.5～1.8cm（图 4－5）。打接种穴、放入菌种、盖上盖子封口，接木屑菌种一般要经过这 3 个工序。

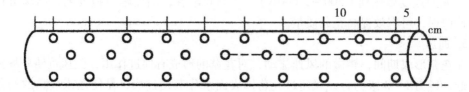

图 4－5　接种穴排列方式
（引自常明昌教授《食用菌栽培》第二版）

5. 发菌期的管理

接种后的段木叫菇木或菌材。香菇段木栽培的发菌期长达 8～10 个月，一般可将其分为假困山和困山两个阶段。

（1）假困山　因接种时，菌丝受到一定的损伤，生活力下降，为使其恢复生长，在一定时间内把菇木堆放在温湿度适宜的场所，就称为假困山。假困山重在保温、保湿发菌。

一般以井字形堆放堆放为好。

井字形堆放有利于通风排湿，适合雨水较多，场地较湿的菇场，或采菇后短期养菌时堆放菇木。一般底层用砖石垫起，离地 10cm 以上，一层层井字形交错堆放，堆高 1.2～1.5m 为宜。然后覆盖塑料薄膜，防雨、保温、保湿，即为假困山。经过 7～10d，菌种已定植，以后每隔 3～5d，掀膜通风一次，同时适量喷水，以菇木表面均匀喷湿为宜。当气温在 10～15℃，通风、保湿，经 15～20d 后，接种口就可看到白色的菌丝圈。若一个月后不见菌丝圈，则应及时补种。假困山大约需 1 个月的时间。

（2）困山　经过一段假困山后，菌丝就已在菇木中生长蔓延，因气温回升，如再继续假困山，会使堆内温湿度太高，有利于杂菌繁殖。此时一般把假困山的菇木堆拆散，将菇木移至更通风、更适于菌丝生长的场所，进行重新堆放，继续培养，这一过程就叫困山。

困山阶段重在以遮阳、通风、防杂菌，促进菌丝进一步良好生长为主。

当气温稳定通过 15℃时，就进入困山阶段。即去掉菇木堆上的塑料薄膜，搭棚遮阳或用遮阳黑网在菇木上遮阳。困山场地以三分阳、七分阴为宜，或采用 70%～85% 的遮阳黑网搭棚。每个月翻堆一次，把菇木上下左右的位置调头换位、相互调整，从而使菌丝生长均匀一致。雨后天晴时要及时翻堆。旱季或高温季节必须进行喷水保湿。应根据菇木的干燥程度，趁早晚凉爽时给菇木喷水保湿。在困山过程中还要防止病虫害的发生。直径为 10cm 左右的菇木，大约经过 8～10 个月的培养就逐步发育成熟，甚至已开始出菇。

成熟的菇木树皮上有光泽，有瘤状突起，柔软而有弹性，剥开树皮能闻到菇的香味。如把菇木截断，断面呈淡黄色，木质部的年轮已难分辨清楚，菌丝已长透树心，截断时不费力，菇木吸水性强等。成熟的菇木在适宜条件下即可出菇。

6. 出菇管理

（1）补水催蕾　成熟的菇木，经过数个月的困山管理，往往大量失水，同时菇木上子实体原基开始形成，并进入出菇阶段，这对水分和湿度的需求随之增大。菇木中水分要是不足，就很难出菇或少出菇，因此一定要先补水，再架木出菇。补水的方法主要有浸水和喷水两种。浸水就是将菇水浸于水中 12～24h，一次补足水分。喷水则首先将菇木倒地集中在一起，然后连续 4～5d 内，勤喷、轻喷、细喷，要喷洒均匀。补水之后，将菇木井字形堆放，一般在 12～18℃下，2～5d 后就可陆续看到"爆蕾"。

（2）架木出菇　补水后，菇木内菌丝活动达到高峰，在适宜的温差刺激下，菌丝很快转向生殖生长，菌丝体在菇木表层相互扭结，形成菇蕾。为了有利于子实体的生长，多出菇，出好菇，并便于采收，菇木就应及时地摆放在适宜出菇的场地，并摆放为一寂静的形式，即架木出菇。架木出菇主要有人字形架木和覆瓦状架木出菇两种方式。

人字形架木方式（图 4－6），即在出菇场地，先栽上一排排木杈，一般高 60～70cm，两根木杈之间距离为 5～10m，架上横木，横木离地面 60～65cm，比较湿的菇场可稍稍架高些，较干燥的菇场可架低些。然后将菇木一根根地交错排列斜靠在横木两侧，大头朝上，小头着地，每根菇木之间有 10cm 左右的空隙，以利于子实体接受一定的光照，正常生长，方便采摘。架与架之间留下作业道，一般宽 30～60cm。

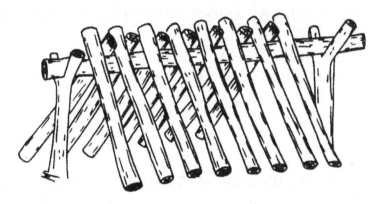

图 4－6　人字形架木

（引自常明昌教授《食用菌栽培》第二版）

覆瓦式架木出菇方式（图 4－7），即在菇场架木垫石或木桩高 30cm，架上枕木，排放上菇木，大头搁在枕木上，小头着地，每根菇木之间距离 10～15cm。菇木上端距离地面 50cm 左右。在比较干燥的菇场，菇木要架得低些，以利于菇木吸收水分；较潮湿的菇场，架木要高些，以利通风排湿。架与架之间也要留下作业道。

人字形架木方式采菇方便，但占地面积大，菇木水分散失多，不利于保湿，是潮湿地区菇场常采用的方式。覆瓦状架木出菇方式，占地面积小，排放同样数量的菇木，只占人字架方式一半的场地。生产时应因地制宜，选择适宜的架木出菇方式。

段木栽培香菇在北方自然条件下，一般春秋产量不多，只有夏季才是香菇的盛产期。在南方则是春秋季产量高。特别是在北方，在春秋季的出菇管理上要注重保温保湿，尽可能延长产菇期。出菇期要多喷水保湿，防止干热风对菇木的侵袭。在秋末冬初

图4－7 覆瓦状架本
（引自常明昌教授《食用菌栽培》第二版）

还要加强保温措施，严防寒潮的为害。

在出菇过程中，最好能多出花菇。花菇是香菇中的珍品和极品，具有很高的价位。花菇一般柄短肉厚，菌盖半球形，表面龟裂成明显的白色花纹，吃起来细嫩鲜美，有浓郁的香味。

要想在段木栽培中形成的花菇率高，一般应具备以下条件。第一，选择花菇率高的优良品种；第二，段木中的菌丝要发育健壮，含水量要适宜；第三，菇蕾形成后，培养环境较干燥。天气晴朗，昼夜温差要大。

7. 采收

方法同代料栽培。

8. 越冬管理

在较温暖的地区，段木栽培香菇的越冬管理较简单，即采完最后一潮菇后，将菇木倒地，吸湿、保温越冬，待来年春季之后再进行出菇管理。在北方寒冷的地区，一般都要把菇木井字形堆放，再加盖塑料薄膜、草帘等保温保湿安全过冬。

香菇的栽培还有许多方法，如香菇压块菌砖栽培、香菇覆土栽培、香菇长袋吊栽、香菇长袋卧式床架栽培、香菇床栽、香菇太空包栽培、香菇小袋床栽、香菇阳畦栽培以及抹泥墙栽培法等。

复习思考题

1. 简述香菇的形态特征和生态习性。
2. 试述香菇袋栽的技术要点。
3. 出花菇的管理主要措施是什么？

第三节　双孢蘑菇栽培

专题一　基础知识

一、概述

双孢蘑菇［*Agaricus bisporus*（Lange）Sing］又称洋蘑菇、蘑菇、口菇、白蘑菇、纽扣菇等。属担子菌亚门，伞菌目，伞菌科，蘑菇属。双孢菇是因其担子上大多数着生2个孢子而得名。

双孢蘑菇肉质肥嫩，鲜美爽口，营养丰富如表4-11所示。蛋白质含量几乎是菠菜、白菜、马铃薯等蔬菜的2倍，与牛奶相等。蛋白质的可消化率高达70%~90%，是有名的植物肉。脂肪含量仅为牛奶的1/10，比一般蔬菜含量还低。蘑菇所含的热量低于苹果、香蕉、水稻、啤酒，其不饱和脂肪酸占总脂肪酸的74%~83%。双孢蘑菇中还含有丰富的氨基酸，尤其是赖氨酸、亮氨酸含量丰富，可以弥补大多数谷物中营养物质的缺乏。是一种高蛋白、低脂肪、低热能的健康食品。

双孢蘑菇还具有一定药用价值。鲜品中的胰蛋白酶、麦芽糖酶可以帮助消化，所含的大量络氨酸酶可降血压。其浸出液制成的"健肝片""肝血灵"等对白细胞减少、肝炎、肝肿大、早期肝炎有明显疗效。核糖酸可诱导机体产生能抑制冰毒增殖的干扰素。又是低热量碱性食品，不饱和脂肪酸含量高，具有一定的防癌、防动脉硬化、心脏病及肥胖症等药效。

表4-11　干双孢蘑菇中营养物质含量/100g

蛋白质(g)	脂肪(g)	糖(g)	纤维素(g)	磷(mg)	锌(mg)	铁(mg)	灰分(mg)	维生素 C(mg)	维生素 B$_1$(mg)	维生素 B$_2$(mg)	烟酸(mg)
3.7	0.2	30	0.8	110	9	0.6	0.8	3	0.1	0.35	149

双孢蘑菇的人工栽培始于法国，距今约有300多年的历史。双孢蘑菇人工栽培历史如表4-12所示。由于栽培技术不断改进，一跃成为世界上栽培最广泛的菇类之一，现在有100多个国家在进行蘑菇生产，英国、荷兰、法国、美国、意大利是世界栽培技术最先进的国家，美国、中国、法国、印度是栽培大国。我国的双孢蘑菇栽培，现已遍及全国各地，主产区是我国的福建省、广东省、上海市、浙江省、江苏省、四川省、台湾省等地。我国双孢蘑菇2000年度总产量为63.7万t，2011年度达到246.2万t。

我国栽培的双孢菇，一般是按照菌丝的琼脂培养基上的生长性状而将其分为气生型、贴生型、半气生型菌株。目前，国内推广使用的是杂交型菌株。

表 4 – 12　双孢蘑菇人工栽培历史

栽培时期	栽培状况
1707 年	法国 Tournefort 首次记载和描述了栽培方法
1934 年	美国 Lambert 证实二次发酵技术能提高双孢蘑菇产量
1950 年	丹麦发展了塑料袋式栽培
20 世纪 20 ~ 30 年代	中国在上海、福州等地开始栽培
1958 年后	中国用猪粪、牛粪代替马粪栽培成功，栽培面积迅速扩大

1. 贴生型菌株

贴生型菌株的菌丝在 PDA 培养基上生长稀疏，灰白色，紧贴培养基表面呈扇形放射状生长，菌丝尖端稍有气生性，易聚集成线束状，基内菌丝较多而深。从播种到出菇一般需 35 ~ 40d。子实体菌盖顶部扁平，略有下凹，肥水不足时下凹较明显，有鳞片，风味较淡。耐肥、耐温、耐水性及抗病力较强，出菇整齐，转潮快，单产较高。但畸形菇多，易开伞，菇质欠佳，加工后风味淡，适宜于盐渍加工和鲜销。如 176、111、101 – 1 等都是国内大面积栽培的高产稳产菌株。

2. 气生型菌株

气生型菌株的菌丝初期洁白，浓密粗壮，生长旺盛，爬壁力强，菌丝易徒长形成菌株，基内菌丝少。从播种到出菇一般需 40 ~ 50d。该菌株耐肥、耐温、耐水性及抗病力较贴生型差，出菇较迟而稀，转潮较慢，单产较低，但菇质优良，菇味浓香，商品性状好，适宜于制罐或鲜销。如闽 1 号、102 – 1 等是国内广泛推广使用的气生型菌株。

3. 半气生型菌株

半气生型菌株是通过人工诱变、单孢分离、杂交育种等方法选育出的介于贴生型和气生型之间的类型。菌丝在 PDA 培养基上呈半贴生、半气生状态，线束状菌丝比贴生型少，比气生型多，基内菌丝较粗壮。该菌株兼有贴生型和气生型两者的优点，既有耐肥、耐水、耐湿、抗逆性强、产量高的特性，又有菇体组织细密、色泽白、无鳞片、菇形圆整、整菇率高的品质。如 As2796、As3003、浙农 1 号、苏锡 1 号、As1671（闽 2 号）等都是我国栽培最广的半气生型菌株。

二、生物学特征

1. 形态特征

（1）孢子　孢子印深褐色，一个担子多生两个担孢子，罕生一个担孢子。椭圆形，光滑。

（2）菌丝体　由无数纤细的单根管状管菌丝细胞组成。在显微镜下，菌丝透明，多细胞，有似竹节状横隔，各节相通，粗 1 ~ 10μm，无锁状联合。菌丝依靠尖端细胞不断分裂和产生分支而伸长、壮大。菌丝体在不同生长期，可分为绒毛状、线状和索状菌丝。各级菌种和发菌期的菌丝都是绒毛状，这种菌丝不能结菇，必须经覆土调水后形成线状菌丝，在适宜条件下才能结菇。当气温低时，土层中的菌丝多变成索状菌丝，条件适宜时，索状菌丝萌发出绒毛状菌丝，再形成有结菇能力的线状菌丝。

（3）子实体　呈白色伞状，由菌盖、菌柄、菌褶、菌膜和菌环组成。菌盖初呈球形，后发育呈半球形，老熟时展开呈伞形。菌柄中生，白色圆柱状，中实。菌膜包裹着菌盖、菌柄。由于菌盖逐渐展开扁平，菌膜被拉大变薄，并逐渐裂开，露出菌褶。菌褶离生，初为白色，逐渐变成深褐色。菌膜破裂后残留于菌柄中上部的一圈环状膜为菌环，白色，易脱落（图4-8）。

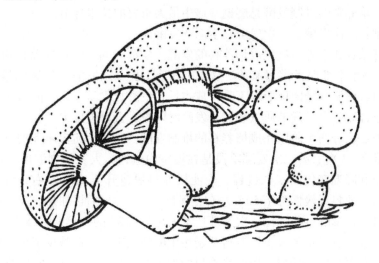

图4-8 双孢菇
（引自常明昌教授《食用菌栽培》第二版）

2. 生活条件

（1）营养 双孢蘑菇属草腐生菌类，菌丝体阶段 C/N （15~20）：1，子实体阶段 C/N （30~40）：1。蘑菇不能利用未经发酵腐熟的培养料，在发酵前的适宜 C/N （30~33）：1。粪肥与草料占培养料的90%~95%。粪草比例有5:5、6:4和4:6三种，粪肥不足应添加饼肥及化学氮肥，以保证培养料的 C/N 在发酵前达到（30~33）：1。目前，生产上多采用5:5的粪草比例。常用栽培双孢蘑菇的配方如下。

①干猪、牛粪460kg，麦草460kg，饼肥30kg，化学氮肥10kg，石膏粉10kg，过磷酸钙10kg，石灰20kg。

②干牛粪3 250kg，干稻草1 850kg，菜籽饼400kg，石膏粉100kg，石灰10kg。

③稻草2 500kg，马粪1 000kg，鸡粪500kg，碳酸钙2.5kg，尿素10kg，石膏粉50kg，硫酸铵2.5kg。

④麦秆500kg，禽粪100kg，牛马粪400kg，尿素4kg，过磷酸钙15kg，石膏粉10kg。

⑤麦秆500kg，豆秸秆150kg，牛马粪350kg，豆饼粉20kg，尿素7kg，过磷酸钙15kg，石灰25kg。

⑥稻草3 000kg，鸡粪250kg，干猪粪250kg，尿素12.5kg，石膏粉25kg，过磷酸钙12.5kg。

发酵意义：双孢蘑菇是一种草腐菌，分解纤维素、木质素的能力很差，培养料必须进行堆制发酵，经过物理、化学作用及微生物的分解转化作用，才能成为双孢蘑菇的培养料。培养料经堆制发酵，在各种有益微生物的作用下，将复杂的大分子物质分解转化为简单的易被蘑菇吸收的可融性物质。同时，这些参与发酵的卫生球死亡后的菌体及其生产的代谢物，对蘑菇生长有活化和促进作用。发酵后的培养料，消除了粪臭和氨味，变得疏松柔软，透气性、吸水性、保湿性得到了改善。堆制发酵的高温，杀死了有害微生物及虫卵。培养料的堆制发酵是蘑菇栽培中最为重要的技术环节。

发酵类型：一次发酵、二次发酵和增温剂发酵。

一次发酵法：在室外一次完成培养料的发酵。发酵时间，稻草培养料约需26d，麦草约需30d。在整个堆制发酵过程中，需翻堆4～5次。该发酵是传统的堆制发酵法，所需设备简单，对蘑菇密闭度要求不高，成本低，发酵技术易掌握。但因在室外进行发酵，受自然条件影响大，发酵质量较差，发酵时间长，劳动强度大。

二次发酵法：分两个阶段完成培养料的堆制发酵。第一个阶段堆制时间一般是12d左右，需翻堆2～3次。第二次发酵阶段是在温室内进行，人工控制温度，使培养料完成升温、控温和降温变化的三个过程。先使培养料快速升至60℃左右，维持8～10h；然后适当通风，使料温慢慢降至50℃左右，保持4～6h；最后再加强通风，使料温降到30℃左右就可结束发酵过程。比一次发酵技术缩短7～10d的发酵期，减少了翻堆次数，降低了劳动强度；进一步杀灭了培养料及菇房中的病虫害；不但减少了培养料因长时间堆制而造成的营养物质的耗损，还使培养料增加了大量有益于蘑菇生长的物质；改善和优化了培养料的理化综合指标，增产幅度约达20%。

增温剂发酵：用增温发酵剂堆制发酵培养料的方法。是继二次发酵后的蘑菇培养料堆制发酵新方法。增温剂是一种活性高、升温快、由多种分解培养料和固铵性能优良的高温型放线菌制成的活菌制剂。具有省工、节能，不减少培养料养分，缩短发酵周期5～10d，优质高产等优点。比二次发酵增产20%左右。

（2）温度 与双孢蘑菇不同的菌株和在不同的生长阶段对温度的要求有差异。目前国内大面积栽培的菌株基本属于偏低温度型。

菌丝体生长阶段的温度是5～30℃，最适生长温度是22～24℃。低于5℃生长缓慢，超过30℃衰老快，超过33℃易停止生长或死亡。

子实体生长的温度是5～22℃，在13～16℃的最适温度下，菌柄粗短，菌盖厚实，产量高；当温室持续高于22℃时，容易导致菇蕾死亡；低于12℃时，生长缓慢；室温低于5℃时，子实体停止生长；若温度突然回升，菌丝体又会把供应菇蕾生长的营养物质倒运送给四周的菌丝，供其蔓延生长，结果已形成的菇蕾则会因失去营养供给而先后枯萎死亡。按子实体发生温度可分为高温型、中温型和低温型如表4-13所示。

表4-13 常见品种简介

菌种名称	温度型	出菇温度（℃）	生物学特性
As2796	中温	10～25	杂交种，半气生型，耐高温，结菇力强，个体大，菇形圆正，色洁白，适于制罐

（续表）

菌种名称	温度型	出菇温度（℃）	生物学特性
176	中低温	8~23	匍匐型，抗杂力强，潮次明显，适于盐渍和鲜销
U3	中温	8~23	从荷兰引进的杂交种，抗逆性强，优质高产
新登96	高温	18~28	耐高温，抗杂力强
F56	中温	10~25	从意大利引进，出菇密，菇体中等，柄短，色白，菇形好
156	中温	8~23	杂交种，半气生型，菇体中等，适于大田和大棚栽培，适于制罐和盐渍

（3）水分与湿度　双孢蘑菇所需的水分主要来自培养料、覆土层和空气湿度。在不同生长阶段对水分和空气湿度有不同需求。

在菌丝体生长阶段，培养料的含水量一般保持在60%左右，覆土层湿度为17%~18%，空气相对湿度在70%左右。

在子实体阶段，尤其是菇蕾长至黄豆大时，土层应偏湿，其含水量应在20%左右，此时的土层湿度应能捏扁或搓圆，但不黏手。空气相对湿度为85%~90%。

（4）空气　双孢蘑菇属好气性真菌。对CO_2十分敏感，通气差，CO_2及其他有害气体积累过多，影响菌丝和子实体的生长。一般在菌丝生长阶段，菇房内的CO_2浓度不能超过0.5%；在子实体分化及生长阶段，CO_2浓度不能超过0.1%。如果在CO_2浓度超过0.1%的环境中，子实体易菌盖小，菌柄细长，容易开伞，畸形菇和死菇多。在栽培管理中，应根据菇房、天气和蘑菇的生长情况，采取适当的通风措施，以及时排除菇房中的有害气体。

（5）光照　双孢蘑菇属喜暗性菌类。菌丝体和子实体可在完全黑暗处生长。子实体在阴暗处生长洁白，菇肉肥厚，菇型圆整，品质优良。光线过亮，菌盖表面变得黄而干燥，可充分利用地下室、洞穴等场所栽培蘑菇，若利用地上大棚生产蘑菇，应罩盖黑膜、遮阳网或草帘等避光物。

（6）酸碱度　双孢蘑菇属喜偏碱性菌类。菌丝生长的pH值范围是5.0~8.5，最适pH值为7.0~7.5。子实体生长的最适pH值为6.5~6.8。播种时培养料的pH值应调至7.5~8.0，覆土材料的pH值为8.0~8.5。栽培管理中，还需经常向菌床喷洒1%石灰水的上清液，以防pH值下降而影响蘑菇生长诱发杂菌滋生。

专题二　二次发酵法栽培

一、生产流程

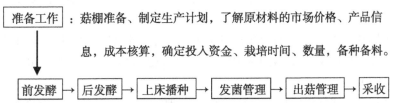

准备工作：菇棚准备、制定生产计划，了解原材料的市场价格、产品信息，成本核算，确定投入资金、栽培时间、数量，备种备料。

前发酵 → 后发酵 → 上床播种 → 发菌管理 → 出菇管理 → 采收

二、栽培任务

本栽培任务结合教学环节进行。1 200m² 日光温室生产双孢蘑菇，预计 10 月初出菇。

三、栽培过程

1. 栽培季节

播种期应选择当地平均气温能稳定在 20～24℃，约 35d 后下降到 15～20℃ 为好。根据气候特点播种期安排在秋季，大部分产区一般在 8 月中旬至 9 月上旬播种；具体播种时间还需结合当地、当时的天气预报，培养料质量，菌株特性，铺料厚度及用种量等因素综合考虑。

本次任务的播种时间为 8 月下旬。

2. 菌种准备

双孢蘑菇母种一般 15d 左右长满斜面；原种约 40～50d 长满；栽培种约 30～40d 长满。为使菌丝健壮及在基质内部长透，母种以长满斜面再延 5d 使用为好；原种、栽培种以长满培养料再延长 7～10d 使用为宜。

本次任务需 3 月下旬制备母种；4 月下旬制备原种；6 月下旬制备栽培种。

播种量，以每 111m² 栽培面积需 750ml 瓶装棉籽壳菌种约 200 瓶。本次任务须准备菌种约 2 100 瓶。采用袋式菌种的，用种量可按照瓶式菌种的净重进行折算（每瓶 0.45kg）。播种时，要注意播种量。播种量太大，虽发菌快，不易污染，出菇早，但易出现密菇、球菇、小菇等；播种量太小，虽降低成本，但发菌慢，易污染，出菇迟。

3. 菇床准备

选用三层床架，床架必须坚固、平稳安全、能承受培养料及覆土层的重压，每平方米承受力为 1 470～1 960N，还要便于拆拼、冲洗、消毒、不易受霉腐的竹木结构或钢筋水泥结构。菇床排放与温室中间，四周留有 50～70cm 的过道，通风口设在床架的行间。床宽一般在 1.5m 左右，底层距地面 20cm 以上，层距 60～70cm。

温室在进料 3～4d，采用熏蒸法进行消毒。关闭门窗及堵塞所有缝隙。每立方米用 10ml 甲醛，使其倒入高锰酸钾中自动氧化。放药点可采取上、中、下均匀放置，不同药剂要错开放置，边放药边退出，密闭熏蒸 1～2d。密闭性差的菇房，可用波尔多液、石硫合剂、敌敌畏等喷洒，喷洒时应注意人身安全。

4. 培养料的配制

本生产任务选用的培养料配方如下。

干粪 460kg，麦草 460kg，饼肥 30kg，化学氮肥 10kg，石膏粉 10kg，过磷酸钙 10kg，石灰 20kg。

生产时用干料 40kg/m²。本次生产任务所需各培养料共 48 000kg，其中包括：干粪 22 080kg，麦草 22 080kg，饼肥 1 440kg，化学氮肥 480kg，石膏粉 480kg，过磷酸钙 480kg，石灰 960kg。

粪肥可晒至半干时将其打碎，待完全晒干后收藏备用。也可将湿粪堆积、拍紧后覆盖收藏，不要日晒雨淋，以防养分流失。湿粪在用前应调成稀糊状。堆制时，麦草难腐熟，可提前 5 ~ 7d 堆制。

5. 培养料的堆制发酵

培养料的堆制采用二次发酵法，可在播种前 20d 左右进行建堆，堆制期间约翻 3 次堆，间隔天数是 4d、3d、3d。料堆严防日晒雨淋。

（1）前发酵 由于草料、干粪肥的吸水性、保水性差，在建堆之前须预湿。草料提前 2 ~ 3d 用 1% 的石灰水浇透预堆；粪肥、饼肥应打碎、混匀，用水调成手握成团，落地可散的湿度，含水量约达 60%，覆膜堆闷 1d，以杀灭螨虫。建堆前一天用石灰水泼浇地面。

建堆时，料堆南北走向。堆长 8 ~ 10m，宽 2m，高 1.5m 左右。料堆四周要陡直，顶部呈龟背型。建堆时，先铺一层约 20cm 厚的草料，撒一层粪肥，厚度以均匀覆盖草层为准，按照此顺序建堆。为防氮肥流失，饼肥与部分尿素混匀后分层撒入料堆中部，顶部及四周不要撒入。从料堆中部开始补浇水分，以料堆底部有少量水溢出为宜。料堆顶部必须撒一层较厚的粪肥后，再用草料覆盖，料堆四周围罩薄膜，以利于保温、保湿。化学氮肥在建堆时可全部加入。

堆期约 12d，需翻堆 3 次，间隔天数是 4d、3d、3d。建堆时就应把化肥全部加入。第一次翻堆，建堆后约 4d，当堆温升到 70℃ 左右，维持 1 ~ 2d，就要翻堆。翻堆时间要灵活掌握，若堆温持续低于 60℃ 或高于 80℃ 时，也要及时翻堆。第一次翻堆后约 3d 可进行第二次翻堆，此时要加入石膏。之后约 3d 进行第三次翻堆，要加入石灰调 pH 值为 7.5。在翻堆过程中要注意水分的调节，第一次翻堆要加足水分，第二次翻堆要适当加水，第三次翻堆要看是不是要加水，水分要调节在 70%。

最后一次翻堆后，维持 2d，当料温升到 70℃ 左右时，拆堆进房，转入后发酵。前发酵结束的培养料呈浅咖啡色，草料不易拉断，但不刺手，略有氨味，pH 值为 8.0 ~ 8.5，含水量约 70%，约能挤出 4 滴水。

（2）后发酵 后发酵的温度控制可分为升温、控温、降温 3 个阶段。把料堆成垄式，厚度约 50cm，让培养料自然升温至 60℃，维持 6 ~ 10h；温室适当通风，使料温缓缓降温至 50 ~ 55℃，维持 4 ~ 6d；让料温在 12h 内，缓缓降至 45℃ 左右，打开所有通风孔，加大通风，料温降至 30℃ 左右时，后发酵结束。

优质腐熟料的颜色应为棕褐色，略有面包香味，无氨、臭、酸和霉味；质地松软，有弹性，拉之易断，捏得拢，抖得散，无黏滑感；指缝有水泌出，欲滴不滴，手掌留有水印；pH 值为 7.5 左右。

6. 上床播种

铺料厚度以 15 ~ 20cm 为宜。播种时，将菌种掰成蚕豆大小的颗粒。在料温约 28℃ 时，采用撒播的方法进行播种。先将一半菌种撒入料面，用草叉或手拌动料表层，使菌种下落至料深 4 ~ 5cm 处，整平料面，然后再均匀地撒入剩下的菌种，表面再铺一层培养料，以刚好盖住菌种为宜。用木板轻压料面，使菌种和培养料紧密结合。然后盖一层报纸或薄膜。

7. 发菌期管理

双孢蘑菇发菌期的管理分为两个阶段：从播种后到覆土前，为培养料发菌期，需要约 18～20d；从覆土后到出菇前为覆土层发菌期，需要约 20d。

（1）培养料发菌期　控制料温在 22～28℃，一般不要超过 30℃；控制空气湿度在 70% 左右；随菌丝生长量的增加逐渐加强通风换气，促使菌丝快速"吃料"，避免病虫害的发生。在播种 2～3d 内，以保湿、微通风为主。菌种 1～2d 就能萌发出绒毛状新菌丝，约 3d 开始"吃料"。3d 后可稍微加大通风量，以降低料温及空气湿度，促使菌丝封盖料面。播种 7～10d 后，菌丝已基本封盖料面，此时应多通风，促使菌丝向料内生长。同时，可经常轻轻抖动覆盖的薄膜或报纸。铺料较厚时，可在菌丝长至料深的 1/2 处时，用约 1cm 粗的木棍自料面打扦到料底，目的是为了加强料内的通风换气，促使菌丝在料内长得快而壮。

（2）覆土及覆土层发菌期　双孢蘑菇的菌床需要覆土，不覆土不出菇。覆土减小了气温对培养料的影响；防止菌丝直接遇水而萎缩或失水而干枯；土层压力及覆土后料内 CO_2 浓度的增加，迫使菌丝停止营养生长，变形成为线状菌丝，有利于原基的形成；土层中的臭味假单孢杆菌等有益微生物的代谢产物可刺激和促进子实体的形成；土层还有支撑菇体及便于调节 pH 值的作用。

覆土材料应在播种前 30d 左右制备。覆土材料应持水性强，结构疏松，通气性好，具有团粒结构，遇水不黏，失水不板结，含少量腐殖质（5%～10%），pH 值为 7.5～8.5；理想的覆土材料应具有喷水时不板结，湿时不发黏，干时不成块，表面不成硬皮，不龟裂等特点。

每立方米土约覆盖 $20m^2$ 的菌床。当菌丝长到料深 2/3 时，是最佳的覆土时期。厚度以 3cm 左右为宜。覆土时应边覆盖边达到一定厚度，使土层厚薄均匀。覆土后不要拍压，可保持自然松紧度。

（3）覆土层发菌期　这个阶段应控制室温在 20～22℃，空气湿度在 80%～85%；调整土层湿度及通气状况，及时吊菌丝，以诱导菌丝纵向生长，快速上土。当菌丝长至距表土约 1cm 时，应加大通风量，迫使菌丝倒伏，使其横向生长，在该部位出菇，这就是定菇位。

8. 出菇期

从覆土到出菇约需 15～20d。控制室温在 12～18℃，并避免出现大的温差。室内湿度控制在 90% 左右。出菇期管理的重点是喷水。通过喷水、通风，对温、湿度进行调节。

定好菇位后，菌丝变成线状，菌丝尖端呈扇形，或有零星白色米粒状原基出现时，连续喷 2d 水，每天喷 4～5 次。以达到土层的最大持水量，而不渗入培养料内为宜。之后，保持 1～2d 大通风，使土层表面水分适度散发，再逐渐减小通风量，在适宜的温、湿、气条件下，表土下 1cm 处会很快出现大量白色米粒状原基。当大多数菇蕾长至黄豆大时，应在 1～2d 加大喷水量，以达到土层最大持水量或有少量水渗入料内为宜。停喷 2d，然后随着菇的长大逐渐增加维持水的喷量，再随着菇的采收逐渐减小喷水量。

喷水宜在 18℃ 进行，要看天气、根据菇的生长情况、菇房的保湿情况进行喷水。

水要勤喷、喷均、轻喷。

通风应根据温度、空气湿度、天气及菇的生长情况而灵活掌握。温度低时中午通风，温度高时早、晚通风，以不造成菇房温度变化太大为宜。有风天气开背风窗，无风或阴雨天气开对流窗，干热风劲吹时尽量不通风。菇小、菇少时少通风，菇大、菇多时多通风。适宜的通风效果，应以嗅不到异味、不闷气、菇生长良好而又感觉不到风的吹动为宜。通风量小，易致菇体畸形和发生病虫害；而通风过量，菇体会发黄，产生鳞片，早开伞或菇蕾死亡。

9. 采菇期

采收前约 4h 不要喷水，以免于捏部分变红。一般在菌盖直径达 2 ~ 6cm 时采收，最好在 3 ~ 4cm 时采收。每天应采 2 ~ 3 次。

采收时，手捏菌盖轻轻扭下。三潮后的双孢蘑菇，可用提拔法采菇，以减少土层中无结菇能力的老菌索。将采下的菇及时用锋利刀片削去带泥的菌柄，切口要平，以防菌柄断裂。采完一潮菇后，要整理床面，及时清除菇根、老菌索与死菇；及时补土、松土和打抨等。用 1% ~ 2% 石灰水调整土层湿度和 pH 值。一般经过 5 ~ 10d 的恢复期，可再现菇潮。

复习思考题

1. 简述双孢蘑菇的形态特征和生态习性。
2. 堆制发酵料的原则和方法是什么？
3. 优质发酵料的特征有哪些？
4. 双孢蘑菇各生长期的管理要点有哪些？
5. 如何吊菌丝和定菇位？

第四节 金针菇栽培

专题一 基础知识

一、概述

金针菇〔*Flammulina velutipes*（Fr. V.）Sing.〕属真菌门，担子菌纲，伞菌目，口蘑科，小火焰菌属或金钱菌属。又名朴菇、构菌、毛柄金线菌、金菇、冬菇、青杠菌、冻菌等。金针菇脆嫩适口。味道鲜美，营养极其丰富。据测定，每 100g 鲜菇中营养物质含量如表 4 – 14 所示。

表 4 – 14　每 100g 鲜菇中营养物质含量

水分（g）	蛋白质（g）	脂肪（g）	灰分（g）	糖（g）	粗纤维（g）	铁（mg）
89.73	2.72	0.13	0.83	5.45	1.77	0.22

（续表）

钙 （mg）	磷 （mg）	钠 （mg）	镁 （mg）	钾 （mg）	维生素 B_1 （mg）	维生素 B_2 （mg）
0.097	1.48	0.22	0.31	3.7	0.29	0.21

此外，还含有丰富的的 5′ - 磷酸腺苷和核苷酸类物质。在每百克干菇中，氨基酸总量为 20.9g，含人体的 8 种必需氨基酸 9.30g，高于一般菌类；含赖氨酸 1.024g、精氨酸 1.231g，这两种氨基酸能有效地促进儿童的健康成长和智力发育。因此，国外称之为"增智菇"、"益智菇"。金针菇还具有较高的保健功能。金针菇中含有的碱性蛋白"朴菇素"，具有较显著的抗癌功能。金针菇中的酸性和中性的植物性纤维，可吸附胆汁酸盐，调节体内的胆固醇代谢，降低血浆中胆固醇含量。经常食用金针菇还可以预防和治疗肝炎及肠胃溃疡病。

金针菇是我国最早进行人工栽培的食用菌之一，历史悠久（表 4 - 15），但真正发展成商品生产却只有近 30 年的历史。自 20 世纪 90 年代末，上海天厨菇业建成我国第一个日产 6t 的金针菇工厂化生产线，近十年来工厂化栽培白色金针菇在日本、韩国及我国发展迅速。目前，在我国上海市、福建省、浙江省、江苏省、北京市、山西省、河北省、河南省、辽宁省等地都在大力发展工厂化栽培，并取得了良好的经济效益。我国金针菇总产量 2000 年度仅为 7.9 万 t，2011 年度一跃达到 249.3 万 t。

表 4 - 15　金针菇栽培历史

栽培时期	栽培状况
唐代	有关金针菇人工栽培的记载，距今 1400 多年
1928 年	日本森本彦三郎发明了木屑瓶栽法
20 世纪 30 年代	中国的裘维蕃、潘志农等也进行了瓶栽试验
20 世纪 60 年代初	日本形成自动化、周年工业化生产模式
1982 年	中国福建三明真菌研究所选育出"三明 1 号"，并大面积推广
20 世纪 80 年代初	中国首先采用袋栽
1984 年	日本长野县通过生物工程培育出白色金针菇新品种

二、生物学特性

1. 形态特征

（1）孢子　担孢子生于菌褶子实层上，孢子圆形或卵圆形，表面光滑，孢子印为白色。

（2）菌丝体　菌丝体为白色绒毛状，有隔膜，有锁状联合，具粉质感，稍有爬壁现象，生长速度中等。菌丝长到一定阶段会形成大量的单细胞粉孢子，在适宜的条件下可萌发成单核菌丝或双核菌丝。有试验发现，粉孢子越多，菌株的质量越差，菌柄基部颜色越深。

（3）子实体　金针菇的子实体成束丛生，基部相边，呈假分支状，肉质柔软有弹性。由菌盖、菌褶、菌柄3部分组成。菌盖幼时球形至半球形，后渐展开为扁平状，菌盖直径2~8cm，中央厚，边缘薄，菌盖表面有胶质薄层，湿时有黏性，色黄白到黄褐，菌肉白色。菌褶白色或象牙色，排列较稀疏，长短不一，呈辐射状，与菌柄离生或弯生。菌柄中生，中空圆柱状，稍弯曲，长2~13cm，直径0.2~0.8cm，下半部褐色，且密被黑褐色的绒毛，上下等粗或上方稍细，上部渐变淡黄色，最上部有时几乎是白色。初期菌柄内部有髓心，后期变中空（图4-9）。

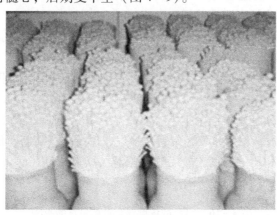

图4-9　白色金针菇

金针菇的品种类型可按子实体形态发生特性和子实体色泽进行分类。根据金针菇分枝的株丛形态，可分为细实习生型、粗稀型。按金针菇子实体颜色的深浅可分为金黄色品系、乳黄色品系和白色品系。

目前，国内金针菇品种繁多，通过引种、野生驯化、诱变育种、杂交育种等途径得到近100个品种，常见的品种有：三明1号、FV908、杂交19号、苏金6号、金针92、金针129、金针227、F21、9808、FV908、日本白、昆F、西师8001。

2. 生活条件

在自然界，发生于早春和秋末至初冬寒冷的季节，丛生于阔叶树腐木或根干基部等，如柳树、榆树、槐树、构树、桑树、柿树、椴树、槭树、桂花树等。

（1）营养　金针菇是木腐性菌类，需要的营养物质有碳源、氮源、无机盐和维生素四大类。菌丝体阶段C/N为20:1，子实体生长阶段C/N为35:1，金针菇是维生素B_1和维生素B_2的营养天然缺乏型，因此栽培时常通过添加米糠、麸皮、玉米面等来补足维生素B_1和维生素B_2。

根据当地食用菌主要原料的来源和栽培品种对料的适应性来选择适宜的原料作主料。常用的栽培金针菇配方如下，料与水比均为1:（1.2~1.3）。

①棉籽壳80%，麸皮15%，玉米粉3%，糖1%，石灰粉1%。

②棉籽壳37%，木屑（阔叶树）37%，麸皮24%，糖1%，石灰粉1%~2%。

③木屑（阔叶树）75%，麸皮或米糠23%，糖1%，碳酸钙1%。

④玉米芯73%，麸皮25%，石膏1%，蔗糖1%。

⑤ 麦秸粉 68%，麸皮 20%，玉米粉 10%，糖 1%，石膏粉 1%。

（2）温度　金针菇为低温型的恒温结实性菌类。

金针菇菌丝体在 3～34℃ 内均能生长，最适温度为 23℃ 左右，3℃ 以下生长极其缓慢。

金针菇子实体分化的温度为 5～20℃，最适温度为 12～15℃，以 13℃ 子实体分化最快，形成的数量较多。

金针菇子实体生长的温度为 8～14℃，最适出菇温度为 8～9℃。

（3）湿度　金针菇是喜湿性菌类。

金针菇菌丝体生长阶段，培养料的含水量一般为 63%，在配制培养基时其含水量调至 65%～70%。

金针菇在发菌期空气相对湿度一般以 70% 为宜，子实体生长发育阶段空气的相对湿度为 85%～90%。

（4）空气　金针菇是好气性菌类。

在菌丝体培养阶段，培养室要经常通风换气，保持空气清新，促使菌丝健壮生长。

在出菇阶段，对 CO_2 的浓度比较敏感，据有关实验表明 CO_2 的浓度对金针菇的生长有着明显的影响，如表 4-16 所示。

表 4-16　CO_2 的浓度对金针菇生长的影响

CO_2 的浓度	表现特征
0.04%～4.9%	菌盖直径随着 CO_2 的浓度的增加而变小
超过 1%	显著地抑制菌盖的发育，促进菌柄的伸长
超过 5%	不形成子实体

在生产中采取套袋盖膜局部调高 CO_2 浓度的方法，抑制菌盖长大，促进菌柄伸长。

（5）光线　菌丝体在完全黑暗的条件下能够正常生长。

子实体分化阶段给予一定的散射光，形成的原基数目比黑暗条件下要多得多。

子实体生长阶段需要一定的散射光。光照过强，则菌柄短，开伞早，色泽深，常呈黄褐色或深褐色；光照弱，则柄长，盖小，不易开伞，色泽浅，常呈黄白色或乳白色，还能抑制菌柄基部绒毛的发生和色素的形成，从而使金针菇的商品价值高。

（6）酸碱度　金针菇属喜弱酸性菌类。菌丝在 pH 值为 3～8.4 可正常生长，最适pH 值为 5.6～6.5，在生产中一般采用自然 pH 值。

专题二　袋　　栽

一、生产流程

准备工作：菇棚准备、制定生产计划，了解原材料的市场价格、产品信息，成本核算，确定投入资金、栽培时间、数量，备种备料。

培养料配制 → 装袋 → 灭菌 → 接种 → 菌丝培养 → 出菇管理（搔菌、催蕾、抑菌）→

采收 → 转潮管理

二、栽培任务

本栽培任务结合教学环节进行。地下室袋式栽培 5 000 袋，预计 11 月下旬出菇。

三、栽培过程

1. 确定栽培季节

根据金针菇菌丝生长和子实体发育所需的最适温度条件，选择栽培季节。

利用自然温度出菇，北方地区每年可安排两次栽培。第一次于 9 月下旬至 10 月上旬接种，11 月下旬至 12 月上旬进入出菇期；第二次于 12 月至翌年 1 月采用室内加温培养发菌，早春 2 ~ 3 月出菇。南方地区则一年安排一次栽培，10 ~ 11 月接种，12 月至翌年 2 月出菇。

利用制冷设备出菇，金针菇生产的各个环节均在控温条件下进行，并结合品种特性，可实现周年栽培。

本栽培任务预计 11 月下旬出菇，接种日期应为 9 月下旬。

2. 培养料的选择

高粱壳、棉籽壳、玉米芯、木屑、稻草粉等大多数农作物秸秆粉碎后均可作为主料栽培，同时，辅以适量麸皮、米糠、玉米粉等制作培养基。但无论选用何种原料，都要求新鲜、干净、无霉变。

本栽培任务确定配方为：

棉籽壳 88%，麸皮 10%，糖 1%，石灰 1%，料水比为 1∶1.2 ~ 1.3。

栽培任务所需培养料如表 4 – 17 所示。

表 4 – 17　培养料

棉籽壳（kg）	麸皮（kg）	糖（kg）	石灰（kg）
4 400	500	50	50

3. 塑料薄膜的选择

菌袋应选用聚乙烯或聚丙烯薄膜筒，规格为 35cm × 17cm × 0.05cm 的袋筒，可两头出菇也可一头出菇。

本栽培任务选择 35cm×17cm×0.05cm 的聚丙烯薄膜筒，一头出菇。

4. 培养料的配制

按照配方准确称取各营养成分。先称主料，后称辅料，将称好的主料堆放于干净的水泥地面上或台面上。将难溶于水的辅料与主料搅拌均匀，将易溶于水的辅料溶解于水中制成母液，再加水稀释，分次洒入培养料中，边加水边搅拌，直至将培养料的含水量调到 65% 左右为宜。将配制好的培养料堆闷 1h 左右，使培养料充分吸足水分。

5. 装袋

采用一头出菇，袋子为单开口塑料袋。装袋时左手提袋，右手的食指和拇指将袋底的两角塞入，以使料袋能够直立，再向袋内装料，并用直径 2~2.5cm 的圆头木棒插入料中，沿棒四周边装料边压实，装料 15cm 时抽出木棒，以便接种和发菌。一般每袋装干料约 500g。

6. 灭菌

料袋装完后，要及时进行灭菌。采用高压蒸汽灭菌，在 126℃ 下，保持 1~2h。

7. 接种

料袋灭菌后，待料温降到 30℃ 以下时，即可开始接种。接种关键是严格无菌操作，接种技术要正确熟练，动作要轻、快、准，以减少操作过程中杂菌污染的机会。

在超静工作台上进行接种。接种时严格按照无菌操作规程进行操作，接种量为 5%。接种时要剔除菌种表面的老化菌种，将菌种夹成花生豆大小的菌种块，放入接种穴内，用接种铲或镊子轻拨料，将料盖住接种块，有利于菌种萌发。

一般 1 袋或 1 瓶栽培种可接 60 袋栽培袋。

8. 发菌管理

接完种后，栽培袋立即移入培养室内进行发菌培养。室内温度保持在 20℃ 左右，袋内温度比室温高 2~3℃，相对湿度保持在 70% 左右。栽培袋经过 20~30d 的培养，菌丝即可长满菌袋。

9. 出菇管理

金针菇发菌期较短，而出菇至收获的时间较长，且金针菇原基发生快，菇蕾朵数多，因此，管理上需十分细致。目前，出菇管理的方法主要有搔菌法、直接出菇法、再生法。

直接出菇法是一种较为简单的金针菇栽培方法。菌丝长满袋后，不需搔菌，让菌袋直接出菇。出菇时间可比搔菌法早 5d 左右，但子实体不如搔菌法整齐、挺拔，两种方法产量相近。

再生法是将发满菌的金针菇栽培袋移至栽培室，不必搔菌，可直接诱导原基分化。催蕾阶段，菇房温度最好控制在 13~14℃，给予弱光光照和通风。当鱼子般大小的菇蕾布满料面时，将棉塞、套环拔除，打开袋口，把塑料袋口向外折起卷至离料面 2~3cm 处，开袋后加强通风，使幼小的针尖菇逐渐失水枯萎变深黄色或浅褐色，然后再从干枯的菌柄上形成新的菇蕾丛。

本栽培任务采用搔菌法出菇。

搔菌法是将栽培袋袋口打开，用搔菌耙除去培养料表面的一层菌皮和老菌种块，搔菌时不能伤及料面，否则推迟出菇。

催蕾：搔菌后，应及时给予降温、增湿处理。培养室的温度控制在 13～14℃，空气相对湿度在 85%～90%，促使原基形成。4～5d 后，培养基表面逐渐形成一层白色的棉絮状物，并出现琥珀色的水滴，即将形成原基。

抑菌：当菇蕾长至 1cm 时，将温度调至 4～6℃，空气相对湿度为 85% 左右，CO_2 浓度在 0.1% 以下。经常通风，初期微风，中期稍强，后期更强。经 3～5d 的抑制作用，菇柄长、较大的菇受到抑制作用大；而菇柄短的在较大的菇下面，受到的抑制作用小。一般经过 5d 左右，小菇就与大菇一样高。

子实体的生长：经过抑菌，子实体长至 3～5cm 时，进入生长管理，随着子实体长高，分次提高料袋，温度控制在 8～12℃，空气的相对湿度在 70%～80%，CO_2 浓度要求更高，保持培养室的黑暗，可获得色质浅、有光泽、菌柄长、菌盖小的优质商品菇。

采收：当子实体长至 15cm 时就可采收。采收时，一手抓住菌袋，一手把菇拔起，用剪刀剪去基部连带的培养料，整齐放入筐内。放在暗处，以免见光变色。

转潮管理：每采完一潮菇后，清理培养基表面的残菇、小菇，把塑料袋口卷至离培养表面 2cm 处，盖上覆盖物喷水保温，经常掀开覆盖物换气。温度保持在 13℃ 左右，4～6d 后，出现菇蕾，子实体生长发育期的管理同第一潮菇。

专题三 其他栽培技术

一、瓶栽

瓶栽金针菇的方法是日本人发明的，自 20 世纪 60 年代推广以来，在栽培技术上不断改进，已形成工厂化的工艺模式。生产上主要采用 500ml 的无色玻璃瓶，750ml、800ml 或 1 000ml 的塑料瓶，瓶口径约 7cm 为宜。瓶栽的优点是发菌快、出菇整齐、污染率低、生产效率高、生长周期短、管理方便，适合于小规模生产或大规模的工厂化生产。栽培程序基本与袋栽相似，只是出菇必须套袋管理。

1. 装瓶

培养料装瓶时，要下松上紧，瓶下部松些，可缩短发菌时间，瓶上部紧些，否则培养料易干。为了使菇易于长出瓶口，料应装至瓶肩部，装完后，用大拇指压好瓶颈部分的培养基，中央少凹，然后用木棒在瓶中插一个直通瓶底的接种孔，以利通气，促进菌丝能上、中、下同时生长。瓶口用聚丙烯膜加盖牛皮纸封口。

2. 灭菌、接种

装瓶后，经高压或常压灭菌，冷却后接种。接种前，接种室（箱）先消毒，然后接种，接种量以塞满接种孔为宜，每瓶菌种可接 60 瓶左右。

3. 菌丝培养

接种后立即移至培养室，室温以 20℃ 左右为宜。因瓶内菌丝生长呼吸发热，瓶内温度一般比室温高 2～4℃，此时的温度恰是菌丝生长的最适温度。发菌期间还应定期调换瓶的位置，使之发菌均匀，以利出菇管理。菌丝培养期间，需每隔 5～6d 通风换气一次，空气相对湿度控制在 65% 以下。接种 2～3d 后，菌丝开始恢复生长，8～10d 即可长到瓶肩以下，一般经过 20～25d 菌丝能长满全瓶。

4. 搔菌、催蕾

当菌丝长到瓶底以后，培养阶段已结束，可把瓶子移到栽培时，把盖子拿掉，进行搔菌，方法同袋栽。如不进行搔菌处理，原基大都集中在老菌块上发生，原基数量少，发生也不够整齐。搔菌后，培养基上面的菌丝接触到空气，很快恢复生长，能在整个培养料表面很整齐地形成大量原基。

催蕾就是搔菌后在瓶口盖湿报纸保湿，室温降至13℃左右，空气相对湿度提高打破80%～85%，每天通风3～4次，每次15min，并给与微弱的散射光。经10d左右，培养料表面就会出现血多褐色水珠，接着就会形成大量原基。催蕾期间要经常往报纸上喷水保湿，报纸要平整，没有破洞，不能让水流入瓶内或喷在菇蕾上，否则菌柄基部就会变成黄棕色至咖啡色，影响出菇的质量，同时会引起根腐病等病害发生。

5. 抑菌

现蕾后2～3d，菌柄伸长到3～5mm，菌盖米粒大时，就应进行抑菌，一直生长快者，促使生长慢者赶上来，以便植株整齐一致。在5～7d内，减少喷水或停水，空气相对湿度控制在70%，菇房温度降至4～6℃，并经常通风。在低温和吹风下，子实体虽然生长缓慢，但很整齐、硬挺。

6. 子实体生长管理

当子实体长出瓶口2～3cm时，要在瓶口套上一个套筒。套筒具有防止金针菇下垂散乱，减少氧气供应，抑制菌盖生长，促进菌柄生长的作用。可用蜡纸、牛皮纸、塑料薄膜做筒，高度10～12cm，喇叭形。套筒后纸筒上每天可喷少量水，保持空气相对湿度90%左右，早晚通风15～20min，温度保持在6～8℃。

7. 采收及采后管理

当菇柄长到13～14cm高时，去掉套筒，将整丛菇从培养基上取下。以木屑为主的培养料，一般只采收两潮菇；以棉籽壳为主的撒养了，可采收三潮菇。瓶栽金针菇的生物转化率可达70%～80%，高产可达100%。

采收后，清理料面，用小锄将料面刮一遍，见到新茬，再覆盖湿报纸养菌，10d左右又会有新菇蕾出现。若培养料较干，可在表面喷少量清水，且无须过多，一旦有菇蕾发生，便要停止喷水，进行出菇管理。

二、生料床栽

金针菇生料栽培不需要特殊设备，方法简单，在正常管理情况下，接种成活率在90%以上，生物学效率可达100%。但生料栽培还存在容易污染、产量不够稳定的缺点。因此，这种方法只适用于在自然气温较低的地区推广。

1. 栽培季节

金针菇生料栽培主要是把握好栽培季节，控制好温度，严防杂菌污染。选择在低温季节栽培，是确保栽培成功的关键。播种时间不宜过早，霜降过后至春节前后，气温稳定在15℃以下、5℃以上时适合金针菇生料床栽，温度超过15℃时不能进行床栽，因污染率高，一般播种期选在12月至翌年2月。

2. 建床、播种

可以在地下室、半地下室坑道或地面房间建床，但要求通气性好、无杂菌、卫生、黑暗。栽培前，用 5% 石灰水进行杀虫消毒。菌床宽 80cm，长度不限，人行道宽 60cm。铺上用 0.2% 高锰酸钾水溶液消过毒的塑料膜，幅宽为床宽的 2.5 倍再加上 100cm，即 300cm，以备出菇时支膜用。

生料栽培金针菇原料最好选择棉籽壳，适量拌入细米糠（或麸皮）增加氮源含量，在拌料时加入 0.1% 的 50% 多菌灵，加水量不可过多，一般含水量要求 60% ~ 65%，pH 值调至 6，棉籽壳和米糠要求新鲜，绝对不能发霉。常用的培养料配方有：

①棉籽壳 88%，麸皮 10%，糖 1%，石灰 1%。

②棉籽壳 96%，玉米粉 3%，糖 1%。

③棉籽壳 99.3%，尿素 0.7%。

④棉籽壳 93%，玉米粉 5%，糖 1%，石膏 1%。

先在薄膜上撒少许菌种，再铺上一半的料，压实后的厚度约为 4cm，在上面撒播一层菌种，菌种上面再铺一层料，厚度同第一层，然后料面上再撒播第三层菌种。菌种分布是中下层少，四层及表层多，播种量为干料重的 10% ~ 15%。

播种后，用木板将料面压实，使菌种贴紧培养料，料面略呈龟背形为好，然后再将两边的塑料膜拉起，平整地重叠覆盖在床面上包严实，不要有过大的缝隙，但也不必用重物压实。

3. 菌丝培养

播种后在 10℃ 以下培养，10 ~ 15d 之内不能掀动盖膜，使其自然发菌。播种 10d 后，大多数菌种均已萌发，并向料内蔓延。15d 后，若有个别地方不萌发，可将薄膜掀动几次，菌丝即会萌发生长。当菌丝深入到料内 2 ~ 3cm 时，每天揭膜通风 10min，并将室内相对湿度提高到 85% 以上。切勿在环境湿度低于 85% 揭膜，以防菌床干燥。若在 8℃ 左右的低温下发菌，经 40 ~ 50d 菌丝才能长出透料层，并有棕褐色液滴出现。

4. 催蕾、抑菌

当床面上有褐色液滴出现时，立即进行催蕾。此时室温应控制在 13℃ 左右，并把塑料膜撑起，高 10 ~ 20cm，空气相对湿度控制在 80% ~ 85%。菇房每天通风 2 ~ 3 次，揭膜通风 1 ~ 2 次，每次 20min，揭膜应在菇房通风之后进行，一周后即有大量菇蕾发生。

5. 出菇管理

出菇期间，室温控制在 5 ~ 8℃；若生产二级菇，可放宽至 5 ~ 18℃；高于 20℃，已分化的幼菇会很快开伞。当子实体长到 1 ~ 2cm 时，床面薄膜内湿度要保持在 90% 以上，适当喷水，喷水时雾点要细，水量不要大，切勿把水喷到菇体上，以免菇体染上色斑。随着菇柄伸长，逐渐将薄膜支高。每天通风时，薄膜接头处用大头针别牢，以防痛风时将风直接吹到菇体上，使其过早开伞。膜内 CO_2 浓度保持在 0.114% ~ 0.152%，可促进菌柄正常生长。同时，子实体生长期间要给予弱光照，可使菇体成丛生长而不散乱，每天菇房光照时间不超过 1h。

6. 采收

床栽金针菇生长较快，3 ~ 5d 就可长到 15cm，10d 左右可长到 30 ~ 40cm，菌柄长到 15cm 左右时将其采下，采收时应成束地将菇柄拔下。一般可采收四至五潮菇，第一潮、第二潮菇质量最好，占总产量的 70% ～80% 。

复习思考题

1. 简述金针菇的形态特征和生态习性。
2. 金针菇生长需要哪些条件？
3. 简述金针菇袋栽的技术要点。
4. 简述出菇管理中搔菌法、直接出菇法和再生法。

第五节　黑木耳栽培

专题一　基础知识

一、概述

黑木耳［*Auricularia auricula*（L. Exhook.）Underw.］隶属于担子菌纲，木耳目，木耳科，木耳属，俗称木耳、光木耳、耳子、房耳、川耳、细木耳、云耳、黑菜、木蛾等。

黑木耳肉质细腻，脆滑爽口，营养丰富。据测定，每 100g 干品中含蛋白质 10.6g、脂肪 0.2g、碳水化合物 65.5g、粗纤维 7.0g、钙 0.375g、磷 0.201g、铁 0.185g，此外，还含有维生素 B_1 0.15mg、维生素 B_2 0.55mg、烟酸 2.7mg，其中人体必需的 8 种氨基酸全部具备。黑木耳中钙、铁、维生素 B_2 含量很高，其铁的含量比肉类高 100 倍，钙的含量是肉类的 30～70 倍，维生素 B_2 的含量是米、白面和大白菜的 10 倍。

黑木耳不仅具有很高的营养价值，还具有较高的药用价值。因含有核苷酸类物质、多糖和大量的纤维素酶等物质，所以，长期食用具有滋润强壮，清肺益气，抗癌，抗凝血，防治缺铁性贫血，治疗痔疮出血、血管硬化、冠心病和清涤肠胃等独特的医疗保健作用。

一般鲜木耳不宜直接食用，因为鲜木耳含有一种卟啉光感物质，人食用鲜木耳后经太阳照射可引起皮肤瘙痒、水肿。鲜木耳在暴晒过程中会分解大部分卟啉，干木耳在食用前又经水浸泡，其中含有的剩余卟啉会溶于水，因而经过水发的干木耳可安全食用。

黑木耳人工栽培始于我国，起源于湖北省房县，据记载已有 1 400 多年的历史。20 世纪 50 年代前，是靠自然接种法生产黑木耳，20 世纪 50 年代后广泛应用人工接种段木栽培方法，20 世纪 70 年代末至今采用代料栽培黑木耳方法。黑木耳主产我国，栽培区域遍布全国 20 多个省、自治区和直辖市，其中以湖北省、辽宁省、吉林省、黑龙江省、河南省、陕西省、四川省、云南省、湖南省、内蒙古自治区等地产量较多。2009 年，我国黑木耳鲜菇总产量为 269.7 万 t，2011 年达到 346.1 万 t，在我国各种食用菌中总产量位居第三，仅次于平菇、香菇，占世界黑木耳总产量的 96% 以上。我国黑木耳不但产量高，而且片大、肉厚、色黑、品质好，因此产品远销日本、东南亚和欧美一些国家。

黑木耳是我国传统的野生类保健食品和重要的出口商品，产量居世界之首，畅销日本以及西欧、东南亚国家和我国港澳地区，在国际上久负盛名。通过科学的栽培技术，可以提高黑木耳的品质和产量，这不仅能提高人民的生活水平，增加人民的经济收入，而且对增加国民生产总值也有重要的意义。因此，黑木耳具有远大的发展前景。

二、生物学特性

1. 形态特征

（1）孢子 孢子无色，光滑，腊肠形，（9～17.5）μm×（5～7.5）μm。

（2）菌丝体 菌丝体是由许多粗细不匀，具有横隔和分枝的管状菌丝组成，常出现根状分枝，有锁状联合，但没有香菇那么多而明显。菌丝生长在木棒上，则木材变得疏松呈白色，长在斜面上菌丝呈灰白色，绒毛状，贴生于表面，菌丝体在强光下生长，分泌褐色素，使培养基呈褐色，在菌丝的表面也呈现黄色或浅褐色。

（3）子实体 子实体浅圆盘形、耳形或不规则形，大小为2～12cm，厚0.1～0.2cm，新鲜时软，有弹性，干后强烈收缩为角质，硬而脆。分背腹两面，朝下的为背面，凸起，青褐色，密生短绒毛。朝上的称为腹面，生有子实层，能产生孢子，表面平滑或略有皱纹（图4－10）。

图4－10 木耳

常见的栽培品种如下。

我国各地栽培用的黑木耳菌种有很多，如888、998系列（辽宁省朝阳市食用菌研究所）、冀锈1号、冀杂3号（河北省微生物研究所）、沪耳3号、沪耳4号（上海市农业科学院食用菌研究所）、陕耳1号、陕耳3号（西北农林科技大学）、Au793（华中农业大学）、Au－5（福建三明真菌研究所）、916、9809、黑木耳1号、黑木耳2号（黑龙江省科学院应用微生物研究所）、林耳1号（黑龙江省林业科学院）、伊耳1号（黑龙江省伊春市友好区食用菌研究所）、黑木耳9211、吉黑182、杂交005、杂交19、杂交22、981、延边7号等。各地应根据当地气侯特点及市场需求选用适合的菌种。

常栽品种的主要特性：

（1）黑木耳2号　根细，片大色黑，碗状，耐高温，抗杂性强，100kg干料产干耳量13.33kg。

（2）黑29　早熟品种。出耳温度15～25℃，后熟10d；半菊花状，朵大、肉厚，耳根小，抗烂耳，高产；木段、代料栽培均可。平均单产达0.035kg/袋。

（3）沪耳3号　朵型较大，色泽较深。出耳整齐，抗杂菌能力强，生物转化率100%。

（4）丰收2号　属中温中早熟品种。出耳温度在15～25℃，菌丝长满袋后，在20℃需后熟20d，从接种到采收115～120d；耳片厚，有耳筋，单片鲜重150～180g，色黑，口感好，抗杂菌、抗病虫害，抗烂耳能力较强。平均单产达0.04kg/袋。

（5）Au-5　出耳快，耳片浅褐色，半透明，有光泽，耳片较厚，产量高。

（6）黑916　中熟品种。出耳温度15～25℃，后熟30d；菊花状，朵大、肉厚，高产、抗杂；木段、代料栽培均可。

（7）沪耳4号　朵型大，色泽深，生物转化率可达90%以上。

（8）长白山7号　中温晚熟品种。出耳温度8～26℃，有效积温2 200～2 300℃，后熟30d，单片肉厚，颜色稍黄；15℃后熟40～50d，10℃后熟60～70d；木段、代料栽培均可。平均单产达0.04kg/袋以上。

2. 生活条件

（1）营养　黑木耳是木腐性菌类，既可用段木栽培，也可采用代料栽培。黑木耳对养分的要求是以碳水化合物（如葡萄糖、蔗糖、淀粉、纤维素、半纤维素等）木质素和含氮的物质（如氨基酸、蛋白胨、蛋白质等）为主；此外还需要少量的无机盐，如钙、磷、铁、钾、镁等。耳树中含有营养物质基本可以满足黑木耳生长发育的需要，但是用锯木屑等袋料栽培黑木耳时，由于黑木耳菌丝分解纤维素和木质素的能力较强，生长速度缓慢，再加上菌丝细弱，因此，配料时尽可能营养丰富些，则应添加一定量的麦麸、米糠，以补充N源及维生素源的不足。

常见的培养料配方如下。

①锯木屑80%、麦麸16%、豆饼粉2%、石膏0.5%、石灰0.8%。

②锯木屑45%、豆秸45%、麦麸10%、石膏0.5%、石灰1%。

③锯木屑45%、玉米芯45%、麦麸10%、石膏0.5%、石灰1%。

④玉米芯90%、麸皮10%、石膏0.5%、石灰1%。

⑤木屑78%，麸皮20%，蔗糖1%，石膏粉1%。

以上各种配方加入适量水，使含水量低于60%，约为55%～60%。

（2）温度　黑木耳属中温性菌类，孢子萌发的温度为20～32℃。菌丝在6～36℃之间均能生长，但以22～32℃为最适温度，在5℃以下和38℃以上，菌丝生长受抑制。黑木耳对低温有很强的耐受力，生长在机制中的菌丝体和幼小的耳片可以忍耐-40℃以下的低温，可在我国任何地区自然条件下越冬。黑木耳对短时间的高温也有较强的耐受力，高温条件下菌丝生长较快，纤细，生长势弱。受过高温的菌种种植后有明显的减产作用。

在 15～27℃ 的条件下均能化为子实体，但以 20～24℃ 为最适宜温度，在温度较低，温差较大条件下，黑木耳耳片生长较为缓慢，但子实体色深，肉厚，抗流耳能力强，品质好。而在高温条件下，耳片生长速度快，色浅，肉薄，品质不佳。所以春耳、秋耳品质好于伏耳，在高温高湿条件下常易出现流耳现象。

（3）水分和湿度　水分是黑木耳生长发育的主要条件之一。在不同的生长发育阶段，黑木耳对水分的要求是不同的。由于水分和透气性是一对矛盾，不同培养基，其透气性和保持水分的能力各不相同。因此不同的培养基，在黑木耳的不同生长发育时期，对水分条件的需要是各不相同的。用耳木种植黑木耳，在菌丝的定殖，蔓延生长时期，含水量应为 45%～55%，而木屑培养基含水量应为 55%～60%。水分过少，影响菌丝体对营养物质的吸收和利用，生活力降低，生长缓慢。水分过多，会导致透气性不良，造成氧气供应不足，使菌丝体的生长发育受到抑制，可能导致窒息甚至死亡，另外易造成厌气性杂菌的滋生蔓延。

在子实体发生和生长阶段，耳木含水量应为 60%～70%，木屑培养基水量应为 70%～75%。可见在子实体发生和生长阶段要求培养基的含水量要高于菌丝定殖和生长蔓延阶段。这是因为在子实体形成和生长接段要求有更多的水分参与养分的运输。另外，在这个阶段，还需要有较高的空气湿度（90%～95%），以保证耳片的正常生长和发育。

（4）光照　黑木耳是喜光性菌类。黑木耳在各个发育阶段，对光照的要求也不同的。菌丝体在完全黑暗或有微弱散射光存在的条件下都能正常生长。光线过强，容易过早形成耳基，对提高黑木耳生产的产量和质量无益，所以，发菌时应尽量避光培养。子实体分化和发育阶段都需要有可见光存在，黑暗的环境中很难形成子实体。据报道，黑木耳只有在光照强度为 250～1 000lx，才有正常的深褐色。在微弱光照条件下，耳片呈淡褐色，甚至白色。又小又薄，产量低。因为黑木耳是胶质菌，所以，强烈的阳光暴晒不会使其子实体干枯死亡，但是，烈日暴晒，易引起水分大量蒸发，生长缓慢，影响产量。木段栽培条件下由于有树皮保护，不至引起水分过度散失，出生长缓慢外，产量无大影响。但袋料栽培黑木耳出耳阶段必须搭荫棚，并增加喷水，以防烈日暴晒引起水分过度散失，而造成严重减产甚至大面积污染。

（5）空气　黑木耳是好气性真菌。如果栽培场所空气不新鲜，缺乏氧气，会使菌丝体和子实体的生长发育受到影响，甚至会造成窒息死亡。在菌丝体生长阶段缺少氧气时，菌丝生长缓慢，甚至停止生长。在子实体生长阶段缺少氧气时，会导致子实体畸形，木耳往往不开片或变成珊瑚状等，影响产品的质量。因此，配料时，水分不可过高，装瓶不能太满，在黑木耳整个生长发育过程中，栽培场地应保持空气畅通，清新，以供给菌丝体、子实体生长发育充足的氧气，另外，空气流通清新还可以避免烂耳，减少病虫滋生。

（6）酸碱度　黑木耳适宜在微酸性环境中生活。菌丝体在 pH 值为 4.0～7.0 都能正常生长，以 pH 值为 5.0～6.5 最适宜。在段木栽培中，除了应注意喷洒的水具有酸碱度外，一般不需考虑这个问题。代料栽培时需要用中性水拌料，经蒸料灭菌后，培养料的酸碱度正适合黑木耳生长发育的要求。

上述各种条件彼此并非孤立，它们是相互影响，综合地对黑木耳生长发育起作用。因此，人们在栽培黑木耳的过程中，应根据其习性进行综合性的科学管理，以便获得木耳的高产和稳产。

专题二　露地摆袋栽培

一、生产流程

准备工作：菇棚准备、制定生产计划，了解原材料的市场价格、产品信息，成本核算，确定投入资金、栽培时间、数量，备种备料。

培养料配制 → 装袋 → 灭菌 → 接种 → 发菌 → 出耳 → 采收 → 后期管理

二、栽培任务

本栽培任务结合教学环节进行。10 000袋露地摆放，预计6月中旬采耳。

三、栽培过程

我国黑木耳栽培方式有两种，一种是段木栽培，另一种是代料栽培。由于加强林业建设、保护生态环境，所以目前木耳以代料栽培为主。代料栽培又有塑料袋栽和瓶栽两种方式。塑料袋栽培在生产上广泛应用，下面介绍其栽培技术。

1. 菌种的制备

相对于平菇、香菇、银耳等食用菌而言，黑木耳的栽培较为困难。黑木耳代料栽培的最大问题是杂菌污染。据调查，大规模生产，杂菌污染率平均为36.6%，严重的成批报废，造成较大的经济损失。有效减少杂菌污染、增加黑木耳栽培经济效益的措施，除了精心管理以外，选用适于本地区栽培、菌丝生长速度快、抗杂能力强、菌龄合适、纯正无污染的菌种非常重要，在黑木耳栽培时应引起足够重视。

黑木耳菌种生产周期一般为100d。其中母种（一级菌种）生产约需15d，原种（二级菌种）约需40d，栽培种约需40d。菇农可根据自身条件确定菌种生产时间和生产量，以如期进行栽培。

2. 确定栽培季节

黑木耳的栽培季节应根据菌丝生长和子实体发育所需的环境条件，进行合理的安排。袋栽黑木耳可安排在春、秋两季生产。春季栽培，2~3月制袋接种，4~6月出耳。由于春季气温较低，所以污染率较低，只是菌袋需要加温培养。春季南方常有春雨，十分有利于出耳管理。秋季栽培，8~9月制袋接种，9~11月出耳。由于制种和菌袋发菌赶在夏季，虽然菌丝不需要加温培养，但污染率较高；室温超过30℃，还应注意降温。综上所述，黑木耳代料栽培以春季栽培更为合适。袋栽黑木耳先要培育菌袋，需40~50d，然后转入出耳，生长期为50~60d。

3. 培养料的选择

用不同培养料生产，黑木耳的长势、产量和质量会有差别。用棉籽壳培养料生产的黑木耳长势好，产量也高，但胶质较粗硬；用木屑培养料生产的黑木耳耳片舒展，胶质柔和，产量也较高；用稻草和麦秸培养料生产的黑木耳胶质也比较柔软。黑木耳为木腐菌，代料生产时在各种培养基中加入 15% ~ 30% 的锯木屑，对提高黑木耳生产的产量和质量有利。多种农作物秸秆原料混合使用，一般比单一使用效果要好。

本栽培确定培养基配方为：木屑为 45%，棉籽壳为 45%，麸皮为 7%，蔗糖为 1%，石膏粉为 1%，尿素为 0.5%，以及过磷酸钙为 0.5%。

4. 培养料的处理

木屑可选用阔叶树杂木屑，硬杂木屑好于软杂木屑，利用软杂木屑时必须经发酵晒干后使用，要求木屑无霉变，陈的比新的好，经过堆制呈红褐色的木屑效果更好。木屑使用前最好过筛，或拣去大木柴棒，以免装袋时刺破料袋。由于木屑吸水较慢，拌料时可以提前将木屑拌水吸湿，至木屑吸透水无白心。麸皮和米糠要求新鲜、无结块、无霉变。棉籽壳要求新鲜、无霉烂，使用前（特别是陈年棉籽壳）一定要暴晒。玉米芯使用前要晒 1 ~ 2d，再粉碎成黄豆大小。配料前，干燥的玉米芯要加水预湿（一般每 100kg 玉米芯加水 150 ~ 180kg）。稻草应截成 2 ~ 3cm 长的小段，浸水 5 ~ 6h。麦秸要新鲜，未经雨淋和无霉烂变质，粉碎成木屑状的碎片。新鲜原料要及时晒干，妥善贮藏备用。

5. 拌料

可采用人工拌料或机械拌料。人工拌料时，先按配方的比例称好主料与辅料，选择水泥地面拌料为好。拌料时，把主料堆成小山状，麸皮、石膏粉由堆尖撒下，混合均匀，再把蔗糖溶于水后泼入料中，反复搅拌，力求均匀。机械拌料时，先将主料倒入机仓，辅料拌匀后撒在主料表面，干拌 2 ~ 3min 后，按比例加水，加水量可用水表来定量，加水后再拌 3 ~ 5min 即可。

培养料配制时要掌握 3 个关键技术：一是拌料力求均匀，将可溶料溶于水中与不溶料拌匀；二是严格控制含水量，标准含水量以 55% ~ 60% 为宜，即用手用力握料，指缝间有水渗出而不成滴，伸开手指，料成团；三是注意杜绝污染源，要选择优质、干燥、无霉变原料，拌料选晴天，拌料后及时装袋。

6. 装袋

高压蒸汽灭菌选用聚丙烯塑料袋；常压蒸汽灭菌选用聚乙烯塑料袋，一般选用 17cm × 33cm × 0.045cm 的折角袋较为适合。装袋方法有手工装袋和机械装袋两种。装袋时要保证松紧适度，若培养料装得太松，保水性差，培养过程中菌袋易变形；太紧则透气性差，菌丝不易蔓延下伸。装料装至袋的 2/3 时，将料面压平，擦净袋口，用塑料绳扎好袋口或套口圈塞棉塞。每袋可装湿料 1.0 ~ 1.1kg。装袋后特别注意对料袋要轻拿轻放，应放在铺有麻袋或薄膜的地方，防止沙粒或杂物将袋刺破，引起污染。若有条件，最好用周转筐，装好一袋放入筐内一袋（注意从四周向中间装）。料袋放入筐中灭菌，既避免了料袋间积压变形，又利于灭菌彻底。

7. 灭菌

灭菌常采用常压蒸汽灭菌，也可采用高压蒸汽灭菌。高压蒸汽灭菌时，控制蒸汽压力 0.11 ~ 0.14MPa，维持 1.5 ~ 2.0h。下面介绍常压蒸汽灭菌的关键技术：常压蒸汽灭菌的工具是各式各样的常压灭菌锅，料袋装入灭菌锅内后用旺火猛烧，要求在 3～4h 内将锅烧开，并保持中间料温 100℃，维持 8～12h 灭菌才彻底。生产中一些栽培户往往在灭菌上麻痹大意，造成灭菌不彻底，使杂菌污染严重，导致栽培失败。因此，常压灭菌必须注意如下四点：①料袋装锅后必须大火猛攻，快速开锅；②防止中途降温，菌灭过程中不得停火，锅内一直保持 100℃；③防止烧干锅，在灭菌之前，锅内要加足水，料袋装锅后，锅要盖严；④防止锅内存在灭菌死角，锅内袋摆放与锅四周留有间隙，锅底着火部位要均匀。

8. 接种

灭菌后料袋要及时搬进冷却室或接种室，待袋温降到 28℃ 开始接种。春季栽培黑木耳，由于外界气温低，料温降至 30℃ 左右时要"抢温"接种。生产量较小时可在接种箱内接种。接种箱用甲醛（10ml/m³）和高锰酸钾（5g/m³）混合熏蒸消毒，1h 后开始接种，也可采用气雾消毒剂熏蒸消毒。最好是两种方法交叉使用。生产量较大的，接种可在接种室内进行。料袋冷却后，对接种室进行熏蒸消毒 2～3h 后开始接种。秋季栽培的，要选择凉爽的清晨或夜晚进行接种。

接种前，接种人员要用肥皂水洗手，并用 75% 的酒精棉球对手、接种工具和物品表面进行消毒；点燃酒精灯，对接种工具进行火焰灼烧灭菌；去掉菌种瓶包扎物和棉塞，灼烧瓶口，用接种工具扒去上层的老化菌种。接种一定要严格无菌操作。接种量要大，一般每瓶栽培种接 10～15 袋。

9. 发菌

接种后的菌袋应及时移入发菌室，堆放或立置在培养架上，进行发菌管理。

（1）灵活调节温度 接种 1～5d 后，应控制室温 28℃ 左右。春季栽培时，要人工增温；秋季栽培时，应通风降温，防止"烧菌"。菌丝占领料面后，可适当降温，保持室温 25～26℃。

（2）加强通风换气 气温高时，选择早、晚通风；气温低时中午通风。袋温高时多通风。

（3）注意防湿控光 控制发菌室空气相对湿度 70% 以下。应避光培养。如果光线过强，菌丝生长速度会减缓，发菌后期菌袋会提前出现耳基，使菌丝老化，影响产量。

（4）空间定期消毒 发菌期每隔 7～10d 要进行空间消毒。可往发菌室内喷洒0.2% 多菌灵或 0.1% 甲醛溶液，以降低杂菌密度。

（5）及时翻堆检查，处理杂菌 发菌期间要进行 3～4 次翻堆。第一次翻堆在接种后 5～7d 进行，以后每隔 10d 翻堆一次。翻堆时做到上下、里外菌袋调换位置，使发菌均匀。翻堆时要认真检查菌袋杂菌污染，并及时处理。对微孔污染的用 75% 酒精和36% 甲醛按 2∶1 比例混合成的药液进行密闭注射处理。对两端或接种穴污染的菌袋应及时挑出，重新灭菌后再接种。菌种不萌发但未补污染的，可重新接种。严重污染的菌袋，要重新灭菌后再接种，防止杂菌扩散。

10. 出耳管理

（1）露地摆袋出耳是黑木耳代料栽培的又一种主要方式 黑木耳摆袋出耳可以在大田内进行，不需搭建出耳棚，出耳管理简单。黑木耳耳片可以均匀受光，产量高，耳质好。当菌袋长满菌丝后，即从培养室搬到露地人工修建的耳床上，直立摆放，划穴出耳。

这项技术在我国北方采用较多。它与黑木耳棚架吊袋栽培有许多相似之处，如栽培季节、培养料选择、培养料处理、拌料、装袋灭菌、冷却接种、发菌管理、采收加工、后期管理等内容，有差异之处主要表现在以下几个方面。

①耳床选择与整理：选择空气流通、环境清洁、光照条件好、离水源近的地方做耳床。耳床有高床和低床。高床的优点是易通风、便于管理、抗涝能力强，规格为 10m×1m×0.1m，床高为 12～15cm，耳床四周开挖排水沟，沟宽 40cm，深 20cm；低床的优点是保温、保湿性能好，规格为 10m×1m×0.25m，床间作业道 50cm。

耳床做好后，将床面土打细压平压实，缓浇重水一次，使耳床吸足水分，水渗下后，用 500 倍液 50% 甲基托布津溶液喷洒消毒。

②扎袋开穴：把即将发到底的菌袋或刚长满的菌袋移至耳床，用细纤维绳将口圈下部扎紧，去掉口圈和棉塞，将袋口窝回扎死，然后用消过毒的刀片划 V 字形口，深 0.5cm 左右，角斜线长 1.5～2.5cm，夹角 45°～60°，每袋划 8～12 个口，交错排列。口的深浅至关重要，过浅子实体小，长得慢；过深子实体形成晚，且耳根粗。划口时应注意：没有木耳菌丝部位不划，袋料暂定超重处不划，菌丝细弱处不划，原基过多处不划，雨天、大风天不划。

③摆袋催耳：划口后的菌袋要立即摆放在耳床上，袋间隔 10cm 左右，袋间呈品字形码放。然后盖上草帘，气温低时草帘外可加一层塑料薄膜，但要注意通风。

（2）出耳管理

①合理控制温度：黑木耳出耳期最适温度为 20～24℃，耳场温度不可高于 30℃。应根据气温调整耳棚荫蔽度。温度高时，遮盖物应厚些；温度低时，遮盖物应薄些。

②适当增加湿度：从耳基形成到长成小耳片约需 7d，此阶段每天往地面、空间、棚体上喷雾 1～2 次，保持耳片湿润不积水，维持耳场空气相对湿度不低于 85%。从小耳片长大到成熟约需 10d，此阶段每天向地面、空间、棚体、菌袋上喷雾 3～4 次，保持耳场空气相对湿度不低于 90%。喷水结合通风，使耳片保持干干湿湿的状态，利于提高黑木耳质量。

③加强通风：通风要与喷水、温度调节等有机结合起来进行。喷水前通风，喷水后 1h 停止通风；高温季节早晚通风，低温季节只在中午或下午通风；喷水后若耳片较湿，颜色较深，增加通风时间；阴雨天气一直保持通风，刮风、干燥天气微通风。耳场内要保持空气清新、流畅。

④适当增加光照：耳场要有大量的散射光，并有一定的直射光，保持七阳三阴，这样耳片色黑、肉厚，质量较好；如光线过弱，耳片色淡、肉薄，质量较差。

⑤适时消毒杀虫：春季气温较高时，耳场内地面、棚体及耳场周围每隔 7～10d 要全面喷洒消毒和杀虫药液一次。注意药液不要喷到耳片上。

11. 采收

当耳片展开，耳片边缘变薄，耳根收缩，色泽转淡，或大部分子实体腹面产生白色孢子粉时应立即采收。采收前 1～2d 应停止水分管理。采收时，用手指捏住耳蒂，旋转摘下。用小刀将耳蒂上的培养料削净。采收下的黑木耳应晒干或烘干后长期保存。

12. 后期管理

采收后，耳场内及其周围要全面喷洒消毒和杀虫药液一次，清理菌袋表面的耳基、耳蒂和小耳，停水 3 ~4d，减少光照，使菌丝恢复生长。喷重水或用补水器补水一次，增加光照和空气相对湿度，大约 10d 后会出第二茬耳。第二茬耳的管理方法同第一茬耳。正常情况下，黑木耳可出 2 ~3 茬耳。

专题三　其他袋栽方法

一、代料栽培法特点

黑木耳代料栽培法与传统栽培方式相比，代料栽培黑木耳具有如下特点。

①原料来源丰富和广泛　不受地域限制。

②培养条件可人为控制　便于集中管理和实现机械化，工厂化生产。

③生产周期短　一般只有 3 ~ 4 个月，可实现一年多季生产。

④生物学转化率高　一般可达 100% ~150%，这高于传统的木段生产。

二、袋栽培黑木耳的方式

代料栽培黑木耳有多种方法，主要是以塑料袋为栽培容器。归纳起来主要有：塑料袋栽培吊袋栽培、地摆栽培、全光栽培、林下栽培等方式。

三、袋栽黑木耳工艺流程

袋栽黑木耳生产工艺流程归纳为：

原料配制 → 装袋 → 灭菌 → 接菌 → 养菌 → 开口催耳 → 出耳管理 → 采收加工

↑ 一级种 → 二级种

四、袋栽黑木耳技术

1. 优良菌种选择

优良菌种的含义有二个方面，一是菌株本身特性要优良，并适于装袋方式适于木段栽培的菌株，不一定适于袋栽，在一个地区表现好的菌株，在另一地区不一定表现好，因此选择使用适合于地区气候特点和适合于装袋的菌株，对于搞好装袋栽黑木耳非常重要。二是菌种质量要好，袋栽黑木耳无论是使用二级菌种还是三级菌种，都要求菌种生长强壮，生长势强，无污染，无老化菌龄适宜。实践证明，目前有许多袋栽适合于黑木耳。

2. 培养料配制

能用于栽培黑木耳的材料非常广泛，几乎所有天然有机物都可用来栽培黑木耳，不同原料，化学成分不同，物理状态也不同，栽培黑木耳的效果也往往不同。任何一种天然材料在化学和物理性状上都和难达到黑木耳生长和出耳要求最佳状态。因此，根据黑木耳营养生长和生殖生长的生理特点合理调配材料，才能获得较好的效果。

在我国北方地区适合于栽培黑木耳的材料很多，主要有棉子壳、锯木屑、玉米芯、豆秸粉及稻草粉等。

3. 装袋

选 17cm×16.5cm、3.4~3.8g 的聚乙稀折封口袋，用手工或机械装袋均可。配制好的培养基要立即装袋，略实些。料装到料高的 3/4 处，一般每袋装料（干料）350g，湿料重约 900~1 000g。表面压平，手工装袋用 2cm 直径木棍垂直打一中心洞，以便直观一点接菌，促使菌龄一致。认真清理袋口黏着物，然后封口。机械装袋则一次完成。

封口多用套颈圈法（市售成品或用打包袋粘合，直径 2~3cm），加棉塞或无棉盖体，也可以用皮筋扎口，要均匀一致，松紧适当。

4. 灭菌

袋封好口后直接装入专用周转筐内，可以采用高压灭菌或常压灭菌，若无专用周转筐，用锅帘亦可。目的是袋之间不要挤压不要防碍水蒸气穿透，要达到无灭菌死角。常压灭菌锅温度达 100℃ 时计时，一直维持 8h 停火后再焖 3~5h，或焖一夜为好。高压灭菌时要求在 $1.5kg/cm^2$ 压力以下，维持 1.5h。待袋取出后，料温降到 30℃ 方可接菌。

5. 接种

接种可在无菌室或无菌箱内操作。使用以前先用甲醛及高猛酸钾熏蒸，12~24h 为好。然后用紫外线灯杀菌 30min 才可接种。接种可采用酒精灯火焰接菌、蒸汽接菌、干热风接菌器、负离子净化接菌器、超净工作台接菌，各取方便。每种方法多要严格按照无菌操作程序操作。每瓶二级菌种，可接菌袋 40~50 袋。接种前勿忘严格检查菌中质量。接种工具可用接菌勺或自制的接菌枪。

6. 培养

这一步也叫养菌，接入菌种后的料袋也叫菌袋，菌袋培育期需 50~60d，这期间的管理内容如下。

培养室消毒及放菌袋。培养室消毒前先安置好床架，可搭 4~7 层，视规模大小而定，层距不小于 30cm。床面可取任何材料（包括玉米秆）但表面一定平整、光滑，避免刺破袋底部。灭菌方式与接种室消毒要求相同。排放菌袋时，不要用手提袋口，防止进入空气，造成污染。袋与袋之间不要挤压，造成变形。

①控制室温：接菌后 1~15d 为萌发期，前 5d 室温以 26~28℃ 为宜，促进菌丝吃料，定殖，造成生长优势。形成表面菌层，减少杂菌入侵。6~15d 室温调节在 25~26℃。培养 15d 之后，菌袋中菌丝以长入料内 3cm 以上，此时菌丝生长旺盛，呈分枝状，室温可降到 23~24℃，促进菌丝健壮。

②湿度：菌丝培养室的温度对菌袋湿度能起到微调作用，室内相对湿度维持60%~70% 为好。

③光照与通风：室内在菌丝生长阶段一定要防光，窗门用草帘或布遮挡。室内安有钨灯在工作需要时用于照明。木耳是好气菌，发菌过程要求空气清新，根据实际室内空气情况，可以开小窗通风 20min 左右即行。

经常检查菌袋情况，从培养第五天开始，每隔 3d 要检查一遍菌袋，随时移走污染的菌袋。如有少量霉菌，可以将袋中污染料挖出，加上新料重灭菌、接菌，如污染严重则必须隔离，不可挽救。

7. 催耳

（1）适时开口　菌丝发满菌袋后当室外气温以达15℃，即可开口催耳．开洞前，去掉菌袋的颈圈和棉塞，将塑料袋口内折（向一侧）后再卷到一起，再用0.2%高锰酸钾擦洗袋面，待药干后用刀片打洞，刀片一定要消毒，洞穴以V字形为好，V形每边长2～3cm。划口深度一般为2～3mm。穴口数以10～12为宜，品字形排列，袋底划2个"X"形口出耳时可将菌袋倒置。

小口出耳可以提高商品性，用木板、铁条等固定5～6枚直径4～5mm、高5～7mm的铁柱，表面要平，间距为30mm。每袋排口为50～60个。这种方式出耳耳根小，有利于保水和提高品质。

（2）催耳　催耳最佳时期：4月20日至5月15日，催耳必须在有一定湿度（80～90%）的房间、荫棚、大棚、温室、野外、畦子上进行。

①荫棚催耳：搭荫棚：棚高2m，宽4～6m，长度不限，选用结实的小杆做柱子。先在四周埋好立柱，埋深50cm以上，中间应根据荫棚的长宽和横木的长度适当增设立柱，棚顶的经纬木需用铁丝捆紧，棚顶及四周用草帘、草、秸秆等铺盖，达到保温保湿、防止禽畜进入的目的。一般一个30m²的荫棚一次可催耳6 000～7 000袋。

催耳是棚内温度在14℃以上，24℃以下，最好有10℃左右温差刺激，温差越大越利于出耳。空气湿度75%以上，最高不超过90%。若湿度不够可向袋表面喷雾化水，喷的水要洁净，使袋表面湿润即可。注意通风换气，特别是气温较高时要加大通风量，以防杂菌滋生。温度较低时可覆膜增温，覆膜后要注意通风和降低湿度。一般经过10～15d的保湿和温差刺激，每个菌袋的开穴处即可整齐地形成耳基，耳基形成后可选出催耳棚，摆放到出耳场地进行出耳阶段的管理。

②阳畦催耳：根据地势做畦，地势低易积水做高畦，地势高可做低畦，畦宽1m，长度不限。畦做好后先撒生石灰等消毒，然后把划好口的菌袋倒立摆放，间距2～3cm。菌袋上覆盖一层地膜，地膜上在盖一层草帘或遮阳网。白天温度高时可向草帘上喷水降温或掀膜通气。夜间揭开地膜和草帘拉大昼夜温差，同时保持空气相对湿度75%～90%，如湿度不够，向袋表面喷雾化水，或把地面喷湿。可全开形成后可进行出耳管理。

8. 出耳管理

（1）全光栽培　全光栽培就是指菌袋（已形成耳基的）在露天条件下，不需任何遮阳条件、全光照射栽培出耳。

先选择好场地（场地要求平整无陡坡、无低洼、裸露地即可），场地平整按水流方向摆放菌袋，每行12个约宽为1.5cm长度适当，两边留出道，道宽约为80cm，做到作业方便，管理容易省工省时即可。摆出的菌袋要晒1～2d后在浇水，雨天可不浇，晴天可早晚各浇水一次。早晨少浇，晚间多浇。这样的条件可使晚间长耳，白天养菌。待耳片长至3～4cm时可停水2d，让菌丝充分恢复后，再按上述方法喷水管理。直到采收。

（2）阳畦栽培　催耳后的菌袋，重新整齐地摆放在阳畦上，菌袋间隔7～15cm。上盖草帘，草帘透光度约30%。保持草帘下空气相对温度80%～90%经常向草帘上喷水，以增加草帘下湿度，晴天每天喷水三次，每次约 20 ~ 30min，阴天可适当喷水，雨天可不喷水。一般经过 15 ~ 20d 即可采收。

（3）吊袋栽培 在阴棚内或大棚内把袋子吊起来，进行立体栽培，管理方法基本同上。优点是管理中省工，缺点是上下层温度不匀，易造成减产。吊在阴棚下时，由于缺光，耳片略浅。

（4）树荫下栽培 管理方法基本同阳畦栽培。

（5）棚内吊袋出耳 在人工搭建的耳棚内，把长满菌丝的菌袋吊在棚内，经过对环境条件的综合调节，是生产黑木耳的一种方法。

①搭建耳棚：耳棚建在近水源、通风良好、光线充足和远离污染源的空闲地或林地。耳棚立柱用高 2.5 ~ 2.8m 的水泥柱或木桩，下埋 40 ~ 50cm，间距 2m 左右。顶棚用 8 ~ 10cm 的 8 号铁丝线或木棍搭成。棚顶用遮阳网或树枝遮阳，创造"七阳三阴"的环境。棚四周用草帘挡风。

②划口开穴：菌袋菌丝已发满，部分菌袋已有少量耳基出现时，要及时划口开穴。先用 5% 石灰水或克霉灵粉剂 300 ~ 500 倍液对菌袋进行表面消毒处理。消毒液晾干后再开穴。用锋利的消毒刀片在菌袋四周开 V 字形出耳穴，深 0.5cm 左右，角斜线长 1.5 ~ 2.5cm，夹角 45° ~ 60°，每袋划 8 ~ 12 个口，交错排列。

③诱导耳基：开穴后将菌袋堆积排放。控制温度 20 ~ 24℃，空气相对湿度 80% ~ 85%，增加光照，适当通风。这样管理 5 ~ 7d 后，耳基在穴口大量形成。

④吊袋：耳基形成后应尽快进行吊袋。将袋系在一根尼龙绳上挂在耳棚顶木杆上，或用 S 形吊钩吊挂，袋间距 10 ~ 15cm，每根绳系 8 ~ 10 袋，整串串挂，最下部菌袋距地表 20cm，上下层耳袋位置要相互错开，吊袋群间应留有 1m 宽的管理通道。吊袋结束后应马上往地面喷水，保持棚内空气相对湿度 90% 左右，防止耳基干缩。

9. 采收加工

耳片充分展开，边缘内卷，也叫耳片收边时，应及时采收。采收应在晴天进行，耳片采收要去掉耳根并将朵形撕成单片状，用水洗净，放在带眼的帘上晒干或烘干。晒干或烘干的黑木耳水分含量应低于 11%，应盛装于双层大塑料袋中，避光保存以备出售。

复习思考题

1. 试述黑木耳袋栽生产工艺流程。

2. 在黑木耳栽培中，如何有效避免杂菌污染？

3. 试述黑木耳棚架吊袋出耳及露地摆袋出耳的栽培管理要点。

第六节　杏鲍菇栽培

专题一　基础知识

一、概述

杏鲍菇［*Pleurotus eryngii*（DC. ex Fr）Quél］又名刺芹刺耳、雪茸，英文名：Boletus of the Steppes，King Oyster Mushroom，The King Oyster，日文名：エリンギイ。其隶属于真菌门，担子菌亚门，真担子菌纲，伞菌目，侧耳科，侧耳属。它是白灵菇的近缘种。

杏鲍菇菌肉肥厚，菌柄组织细密结实，菌盖和菌柄一样质地脆嫩，味道鲜美，具有愉快的杏仁香味，素有"平菇王"、"草原上的美味牛肝菌"美称。杏鲍菇营养丰富、均衡，含有大量的蛋白质，含量高达40%，含有18种氨基酸，其中人体必需的8种氨基酸齐全，占氨基酸总量的42%，还含有多糖活性物质和多种维生素、矿质元素等，可与肉类、蛋类食品相媲美。

中医学认为，杏鲍菇有益气、杀虫和美容的作用，可促进人体对脂类物质的消化吸收和胆固醇的溶解，对肿瘤也有一定的预防和抵制作用，经常食用具有明显的降血压作用，对胃溃疡、肝炎、心血管病、糖尿病有一定的预防和治疗作用，并能提高人体免疫能力，是老年人、心血管疾病及肥胖症患者理想的营养保健食品。

杏鲍菇人工栽培历史如表4-18所示。

表4-18　杏鲍菇栽培历史

栽培时期	栽培状况
1956年	法国人Cailleux首先对杏鲍菇子实体的形成条件提出研究报告
1958年	Kalmar在年第一次进行了杏鲍菇的驯化栽培试验
1970年	Henda在印度北部克什米尔高山上发现野生杏鲍菇，并首次在段木上进行了栽培
1977年	Ferri首次成功地进行了商业性栽培
1993年	中国从开始进行杏鲍菇生物学特性、菌种选育和栽培技术的研究，并获得成功

现在河北省、山东省、广东省、福建省、浙江省、湖南省、河南省、山西省等地开始了较大面积的商业栽培，栽培模式也由自然季节性栽培进入了工厂化栽培。2009年，我国杏鲍菇鲜菇总产量为32.23万t，2011年已高达52.3万t。

二、主要生物学特性

1. 形态特性

依据品种可分为棒状和保龄球形两种。

（1）孢子　孢子近纺锤形，大小（9.6～12.5）μm×（5.0～6.3）μm，表面光滑，

无色。孢子印白色至浅黄色；

（2）菌丝体 菌丝白色，浓密、粗壮，生长快，有锁状联合，具有很强的爬壁现象，在适宜的条件下可使试管斜面培养基的色泽变为淡黄色，有时会出现子实体扭结的现象。

（3）子实体 子实体单生或群生，菌盖直径 2～12cm，初期盖缘内卷呈半球形，成熟后菌盖展平但边缘不上翘，菌盖表面有丝状光泽，平滑，细纤维状。菌肉白色，具杏仁味。菌褶延生、密集、乳白色，见光易变黄。菌柄稍偏生或侧生，柄长 2～15cm，直径 0.5～3cm，光滑，中实，乳白色，肉质纤维状。可根据市场需求培育不同形状和大小的产品（图 4-11）。

图 4-11 杏鲍菇

2. 生活条件

杏鲍菇大多着生于枯死的刺芹、阿魏等植物根部及四周土层中，具有一定的寄生性。广泛分布于德国、意大利、法国、印度、巴基斯坦及中国等国家。在中国主要分布在新疆、四川北部、青海等地。

（1）营养 杏鲍菇是一种木腐菌，具有较强的分解木质素和纤维素的能力。栽培时需要丰富的碳源和氮源，特别是氮源丰富时，菌丝生长旺盛粗壮，生长速度快，产量高。

①碳源：杏鲍菇的栽培原料较丰富，大部分农副产品均可利用，以木屑、棉籽壳、玉米芯、蔗渣、豆秆等农作物秸秆为主、辅助以葡萄糖和蔗糖。在目前生产中以前三种原料使用较多，不论哪种原料必须新鲜无霉变。

②氮源：杏鲍菇是一种喜欢氮素的菇类，含有较丰富的氮源比例，有利于提高产量。生产中以麸皮、玉米芯、米糠和棉籽饼为主，辅以蛋白胨、酵母粉。在秋冬季栽培

可适量加大氮源含量，增加分化。在添加氮源时，原料一定要新鲜，因为陈米糠或麸皮含有亚油酸，能抑制菌丝生长。

③矿质元素：杏鲍菇在生长过程中，不仅需要碳源和氮源，还需要石灰质、Ca、P、K等微量元素。适当加入石膏、石灰、磷酸二氢钾、磷酸氢二钾等物质可促进菌丝生长，提高菇产品质量。

生产上常用的配方有：

①棉籽壳40%，木屑35%，麸皮18%，玉米粉5%，碳酸钙1%，糖1%。

②棉籽壳52%，木屑25%，麸皮18%，复合肥2.5%，磷酸二氢钾0.5%，糖1%，石膏1%。

③玉米芯40%，木屑35%，麸皮18%，玉米粉5%，碳酸钙1%，糖1%。

④杂木屑56%，棉籽壳30%，麸皮12%，蔗糖1%，碳酸钙1%。

（2）温度 杏鲍菇属于低温菌类，尤其是子实体生长的温度范围较窄。因此，在生长上选择北方适宜的出菇季节和品种是栽培成功关键之一。

杏鲍菇菌丝生长的温度为8~30℃，最适生长温度为20~25℃。超过30℃或低于8℃菌丝生长缓慢，易污染，超过35℃菌丝停止生长，造成死亡。发菌期的温度掌握在15~27℃，同时，发菌中期，袋内温度比室温要高2~4℃，在管理时以袋内温度为准进行。

杏鲍菇属低温结实菌类，温度是子实体形成和生长发育的重要条件。原基形成的温度为8~20℃，最适温度为12~15℃。子实体生长发育的温度为10~20℃。子实体形成期，温度低，菇生长慢，粗大，但失水多，易结球；温度高于18℃时，子实体生长快，细长，菇体组织松软，品质差。在子实体生长过程中，因其属恒温结实的菇类，在原基形成期给一定温差外，生长期尽量给予恒温管理。

（3）湿度 杏鲍菇比较耐旱，水分的多少决定着产量的高低。同时，杏鲍菇在出菇阶段不宜往菇体上喷水，因此，菌袋的含水量多少对产量有直接影响。在菌丝生长阶段，培养料含水量在60%~65%为宜。在低温季节制袋可提高含水量到70%左右，空气相对湿度在60%左右。

出菇阶段，原基形成期间，适宜的空气相对湿度为90%~95%；子实体生长发育阶段，适宜空气相对湿度为80%~90%；在采收前，将空气相对湿度控制在75%~80%。

（4）光线 杏鲍菇在不同阶段对光线需求不同。菌丝生长阶段不需要光，光线较强不利发菌；在原基形成期，需有一定的散射光刺激，以棚内看清报纸为宜，即800~1 000lx。

（5）空气 杏鲍菇是好气性真菌，但较其他菇类都较耐二氧化碳。在发菌期间，一定量的二氧化碳有利于菌丝生长速度加快。在原基形成期，氧气充足情况下才能正常形成。后期管理，根据出菇形状及品种进行调节通气。棒状的需要通风量大，而保龄球形的需要通风量小。

（6）酸碱度 杏鲍菇菌丝生长的pH值为4~8，最适pH值为6.5~7.5，出菇阶段pH值为5.5~6.5。在生产过程中，把培养料的pH值调到9~11为宜，因为杏鲍菇属熟料栽培。在灭菌过程中，pH 值要降 1~2。在菌丝生长过程中，菌丝会产生代谢出有机酸，降低培养基的 pH 值。

专题二 熟料袋栽

一、生产流程

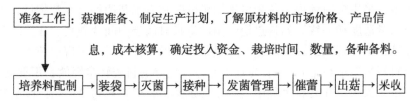

准备工作：菇棚准备、制定生产计划，了解原材料的市场价格、产品信息，成本核算，确定投入资金、栽培时间、数量，备种备料。

培养料配制→装袋→灭菌→接种→发菌管理→催蕾→出菇→采收

二、栽培任务

本栽培任务结合教学环节进行。400m² 日光温室棉籽壳熟料栽培 5 000 袋，预计 4 月上旬出菇。

三、栽培过程

1. 栽培季节的选择

根据杏鲍菇子实体的生长适宜温度，应因时、因地、因品种选择适宜的栽培期。一般应在当地气温降至 18℃ 以下时，提前 50d 制栽培袋为宜。北方地区可在南方地区秋末冬初制袋，晚冬季节出菇。北方地区栽培杏鲍菇根据气候特点可按秋冬季和冬春季两茬进行栽培，栽植户可根据当地气候选择适宜的栽培时间。8 月下旬至 9 月底制袋，11~12 月出菇；河北省的南部在 10 月至翌年 4 月出菇，北部地区可在 8 月至翌年 6 月出菇。一般以当地气温稳定 10~20℃ 之间时出菇是最适宜季节。

2. 培养料配制

杏鲍菇的栽培原料非常广泛，棉籽壳、玉米芯、木屑、稻草、麦草等均可利用。应当根据当地资源情况就地取材，变废为宝。

确定配方为：

棉籽壳 40%，木屑 35%，麸皮 18%，玉米粉 5%，碳酸钙 1%，糖 1%。

栽培任务所需培养料如表 4-19 所示。

表 4-19 培养料

棉籽壳（kg）	木屑（kg）	麸皮（kg）	玉米粉（kg）	碳酸钙（kg）	糖（kg）
2 000	1 750	900	250	50	50

选择当地有的原、辅材料配方，按照配方称好原材料，充分搅拌后加水调节含水量。在拌料时，按 1：（1.2~1.3）加水后，使料的含水量达到 60%~65% 左右。可视装袋时期适当进行调整，如果温度高时，水量可小些，防止污染；如果温度低时发菌，含水量可达到 70%。由于杏鲍菇在出菇时，不能往菇体上喷水，培养料内的含水量大

小直接影响到产量的高低，因此，拌料内的含水量一定要注意，拌好水的料，堆焖 5 ～ 6h 后开始装袋。

3. 装袋

杏鲍菇的栽培方式很多，不同的栽培方式使用的料袋不同。北方多采用架式出菇和泥墙式出菇，这两种出菇方式多采用 17cm×33cm×0.05cm 的高密度聚乙烯塑料袋，如采用高压灭菌，采用聚丙烯袋。装袋可采用机械装和人工装两种。在装袋过程中，一定使袋内原料松紧适度和一致。如料过松，菌丝生长时菌袋中间会断裂，在原基形成期袋身易形成原基，不便管理而影响产量。如过紧，菌丝生长缓慢，出现灭菌不彻底。一般用棉籽皮原料每袋湿重为 1 ～ 1.1kg 为宜。同时，装好的料袋轻拿轻放，不要碰破料袋，装好的料袋进行灭菌。在装料过程中，一定要迅速，一般不超过 2 ～ 3h，以防料袋内料变质。

4. 灭菌

把装好的袋进行灭菌，栽培户应用的多为常压灭菌法，而工厂多采用高压灭菌法。目前，常压灭菌法由于锅灶的不同装锅灭菌的方法也不同。其归类有两种，一种是土蒸锅炉，即在锅上垒蒸筒，在屉上放菌袋。另一种方法是用小型锅炉充气，把袋子码放到灭菌室或用塑料布盖的料堆。不论用哪种方法在袋子码放中料袋之间一定要有空隙，采用“井”字形码放。用锅炉充气的最好用铁架式或铁筐，以防灭菌时蒸气达不到。码好菌袋后，大火猛烧，在 4 ～ 6h 内料内达到 100℃ 开始计时。如果灭菌袋在 2 000 袋以内应保持 13 ～ 15h，如果在 2 000 袋以上应保持在 15 ～ 18h。达到时间后，停止加热，当料袋温度下降到 60℃ 时，再焖 12h 后出锅。出锅后，把其放入接种室内或干净的房屋冷却到 30℃ 以下时开始接种。如果用高压灭菌，在高压锅达到 0.5 个大气压时，排出冷空气或不关闭放气阀，当温度达到 100℃ 时，再关闭放气阀。当达到 1.5 个大气压时，开始计时，保持 2.5 ～ 3h 后，自然降压到零后，打开出锅。其他与常压锅相同。

5. 接种

接种的方式很多，有接种箱、接种室和接种账。在温度较高时，用接种箱效果较好，在温度低时，用接种室或接种帐效率较高。接种帐一般为长 3m、宽 2m、高 2m 的大塑料薄膜搭好的密闭空间。无论哪种方法，在接种前要对接种工具及接种场所进行消毒。第一次于两天前用甲醛 8 ～ 10ml/m² 加入 4 ～ 5g 高锰酸钾进行密闭消毒，然后在接种前 1 ～ 2h 用气雾消毒盒再消毒（使用量见消毒盒说明）。接种用具用 1‰ 高锰酸钾水进行消毒。把原种瓶进行消毒后，在酒精灯火焰上方把袋子打开，用镊子或勺子把菌种放入袋内，迅速扎口。然后放入发菌室进行培养。目前，也有用 17cm×55cm 的袋子进行打扎接种的，一般在袋子上打 3 ～ 4 个孔，用外套袋或胶带粘好。

6. 发菌管理

在发菌室内，呈“井”字形码放塑料袋，一般不超过 5 层，采用高—低—高的发菌管理方法，保持发菌温度在 20 ～ 26℃。由于中期袋内要比室温高 2 ～ 3℃，因此室温一定要低一些，以防烧菌。当两头菌丝长到袋的 1/4 时，两头可扎眼通气，以利菌丝生长，但扎眼不要过多，以防失水。在此间，空气温度在 70% 以下，培养 30 ～ 40d 即可长满菌袋。

7. 出菇管理

当菌丝长满菌袋后，再培养 8~10d 进行后熟，然后进行出菇管理。根据出菇方式的不同，采取不同的码放出菇。杏鲍菇主要有直立摆袋出菇、畦床覆土出菇、墙式出菇、层架式出菇等方式。

（1）直立摆袋出菇　菌袋形成菇蕾，疏蕾后将袋口拉直，一袋挨一袋摆在棚内撒有石灰的地面或床架上，宽 1~1.2m、长 15~18m 为宜。摆好后上盖无纺布或地膜，走道宽 60cm。走道最好铺一层粗沙，既可保湿，又不泥泞。

①开袋时间：一般当原基在袋内形成，并发育成 1~2cm。

②温度管理：幼菇期棚内温度应控制在 12~20℃。若温度低于 10℃，则子实体生长缓慢，甚至停止生长；连续 2~3d 温度超过 25℃，特别在高湿环境下，子实体则会变软、萎缩、腐烂。为了提高菇体质量，温度应控制在 18℃以下，使其缓慢生长，增加菇质密度，提高菇的品质。当温度超过 25℃，应通过通风、喷水、散堆等措施降温。

③湿度管理：湿度应掌握先高后低，即前期控制在 95% 左右，但绝对不能长期处于 95% 以上，尤其在气温高的情况下更不宜湿度过大，否则易导致菇体发黄，菇体腐烂。后期湿度宜控制在 85% 左右，这样有利于延长子实体的货架期。喷水可采用向空中喷雾及浇湿地面的方法，严禁向菇体喷水。喷水时，不喷"关门水"，打开门窗适当通风，以免菇盖表面积水。采菇前 1d 不喷水，防止菇盖虚泡，影响品质。

④通风管理：通风不良，CO_2 深度超过 0.1% 时，子实体难以发育，易形成树枝状畸形菇，若遇高温、高湿还会造成腐烂。

（2）畦床覆土出菇　畦床覆土栽培具有提高产量、减少病虫害、延长出菇期等优点。覆土栽培比不覆土栽培增产 20% 以上。

①建畦：畦床宽 1.2~1.5m，深 20cm 左右，以能直立摆放菌袋为宜，长度不限。畦床之间留出 30cm 宽的走道，以便浇水和采收。畦床底部平整好后撒一层生石灰。

②覆土：将菌袋的塑料袋全部脱掉，然后一袋挨一袋竖直摆放在畦床内，畦床摆满后进行覆土。覆土一般采用较肥沃的菜园土，也可采用畦床内的土壤加 10% 发酵秸秆粉、1% 过磷酸钙、2% 生石灰，在使用前 2~3d 消毒杀虫。覆土时将菌袋与菌袋之间的缝隙填实，菌袋上层覆土厚 2~3cm，或菌袋表层不覆土，只在菌袋间隙中覆土。

③覆土后管理：畦床覆土后，用水将畦床浇透。浇水后若个别地方覆土下凹，要用湿土补上。菇场空气相对湿度保持在 85% 左右，温度控制在 10~20℃。注意通风，保持菇场空气新鲜，同时给予一定的散射光，以促进菌丝尽快扭结形成原基。其余管理方法同直立摆袋出菇。

（3）墙式出菇　把菌袋堆积排放成墙式，排放菌袋时一层袋口朝左，相邻上下层袋口朝右，使墙式的两面都能间隔出菇（即菌袋一头出菇）。这样有利于通风换气，菇形好，与直立出菇法相比，具有利用空间大、管理方便、生产成本低、效益高等优点。在河北人们也常采用 17cm×（33~35）cm 的袋子，把菌袋堆积排放成墙式，菌袋两头出菇。

（4）层架式出菇

①码放：多采用半地下式菇棚，可建成温室型或两边用泥墙搭成的房屋型。层架多

为宽 15m、高 2 ~ 2.2m，层高 50cm，底层离地 20cm 的出菇架，架可用竹竿或水泥构件。

②催蕾：当菌袋码放好后，进行增湿、降温，使棚内的湿度达到 85% 以上，温差 10℃左右，但不要低于 8℃或高于 20℃，持续 5 ~ 10d 后，菌丝复壮。当有新菌丝出现形成大量的白色块状原基后，开始进入子实体生长管理。

③通气疏蕾：当菌丝复壮，有白色菌丝出现后，解口通气。此时，保持棚内空气 90% 以上。根据出菇方式和出菇时间不同，可采用两种方法，第一种是解去袋口绳，自行出菇；另一种是用刀片切成 3 ~ 5cm 直径的圆孔通气。一般 8 ~ 15d 原基出现，当原基出现后，适当加大通气量，以利菌盖的分化，增加空气湿度，保持 12 ~ 15℃的温度。当菇蕾长到 1cm 左右时，可用竹片或刀片进行疏蕾，即去掉生长点（伞盖），留菇形较好的 3 ~ 4 个即可。在留菇蕾时，一定要分清茬次，以利生长。

（5）菌墙出菇　把菌袋放入棚内增湿，把菌袋的 2/3 塑料袋去掉，留下 1/3。在棚内地上隔 60cm 码放菌袋，每个菌袋间隔 2cm，中间用泥土填实，每层回缩 2cm，两边码菌袋，中间用土填充，一般垛 5 ~ 6 层，上层有 5 ~ 10cm 间隙，中间用铁棒从上到下每隔 30cm 扎眼，菌墙完成后，用水把中间土润湿。当菌袋有原基出现后，进行解口管理。其他方法同层架出菇，但疏蕾一定要轻。

8. 采收

杏鲍菇从现蕾到采收一般需 15d 左右。当菌盖未向上翻卷，孢子尚未释放时采收。采收时一手按住子实体基部培养料，另一手握住子实体下部左右旋转轻轻摘下；也可用刀在紧贴料面处将子实体切下。采收时不能拉动其他幼菇和带起培养料。

复习思考题

1. 杏鲍菇生长发育需要哪些条件？
2. 怎样进行杏鲍菇的出菇管理？
3. 试比较杏鲍菇直立摆袋出菇、畦床覆土出菇、层架式出菇等的优缺点？

第七节　草菇栽培

专题一　基础知识

一、概述

草菇［*Volvariella volvacea*（Bull. ex Fr.）Sing.］，隶属于担子菌纲，伞菌目，光柄菌科，小包脚菇属（俗称草菇属）。又名兰花菇、美味草菇、美味包脚菇、中国蘑菇、贡菇、南华菇、稻草菇、杆菇、麻菇等。

草菇肉质肥嫩肉滑，味道鲜美（含有较多的鲜味物质—谷氨酸和各种糖类），口感极好。同时具较高的营养价值。据化学分析，鲜草菇含水量 92.38%，蛋白质含量为 2.66%，脂肪 2.24%，还原糖 1.66%，转化糖为 0.95%，灰分 0.91%。每 100g 鲜品含有维生素 C 206. 28mg。草菇的蛋白质含量较高，是一般蔬菜，如茄子、番茄、胡萝卜、大白菜含量的 2 ~ 4 倍。氨基酸种类齐全，含量丰富，必需氨基酸占氨基酸总量的 38. 2% 是世界上公认的"十分好的蛋白质来源"，并有"素中之荤"的美称。草菇中维生素 C 的含量比蔬菜和水果还要高几倍。草菇有一定的药用价值，能消食去热，增强身体健康。由于维生素 C 含量高，能增加机体对传染病的抵抗力，加速创伤的愈合，防止坏死病等。

草菇是属于热带和亚热带地区的一种草腐性食用菌，也是我国南方夏季栽培的主要食用菌种类。我国是草菇栽培的发祥地，距今已有 200 多年的历史。广东省韶关市南华寺的和尚从腐烂稻草堆上生长草菇这一自然现象得到启示，创造了栽培草菇的方法，故有"南华菇"之称。草菇的另一个原产地是湖南省浏阳地区，以往这一带盛产柠条，每年割麻后草菇就大量生长于遗弃的麻秆和麻皮堆上，故草菇又名"浏阳麻菇"。草菇栽培技术随后被华侨传到了马来西亚、缅甸、菲律宾、印度尼西亚、新加坡、泰国等地，近年来美国和欧洲也有栽培，因此，国外把草菇称为"中国蘑菇"。目前，在我国江苏省丹阳市已开始工厂化栽培草菇。

2000 年，我国草菇鲜菇总产量约为 11. 2 万 t，2011 年达到 30. 1 万 t。草菇生长在菇类缺乏的盛夏，对于调剂市场，满足人们对菇类的需求有独到的好处。草菇也是食用菌中生长周期最短的一种菌类，从播种到收获仅需两周多时间。栽培草菇主要用稻草、麦秸等纤维素含量较高的原料，我国是农业大国，纤维素原料极为丰富，且生产时无需特殊设备，栽培技术容易掌握，产值高，收益大，是农业中经济效益高、发展前途大的项目之一。

二、生物学特性

1. 形态特征

（1）孢子　孢子印粉红色。包子光滑，椭圆形，大小（6 ~ 8.5）μm ×（4 ~ 5.6）μm。

（2）菌丝体　菌丝纤细而长，爬壁力强，无锁状联合。菌丝体呈白色或淡黄色，透明，具有大量或少量的红褐色厚垣孢子（因品种而异），呈圆形或椭圆形。在显微镜下，菌丝呈分枝状，透明，有横隔。

（3）子实体　由菌盖、菌柄、菌褶、外膜、菌托等构成（图 4 – 12）。

图 4 – 12　草菇

（4）菌盖　着生在菌柄之上，张开前呈钟形，展开后呈伞形，最后呈碟状，直径 5 ~ 19cm；鼠灰色，中央色较深，四周渐浅，具有放射状暗色纤毛，有时具有凸起三角形鳞片。

（5）菌柄　中生，顶部和菌盖相接，基部与菌托相连，圆柱形，直径 0.8 ~ 1.5cm，长约 3 ~ 8cm，充分伸长时可达 8cm 以上。

（6）菌褶　位于菌盖腹面，由 280 ~ 450 个长短不一的片状菌褶相间地呈辐射状排列，与菌柄离生，每片菌褶由三层组织构成，最内层是菌髓，为松软斜生细胞，其间有相当大的胞隙；中间层是子实基层，菌丝细胞密集、面膨胀；外层是子实层，由菌丝尖端细胞形成狭长侧丝，或膨大而成棒形担子及隔胞。子实体未充分成熟时，菌褶白色，成熟过程中渐渐变为粉红色，最后呈深褐色。

（7）外膜　又称包被、脚包，顶部灰黑色或灰白色，往下渐淡，基部白色，未成熟子实体被包裹其间，随着子实体增大，外膜遗留在菌柄基部而成菌托。

（8）菌托　菌柄着生于菌盖下面的中央，与菌托相连。菌柄的长度随着菌盖的大小而变化。菌托位于菌柄底部，破口不规则，呈杯状，上部灰黑色，往下色渐浅，甚至接近白色。菌托属于外包被的残留物。

（9）担孢子　卵形，长 7 ~ 9μm，宽 5 ~ 6μm，最外层为外壁，内层为周壁，与担子梗相连处为孢脐，是担孢子萌芽时吸收水分的孔点。初期颜色透明淡黄色，最后为红褐色。一个直径 5 ~ 11cm 的菌伞可散落 5 亿 ~ 48 亿个孢子。

常见栽培品种简介：

目前，在生产上使用的草菇的品种很多。依个体大小，可分为大型种、中型种和小型种。草菇的优质品种应具备产量高、品质好（包被厚、韧，不易开伞，圆菇率高，味道好）、生命力强（对不良环境抵抗力强）等特性。目前，在我国生产中比较广泛使用的草菇菌株有 V_{23}、V_5、V_6、V_7、V_{849}、V_{91}、VP_{53}、GV_{34}、屏优 1 号等。

2. 生活条件

草菇夏秋季节多群生于甘蔗渣、稻草等含纤维素丰富的草堆上。草菇分布较广，主要分布于我国及日本、东南亚各国，以及非洲、大洋洲、美洲。在我国主要分布于广东省、广西壮族自治区、河南省、河北省、山西省、湖南省、湖北省、四川省、西藏自治区、福建省、台湾省、江西省等地。

（1）营养　草菇是草腐性菌类。

草菇一般从已经发酵的有机物和土壤中吸收它所需要的营养物质，有碳源、氮源、无机盐和维生素四大类。这些营养物质草菇可以从稻草、废棉、麻秆、谷糠、麦秸作为碳源，经发酵后，分解成糖类，以单糖为最好，其次为双糖、多糖。草菇可以利用多种氮源，其中以铵态氮及有机氮为好，如蛋白胨、氨基酸、硫酸铵、尿素；对硝态氮的利用很差。在草菇生产中经常采用腐熟的干牛粪、鸡鸭粪、干猪粪和新鲜麸皮、米糠作氮源，以满足草菇的生长发育。

我国栽培草菇主要采用的是稻草、麦秸、废棉和棉籽壳。

常见的栽培配方分述如下。

用草堆法栽培草菇时的配方：

①干稻草 100kg，腐熟的干牛粪或家禽粪（鸡粪）5 ~ 8kg，石灰 1kg，草木灰或火烧土适量。

②干稻草 100kg，米糠或麸皮 3~5kg，过磷酸钙 50kg，石灰 1kg，肥土或火烧土适量。

用堆制发酵料栽培草菇时的配方：

①稻草 100kg，麸皮 5kg，干牛粪 5~8kg。草木灰 2kg，石灰 3~5kg。

②麦秸 70kg，玉米芯 30kg，玉米粉 2.5kg，麸皮 2.5kg，饼肥 1~2kg，磷肥 2kg，石灰粉 5kg。

③麦秸 40kg，玉米芯 30kg，棉花秸粉 30kg，麸皮 5kg，饼肥 1~2kg，磷肥 2kg，石灰 5kg。

（2）温度 草菇是高温型恒温结实性的食用菌。

草菇生长发育温度为 10~40℃，不同生育期的最适温度有所差异。

①孢子：在 25~45℃时，萌发形成菌丝体，低于 25℃或高于 45℃均不萌发。

②菌丝体：菌丝在 10~42℃的范围内均能生长，最适生长温度为 30~35℃，低于 5℃或超过 45℃菌丝生长受到抑制。

③子实体：草菇子实体发育的温度为 22~32℃，最适温度为 28~32℃。如在室外或菇棚栽培草菇时，当平均气温为 23℃以下，而草堆温度为 27℃以下时，子实体很难形成；在 35℃以上时生长的草菇早熟，易开伞，肉质不结实，子实体较小；21℃以下的低温或 45℃以上的高温，小菇蕾都会萎缩死亡。

（3）湿度 草菇是喜湿性的菌类，只有在高湿高温的条件下才能出好菇，湿度对草菇的影响极大，不论是营养生长阶段还是生殖生长阶段，都要求培养料中有较高的含水量。以废棉为原料其含水量为 65%~70%；稻草作培养料时含水量为 72%。过湿会影响通气，子实体生长缓慢。培养料易腐败，易产生病虫害；过干，菌丝体生长不良，子实体不易形成；菌丝体生长阶段对空气相对湿度为 80%~85%为宜，子实体生长发育阶段的空气相对湿度在 85%~95%为宜。超过 95%时，菇体易腐烂，低于 80%时，则菇体生长缓慢，表面粗糙而无光泽。

（4）空气 草菇是好气性菌类。无论是菌丝生长阶段还是子实体生长阶段都要求良好的通气条件。如通气不良，CO_2 浓度过高，常使子实体呼吸受到抑制而停止生长或死亡。草菇的呼吸量为蘑菇的 6 倍，所以，新鲜空气是草菇菌丝正常生长和子实体形成的重要条件。氧气不足，会抑制菇蕾的形成。在出菇阶段，若空气不流通或水分过大，草被太厚，均可造成缺氧。当 CO_2 浓度积累到 0.3%~0.5%时，则会对菌丝和子实体产生明显的抑制作用。所以在室内或菇棚内栽培时，要注意通风换气。

（5）光照 草菇的孢子萌发和菌丝体生长完全不需要光线。但子实体的形成则需要一定的散射光，在完全黑暗的条件下，很难形成子实体。光线强弱，影响着子实体的色泽与品质。光线充足时，子实体颜色深黑而有光泽，子实体组织致密，品质好，商品价值高；光照不足时，则子实体灰色而暗淡，甚至灰白，子实体组织也较疏松，商品价值低；没有光照时，子实体白色；强烈的直射光对子实体的生长有抑制作用，易灼伤幼菇。

（6）酸碱度 草菇喜偏碱性环境，培养料以 pH 值为 8.0~9.0 为宜。一般草菇孢子萌发的最适 pH 值为 6.0~7.0，菌丝生长最适 pH 值为 8.0~9.0，子实体发育最适

pH 值为 7.5 ~ 8.0。子实体生长发育的最适 pH 值为 8.0 ~ 8.5。为了满足草菇生长对 pH 值的需求，在拌料时加入一定量的石灰粉或用石灰水浸泡原料，以调节 pH 值，这样既有利于培养料表面蜡质层和部分纤维的降解，促进菌丝吸收，又有利于草菇的生长，还能有效抑制杂菌的发生。

专题二　室外阳畦栽培

一、生产流程

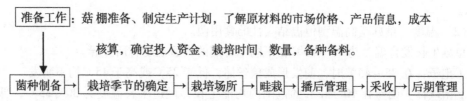

准备工作：菇棚准备、制定生产计划，了解原材料的市场价格、产品信息，成本核算，确定投入资金、栽培时间、数量，备种备料。

菌种制备 → 栽培季节的确定 → 栽培场所 → 畦栽 → 播后管理 → 采收 → 后期管理

二、栽培任务

本栽培任务结合教学环节进行。准备 5 000m² 床料，预计 9 月上旬出菇。

三、栽培过程

草菇在我国有悠久的栽培历史，同时在实践中又不断地创新和改进，积累了丰富的生产经验。目前，草菇栽培主要有室内栽培和室外栽培，因其栽培原料的不同又有多种栽培方式。各地应立足当地自然资源状况和气候特点采取相应的栽培模式。

1. 菌种制备

选取适合于当地栽培的优质草菇种菌。目前，各地栽培草菇的品种可分为两类，一类是春季种，多为早熟，能耐较低温度的品种；另一类是夏、秋季种，多为迟熟，较耐高温的品种。母种的质量标准是：斜面菌丝健壮生长，菌丝分枝多，培养初期菌丝洁白、透明、细长、有丝状光泽，培养后期菌丝产生红褐色厚垣孢子，无杂菌，无害虫。草菇的纯菌种培养基必须在 pH 值偏碱性的培养基上，菌丝才能正常生长。

在栽培前要制备好栽培种。原种和栽培种的质量标准是：绒毛状菌丝洁白，透明，细长健壮，封口菌丝周围出现红褐色厚垣孢子，产生大量红褐色的厚垣孢子堆，为小粒种；若厚垣孢子较少，则为大粒种。如以稻草为主要的培养料菌种，菌龄控制在 15 ~ 18d；如以棉籽壳为主的培养料菌种，菌龄控制在 20 ~ 22d。如菌丝逐渐稀少，但是大量厚垣孢子充满料内，菌丝黄白色，浓密如被，上层菌丝萎缩，属老龄菌种，一般不宜做三级种用。

草菇生产种有草料菌种、麦粒菌种。优良的草菇栽培生产种，用肉眼观察，菌丝均匀布满全瓶，呈透明的白色或淡黄白色，新鲜健壮，有的出现红褐色的厚垣孢子，草菇菌种的含水量为 60% ~ 62%，无杂菌或虫害。

在生产中还要注意菌种和菌龄，一般中龄菌种最适合栽培，特征是瓶内的菌丝转黄白色至透明，厚垣孢子较多；若是幼龄菌种，则须放置一周后才可使用，其特征是瓶内的菌丝白色、透明，厚垣孢子没有或很少；老龄菌种生活力较差，不能接种栽培，其特征是瓶内的菌丝逐渐稀少，但有大量厚垣孢子充满稻草缝或菌丝黄白色、浓密如菌被，而上层菌丝开始萎缩。

2. 栽培季节的确定

草菇是高温高湿结实性的菌类。当气温在 25℃ 以上，昼夜温差变化较小时即可栽培。近年来，有的地方选育出一些低温型菌株（如 V42－18），在气温不低于 23℃ 时也可以栽培。

自然条件下栽培草菇，季节性很强。在热带地区除了酷暑天外周年都可栽培，而在亚热带和温带地区，只有夏秋季适宜栽培。在山西只有盛夏季节才能栽培草菇，北京市、河北省可从 6 月下旬至 8 月上旬栽培，河南省 7～8 月可栽培，广西壮族自治区、福建省 4～9 月可栽培，长江中、下游地区在 5 月下旬至 8 月均可栽培。近年来，由于栽培技术的提高，工厂化生产的兴起，可人工调控小气候环境，即使在冬季低温季节也能生产，草菇已实现周年栽培。

本栽培任务于 9 月进行。

3. 栽培场所

华南地区由于温差较小，气温较高，可在室外稻田中栽培，其他地区只能在高温的夏秋季节进行室内栽培。但由于室外栽培受气候条件影响较大，产量不稳定，且用草量多，生产成本高，有的还占用耕地，其生产技术也较复杂，不容易掌握，仅在部分地区推广栽培。

4. 培养料的准备

培养料是草菇丰产的物质基础，选择适宜的培养料是草菇高产的重要措施之一。草菇的培养料种类很多，其中以废棉、棉籽壳、稻草、麦秸栽培产量最高，甘蔗渣次之。此外还有麦秆、高粱秆、玉米秆、花生茎、麻渣等都可以栽培草菇，但产量较低，质量也不好，因此不宜单独使用，必要时可以与稻草搭配使用。栽培时，要选用新鲜、无霉、无变质、未雨淋的原料。如选择稻草时，要选择金黄色、无霉变的干稻草；选择废棉和棉籽壳要选晒干的、未受雨淋、未发霉、新鲜的棉籽壳。

栽培草菇除了主料棉籽壳、废棉、稻草、麦秸外，还需要一定量的辅料，如牛粪、马粪、鸡粪、米糠或麸皮、火烧土、过磷酸钙、磷酸二氢钾、磷酸氢二钾、石灰等，以增加培养料的养分，一般用量为稻草干重的 5%～10%。

本栽培任务培养料配方为：

麦秆培养料：干麦秆 82%，干牛粪粉 15%，生石灰 3%。

5. 培养料的堆制发酵

麦秸或稻草经过碾压、切段后，用 2% 的石灰水浸泡 24h，或将麦秸放在水源方便的地方，用石灰水浇，边浇水边用脚踩，直到麦秸吸足水为止，含水量 70% 左右（手握紧麦秸指缝有水渗出为宜）。测试麦秸或稻草酸碱度时，取出几根麦秸或几个稻草对折，拧出水滴后用试纸测试 pH 值，一般 pH 值为 13 左右。为防止杂菌污染和病虫害，可加入 0.1% 的多菌灵、氯氰菊酯和氧化乐果，然后加入辅料拌匀后堆成长方形的堆，堆高 80～100cm，宽 100～120cm，长度不限。堆好后稍拍实，覆盖塑料薄膜，保温、保湿。温度低时在料膜上加盖草帘。一般第二天堆温可达到 40～50℃，第三天可达

60℃以上，在此温度维持 1d 后就要翻堆，同时要补足水分，并测试酸碱度，如 pH 值不到 9~10 时，再加石灰调整。翻堆后温度再上升到 60℃ 以上，再维持 1d。发酵好的原料质地柔软，表面蜡质已脱落，手握有弹性，呈金黄色，无异味，含水量为 70% 左右，pH 值以 8~9 为宜。

6. 栽培技术

阳畦又叫地沟，可在庭院或房前屋后开挖半地下土畦，上面用竹片或树枝搭成拱形，覆上塑料薄膜，加盖草帘遮光，畦内温湿度恒定，适宜草菇生长，产量高。阳畦结构简单，建造容易，成本低。

（1）场地选择 选择水源较近、排水方便、通风透光良好的地方，土质为沙壤土，要远离粪堆、畜禽场和排污场。

（2）阳畦建造 阳畦宽窄要根据地形而定。一般宽 1~2m，长 5~10m，深 0.4~0.8m，挖成东西走向的阳畦，畦内要求平整。挖出的湿土沿南北畦边垛成土墙，畦北墙略高于南墙，上面架设数根形竹竿，以便覆盖薄膜和草帘，从畦底到拱高 1.64~1.80m。在播种前两天，将畦内灌透水。

（3）铺料和播种 当平均气温达到 23℃ 时即可播种。将拌好的培养料铺于畦床两边，底部衬上薄膜，料厚 15~20cm，料面宽 70~80cm，中间留 20~30cm 宽的路以便管理行走。播种采用层播或穴播，略压实，使菌种与培养料紧密结合，播种量为 15% 左右。然后在竹竿架上覆盖一层薄膜和草帘，以利保温、保湿。

7. 播后管理

（1）检查菌丝生长情况 播种后 2~3d 要检查草菇菌丝是否萌发生长，若菌丝生长正常，再经 4~5d 即可向上、下草层及草料堆边缘扩展，否则应检查原因（如菌种质量好与坏，温度、湿度是否适宜等），及时采取补救措施。

（2）料温的检查与控制 在草菇的整个栽培管理中，防止低温和酷热造成死菇，是草菇能否保持高产、稳产的关键。

室外栽培草菇，播种应立即覆盖地膜，覆膜后要经常检查料温的变化，料面温度为 35~36℃（料内温度应为 37~38℃），如料温超过 40℃，要及时揭膜降温。室内或大棚栽培草菇，播种后，每天要定时观察料温，控制和掌握好料温的变化。料温超过 40℃ 时，会影响菌丝生长，应及时揭膜或开窗通风降温，也可在菌床上用直径 3~5cm 木棍打洞降温。若料温低于 20℃，则菌丝难于萌发生长。在春末夏初和早秋气温变化较大，要注意菇棚保温，防止夜间温度下降，影响菌丝和幼菇生长。

播种后 6~8d 料面就会出现白色到淡灰色小菌蕾，这时适宜的料温控制在 30~35℃，菇棚（房）的温度控制在 28~32℃。在酷热天气，料面上经常会出现成批小菇死亡，这时应将菇田（棚）四周的排水沟放满水，以降低温度。

（3）湿度的调节 室外栽培草菇对水分的调节，是通过向草堆淋水、工作行间的小沟灌水等办法来进行的。具体做法要根据天气、草料的含水量、菌丝的生长状况、出菇量和菇体大小而灵活掌握。天气干燥、培养料含水量不足、菌丝生长旺盛、出菇多时需多淋水。出菇后待大部分小菇长至花生米大小选择早晚淋水，且要求雾滴越细越好，水压不能太高，喷头离菇床远一些。

室内栽培草菇是通过向地面洒水、菇床和空间喷雾调节水分，随菇蕾的长大要逐步增加喷水量，但不宜对菇蕾直接喷水，以免菇蕾萎缩或烂菇。

（4）通风换气　草菇的整个生命活动过程中，不断吸入氧气，排出 CO_2，在栽培过程中应注意通风换气，保证有充足的氧气供应，尤其在出菇期要加大通气量，以满足草菇生长对氧气的需求。

（5）光线调节　菌丝生长期要避光培养，进入生殖生长期，则需要一定散射光的刺激，以利于子实体的形成和着色，提高菇体品质。室外栽培光线一般较为充足，但要避免强光直射；室内栽培要注意光线的充足，光线不足会影响菇体的着色和品质。

8. 采收

商品草菇采收适期是菇体由基部较宽、顶部稍尖的宝塔形变为卵形，质地由硬变软，颜色由深变浅，外菌幕未破之前采收，这时的子实体味道鲜美，蛋白质含量高，品质最佳。

草菇是一种高温型品种，在夏季高温季节栽培，生长期较短，一般从播种到采收只有 12~14d，从现蕾到成熟开伞只有 3~4d，尤其是在后期，生长更为迅速，如早晨伸长初期不采收，到中午就会开伞。因此，采收必须及时，最好早晚各采收一次。在采菇时一手按住子实体周围的培养料，另一手握住菇体左右旋转，轻轻摘下。对于成簇的菇，尽可能等到大部分可采摘之后一起采下，避免触动周围的菇体。

在菇床上，正在生长的草菇一经采摘时的触碰和摇动，会很快凋萎，以至死亡，造成损失。为减少不必要的损失，在播种时尽量使菌种播得均匀分散，避免丛生、簇生的草菇出现，采摘时尽量不要碰触邻近的子实体。第一潮菇采收完后，隔 1~2d 第二潮菇蕾便出现，5~6d 后又可采收，可采收 3~4 潮。

9. 后期管理

采完一潮菇后，要及时清理菇床上残留的菇柄，以免腐烂后诱发病虫害影响下一潮出菇，并追施速效有机肥和调节培养料的 pH 值。

（1）追肥　草菇采收 2~3 潮菇后，培养料中的养分已逐渐减少，补施一些有机肥可明显提高产量和品质。可施干牛粪粉，方法是：在采摘草菇时，摘一个草菇后立即施上一撮干牛粪粉，一般在收完第二潮菇后进行。追尿水，方法是：把人尿煮过消毒后，按 3:7 的比例对水，用喷雾器均匀喷于培养料的四周，每天 2 次，用量掌握在每 100kg 喷混合液 6kg 左右，采收第二潮菇后进行，也可喷施发酵过的花生麸液等。在生产中草菇收获第一、第二潮时一般不施肥，生长旺季也不宜施重肥。

（2）调节 pH 值　草菇菌丝适宜在偏碱性的环境中生长，采收 1~2 潮菇后，料堆中的 pH 值下降，不利于菌丝的恢复生长和继续出菇，可向料堆喷洒 1%~3% 石灰水，可结合追肥一起进行。

专题三　室内栽培方法

一、室内栽培

室内栽培要求菇房能保温保湿，通气透光。草菇房内的床架通常为 4~5 层，床架宽 1.2m，床架间的走道宽 60cm。有条件的情况下，可在菇房内安装温湿度自动调节器以及通风系统。

草菇的室内栽培能人工控制其生长发育所需的温度、湿度、通气、光照及营养等条件，避免低温、干旱、大风、暴雨等自然条件的影响，全年均可栽培，一年四季均有鲜菇供应市场。目前，草菇栽培正向工业化、专业化、自动化生产的方向发展。

二、培养料准备

同室外栽培。

三、培养料调制

1. 以棉籽壳为主料

将称好的棉籽壳、石灰粉进行加水拌料，要求必须把培养料翻拌均匀，含水量为70%，培养料的 pH 值为13。堆积发酵，待堆料中心温度上升到60℃，维持1d后进行翻堆，翻堆后温度再上升到60℃再维持1d，发酵48h后，测试 pH 值为8~9，含水量为70%左右，即可进行栽培播种。播种后，前期易出现高温，应防止发生"烧菌"。

2. 以废棉为主料，添加少量的稻草屑

发酵处理时，稻草必须用铡草机铡成5~10cm，尽量呈丝条状，用5%石灰水浸泡2~4h，以草段润湿、润透吃足水分为原则。废棉要首先弄碎，放在添加碳酸钙和石灰的水中浸湿浸透，必要时可穿雨鞋在料上反复踩踏。然后一层稻草、一薄层麸皮、一层废棉逐渐向上堆垛，料宽1.5~1.8m，堆高1.5m，长度依料多少而定。在建堆时，把磷肥粉也撒入料中。建堆两天后翻堆，调节水分和酸碱度，使建堆材料的含水量达68%~70%，pH 值为7.0~7.5。以后每两天翻堆一次。共发酵7d。如果有条件，最后采用后发酵（巴氏消毒）。后发酵时，一般在室外堆积4~5d后，通入蒸汽，使料温达到60℃，并保持6~12h，然后通风降温，铺床、播种。

四、菇房的消毒

前茬菇结束后，用3%~5%漂白粉加入稀释的石灰乳或是3%多菌灵喷洒墙壁、地面、床架，干燥后关闭菇房，进料前一天用40%甲醛熏蒸消毒（15g/m³），消毒后进行通风换气，甲醛气味消失后即可进料。

五、栽培方法

1. 压块栽培

活动木框作模子，压块前将模子用高锰酸钾药水擦洗。模子其规格为长68cm左右，宽25cm，高32cm左右。先在木框内横垫两条草绳，然后均匀铺上一层发酵好的麦秸或稻草培养料，厚6cm左右，铺平适合压紧四周撒上一圈菌中，接着上面再铺上一层培养料，再撒入菌种。共铺3层培养料，3层菌种。最后一层菌种应撒在料面，上面再放一层薄培养料，以盖住菌种为宜。菌块压好后用草绳捆紧，即可撤掉模子，将菌块立起。菌块与菌块之间应留有20cm的间距，才有利于通风透光及子实体生长。如麦秸或稻草压块，以干重5kg左右为宜；棉籽壳或废棉以3~4kg压块为宜。在压制麦秸或稻草块时，要用力压实，用脚践踏，使菌块紧实，有利于草菇菌丝吃料，蔓延生长和子实体原基的纽结。如麦秸中含氮量少，在铺入每层培养料时，先撒一层麸皮或腐熟的禽粪，以补充氮素。麸皮用量为培养料总量的3%~5%，禽粪以5%~10%为宜。

2. 棉籽壳栽培

利用棉籽壳栽培草菇是一种较好的方法，其栽培的方法是：于栽培床上铺入麦秸（用石灰水浸泡 3d，泡熟麦秸）作堆芯，这样利用养料不丰富的麦秸发酵产热；利用棉籽壳出菇。麦秸和棉籽壳比例为 3 : 1 或 2 : 1，而后将发酵料铺在麦秸表面，料床的厚度为 15 ~ 20cm，（气温高铺薄些，气温低可厚些），表面撒上菌种封顶，用木板轻轻按压，使菌中与料紧密接触。可充分发挥表层接种优势，防止杂菌浸染。发酵迅速，出菇集中，整齐，提高出菇率，使其头潮菇丰产。接种量为 5% ~ 15% 时，增加了接种量，不易感染杂菌，有利于提高产量。

3. 草把栽培

（1）稻草处理　将干燥无霉变的稻草拧成小把，每把约 0.5 ~ 1kg 拧成"8"字形，栽培前 1 ~ 2d，将稻草把放入石灰水中浸泡（按 50kg 稻草加 1.5 ~ 2.5kg 石灰）。约浸泡 10 ~ 24h，测试稻草酸碱度，取出几根稻草对折，拧出水滴后用试纸测量 pH 值，一般 pH 值应以 8 ~ 9 为好。

（2）建堆接种　堆草时，将处理好的草把，一把把紧排在床畦上，草头、草尾朝内，排完第一层后，床畦中间添加一些乱稻草，用脚踩实。使堆心稍高。在距边沿 8cm 处撒一圈草灰木，上边在撒上一圈麸皮（或畜禽粪），然后在麸皮的外围播入一圈菌种。而后开始放第二层稻草，第二层草把向内收缩 5cm，其他同第一层。第三层在草把整个表面撒布麸皮和菌种。第四层的堆法和第三层相同，在顶层撒一层菌种，并盖一层 3 ~ 4cm 厚的腐熟的牛粪。或加盖 18 ~ 20cm 厚的乱稻草。这种堆成梯形的小草垛，草垛一般宽 0.8m，高 0.5m。菌种的接总量为 5% ~ 10%，堆草播种完毕，进行踩踏和喷水，使草堆含水量达到 70% 左右。而后进行发菌与出菇管理。

4. 地面堆草栽培

草堆需堆 2 ~ 3 层，以 30 ~ 50cm 即可。具体做法：将干燥、无霉变的稻草拧成小把，每把 0.5 ~ 1kg，拧成"8"形，放入 3% ~ 5% 的石灰水浸泡过夜，pH 值以 8 ~ 9 为好；然后将草把一把把紧排在床畦上，草头、草尾朝内，排完第一层后，床畦中间添加一些乱稻草，用脚踩实，使堆心稍高；在距边沿 6.6 ~ 10cm 处撒一圈辅料和菌种，然后开始放第二层稻草，在草把整个表面撒铺辅料和菌种；第三层同第二层，在顶层撒一层菌种，盖 10cm 厚乱稻草或 1 ~ 2cm 厚腐熟的粪肥，播种量为 5% ~ 10%，压实后喷水，使菌种与培养料紧密结合，草堆含水量达到 70%，覆盖一层地膜，保温保湿培养。

5. 床架栽培

床架栽培可充分利用空间。床架一般宽 1m 左右，层间距 70cm 左右，长 2 ~ 3m。采用二次发酵法。将经过室外发酵好的培养料移入到菇房的床架上，量以铺满床架为宜（原料不同，培养料的多少也不一样，如采用棉籽壳以 15 ~ 20cm 厚，稻草以 20cm 左右厚），然后人为加温使料温在 2h 内上升到 60℃，维持 2h 后随之通风降温到 52℃，维持 4 ~ 7d，再将培养料平铺于床架上，当料温降到 30℃ 以下时开始接种。采用层播或穴播的方式，播种量为 15% 左右，轻压实，使菌种与培养料紧密结合，调节温湿度进行菌丝培养。

6. 塑料大棚栽培

利用塑料大棚栽培草菇，可延长栽培季节，从 6 月初至 8 月末均可栽培。棚的四周及棚顶均用塑料薄膜制成。棚内面积可为50m²、70m²、100m²，并设有草帘覆盖。栽培原料可用稻草、棉籽壳、废棉、麦秸等。

六、发菌与出菇管理

发菌覆膜管理，这是草菇栽培的一项新技术，对压块栽培棉籽壳夹馅栽培和草把栽培这些不同的栽培形式，播种后，在压块、夹馅、草把堆四周用塑料地膜覆盖，可增高料温，控制和掌握好料温变化，如料温超过40℃，要及时揭膜降温。适宜的料温应控制在35～38℃，周围空气温度为30～32℃，这样促进菌丝健壮生长发育。草菇播种后，每天要定期观察料温，控制和掌握好料温变化。料温太高，超过40℃时，会影响菌丝生长，应及时将地膜掀开，在床料上用3～5cm木棍打洞降温。如室温或料温低于20℃，菌丝难于萌发生长。在初夏和早秋气温变化大，要注意菇棚保温，防止夜间温度下降，使菌丝生长受到伤害。

播种后6～8d料面就会出现白色到淡灰色菌蕾，这时应及时地将地膜架起通风，料温要维持在30～35℃，菇棚温度以28～32℃为宜。需要新鲜氧气，相对湿度以85%～95%为宜。同时需要适宜的光照促进子实体的形成。如无光照和光照不足，不易形成子实体。菌蕾出现后5～6d就可采收。

七、采收

同室外栽培。

复习思考题

1. 草菇生长需要哪些条件？
2. 简述草菇的各种栽培方法？

第八节 滑菇栽培

专题一 基础知识

一、概述

滑菇［*Pholiota nameko*（T. Ito）S. Ito et Imai］隶属于伞菌目，球盖菇科，环锈伞属，又名滑子菇、滑子蘑、光帽黄伞、珍珠菇、真珠菇。

滑菇营养丰富，鲜嫩可口，是美味菜肴。据分析，每100g滑菇干物质中含粗蛋白质20.8g，脂肪4.2g，碳水化合物66.7g，灰分8.3g。滑菇菌盖表面附着的黏状物是一种核酸，具有抑制肿瘤的作用，并对增进人体的脑力和体质均有益处。滑菇的热水提取物（真菌多糖）对小白鼠S-180的抑制率为86.5%，对艾氏腹水癌抑制率达70%。同时滑菇还可预防大肠杆菌、肺炎杆菌、结核杆菌等的污染。因此，颇受国内外消费者青睐。

滑菇人工栽培历史如表4-19所示。

表4-19　滑菇栽培历史

栽培时期	栽培状况
1921年	日本进行野生滑菇分离驯化栽培
1950年	中国进行大规模段木栽培
1961年	中国开始木屑代料箱式栽培
1976年	中国辽宁省引种栽培，随后开始大规模栽培

滑菇原是一种野生食用菌，因其菇盖表面黏滑而得名。人工栽培始于日本，而我国人工栽培滑菇最早始于台湾省，之后，辽宁省引种成功，产量逐年增加，主产区在辽宁省、河北省、黑龙江省、吉林省、福建省、山东省、河南省、山西省等地区。2000年，我国鲜滑菇总产量为4.8万t，2011年达到63.7万t。

滑菇目前在国内外需求呈上升趋势，我国生产的滑菇产品盐渍后主要出口日本。近几年来随着深加工能力的扩大，产品已销往东南亚、欧洲一些国家。国内消费需求量增长迅速，已从宾馆饭店进入到了普通百姓的餐桌，发展前景非常广阔。

二、生物学特性

1. 形态特征

（1）孢子　孢子褐色，椭圆形至卵形，大小为（4~6）μm×（2.5~3）μm。

（2）菌丝体　菌丝为绒毛状，稠密，有锁状联合，具有很强的爬壁现象。初期为白色，随着生长而逐渐变为淡黄色。菌丝在24℃下生长速度快，一般8~10d即可长满试管。在15℃环境下会出现子实体扭结的现象。

（3）子实体　滑菇的子实体由菌盖、菌褶、菌柄3部分组成（图4-13）。

图4-13　滑菇

幼菇盖为半球形，黄褐色或红褐色，随着子实体的生长，菌盖逐渐平展，中央凹陷，色泽较深，边缘呈波浪形。菌盖的直径一般在 3～8cm，表面光滑被有黏液，其黏度随湿度的增加而增大。菌盖的薄厚及开伞程度因不同品种及环境条件的变化而有差异。

菌褶是孕育担孢子的场所，密生在菌盖的腹面，颜色在子实体幼嫩时期为白色或乳黄色，在子实体成熟后为棕色。菌褶表面覆以子实体，其上生有许多担子，每个担子可产生 4 个担孢子。

菌柄中生，呈圆柱形。菌柄的长短、粗细因环境条件的变化面不同，通常柄长 5cm 左右，柄直径 0.5～1.0cm，菌柄的上部有易消失的膜质菌环，以菌环为界，其上部菌柄呈淡黄色，下部菌柄为淡黄褐色，菌柄也附有黏液。

常见的栽培品种如下。

在选用菌种时，要根据当地的气候条件、产品上市时间，选择确定适宜温型的主栽品种。滑菇的品种按出菇温度可分为以下几种类型。

①极早生种：属广温型，发菌期 60d 左右，产菇期 50～60d；出菇早，密度大，转潮快，菇潮集中，菌丝体较耐高温；发菌适温 23～28℃，出菇温度为 7～20℃，是夏季接种、秋季出菇的首选品种类型。如 CTE、西羽、C3－1、森 15 等。

②早生种：属高温型，发菌期 60d 左右，菌丝生长适温 20～26℃，出菇温度为 10～20℃；其他特性与极早生种相似，适于初夏接种秋季出菇。如澳羽 3 号、澳羽 3－2 号等。

③中生种：属中温型，发菌期 80～90d，转潮较慢，菌丝生长适温为 15～24℃，出菇温度为 8～16℃；菇体肥厚，菇质紧密细腻，出菇均衡，不易开伞，是春季接种秋冬季出菇的品种。如澳羽 2 号、河村 67 等。

④晚生种：属低温型，发菌期 100d 以上，产菇期也长，转潮慢；菌丝生长温度 5～15℃，需要 25～28℃高温越夏，越夏温度最好不要超过 28℃，出菇温度为 5～12℃，菌肉厚，品质好，不易开伞，黏液多。适于早春半开放式栽培，秋冬季出菇。晚生种目前应用不多。

一般情况下，菌盖颜色因品种而异，早生种菌盖呈橘红色，中、晚熟品种呈红褐色。早熟品种菌柄比晚熟品种细而长，后者菌盖上的黏液比前者多；在 15℃左右早熟品种生长正常，10℃左右中晚熟品种生长良好。滑菇出菇周期的长短又与出菇温度密切相关，出菇越早的，出菇温度越高；出菇越晚的，出菇温度越低。

滑菇主产区主栽品种一般选用极早生种，它们的突出特点是适应的温度范围广，出菇早，出菇时间长。另外，菇体丰满、整齐，子实体多，不易开伞，产量较高。

2. 生活条件

滑菇在自然界晚秋季节生长，主要生于阔叶树的倒木或伐根上，也有人发现滑菇可生长在一些针叶树的枯死木上。自然界滑菇子实体常在低温、湿润的气候条件下发生，是典型的低温喜湿菌。在我国主要分布于台湾省、广西壮族自治区、西藏自治区、四川省、云南省、黑龙江省、吉林省、山西省等地。

（1）营养　滑菇属木腐菌，在其生长发育过程中所要求的营养物质主要是碳水化

合物（碳源），含氮有机物（氮源），无机物及生长素等。营养生长阶段碳氮比为
20：1，生殖生长阶段为（35~40）：1。

在自然界中滑菇常着生于阔叶树的伐根、倒木及腐木上。适合栽培的原料有杂木
屑、棉籽壳、玉米芯等。适当加入碳酸钙、过磷酸钙、石膏等矿物质有助于滑菇的生
长。培养料中加入一定量的麦麸、米糠、玉米粉等，可有效提高单产。

在木屑培养基中添加米糠，米糠中的淀粉可作为培菌初期的辅助碳源而被利用，并
可诱导纤维分解酶的产生，加快分解速度，促进营养生长，而一些低分子碳水化合物，
如葡萄糖、果糖等可被菌丝直接吸收。培养基中的高分子碳水化合物，如木质素、纤维
素等，菌丝是靠酶的作用边分解吸收利用。碳源能否被充分吸收利用要受培养基中其他
成分所限制，在一定的限度内，若供给足够的氮源，滑菇的生长可因较高的碳源而增
加。麦芽糖是滑菇子实体形成的一种良好碳源，其产量比用葡萄糖的产量高，蔗糖是滑
菇菌丝生长的良好碳源，但只用蔗糖作为唯一的碳源则不形成子实体。

常见的栽培料配方有：

①木屑 100kg，麸皮 20kg，石膏粉 1kg。

②木屑 100kg，麸皮 10kg，稻糠 10kg，石膏粉 1kg。

③木屑 60kg，玉米芯（或豆秸）40kg，麸皮 15kg，石膏粉 1kg。

④豆秸 60kg，玉米芯 40kg，麸皮 10kg，石膏粉 1kg。

⑤棉籽壳 100kg，石膏粉 1kg，白灰 1kg。

（2）温度　滑菇属低温、变温结实性菌类。孢子萌发的温度为 25~28℃。菌丝生
长的温度为 5~30℃，在 5℃开始生长，15℃左右生长加速，最适温度为 20~25℃，超
过 30℃菌丝停止生长，35℃以上死亡。子实体分化的温度为 7~20℃，最适温度为 15℃
左右，昼夜如能形成 10℃以上的温差，有利于原基的产生，高于 20℃子实体分化较少。

不同品系之间子实体发生的上限温度有明显差异。平均气温在 7~10℃时，菇质最
好，15℃以上则品质大大下降。因此，要获得优质产品，必须特别注意菇房的温度
控制。

最适温度是指菌丝生长在培养基内的温度。培养基内的温度一般要比室温高 2~
3℃，所以一般在 20~22℃的室温条件下培养菌丝比较合适。通常菌丝生长的最适温度
一般是菌丝生长最快的时候，并不一定是菌丝健壮生长的温度，由于在较高的温度下，
菌丝体内物质消耗太快，结果反而比在较低温度下菌丝生长的弱。最适温度有时能使菌
丝的生长速度达到最高峰，但菌丝稀疏无力；在较低温度下培养，虽然生长慢一点，但
菌丝粗壮浓密。在生产实践中为了获得健壮的菌丝体，要求在比菌丝生长最适温度略低
的温度条件下培养。

滑菇在子实体生长发育阶段所需要的温度比在菌丝发育阶段的温度低。出菇温度一
般要求在 5~20℃之间，高于 20℃子实体菌盖薄、菌柄细、易开伞，低于 5℃子实体生
长得非常缓慢，基本上不生长。因此，出菇阶段菇房温度一般调节在 7~15℃比较好。
当菌"吃"透培养料达到生理成熟时，给予 10℃左右的低温刺激，昼夜温差在 7~
12℃，以促进其原基的形成。低温刺激的结果是可逆的，即低温刺激后已形成或开始形
成原基时，如果温度提高到 20℃以上时，菌丝又转向营养生长，低温刺激的效应也就

消失，原基停止发育，菇蕾中的营养倒流而萎缩。

（3）水分和湿度　滑菇是喜湿性菌类。水分是指培养料内的含水量；湿度是指空气的相对湿度。在菌丝体生长阶段培养料的适宜的含水量为 60% ~ 65%，空气相对湿度为 60% ~ 70%。在子实体生长阶段培养基的适宜含水量为 70% ~ 75%，空气相对湿度为 90% 左右，低于 80% 菌盖黏液变少，色泽不鲜，边缘起皱，甚至菇体平缩。培养料中的含水率低于 50% 时，菌丝长势明显减慢，且菌丝纤细，代谢逐渐受阻，最后停止生长或死亡；但如果过高，超过 80% 会使培养料过湿，菌丝生长也受抑制，不往培养料深部生长。空气湿度过低会影响产量，但培养基表面积水又会导致烂菇，且容易滋生霉菌。因此，在菌蕾形成阶段，不要直接向基质喷水，可逐渐加大空气相对湿度。出菇前期如果培养料较干，就不能形成子实体，原基就不出菇；如子实体生长阶段缺水，会造成菌柄细，盖小肉薄，早开伞，菇上不形成黏液。

（4）空气　滑菇是好气性真菌。缺氧时菌丝出现老化现象，严重时菌丝自溶，培养料松散，菌块解体。出菇期间通风不良，菇蕾生长缓慢，菇盖小，菇柄细，易开伞，甚至不出菇。因此，滑菇栽培室中如果通风不良或培养料的通透性差时，就使得 O_2 不足而 CO_2 增多，菌丝体的呼吸受到抑制，从而影响菌丝体的正常生长发育，同时培养料也易感染杂菌。滑菇菌丝生长时氧气的要求较子实体生长宽些，适当通风利于菌丝生长。CO_2 对滑菇在不同的生长阶段的影响不同，因为子实体比菌丝的呼吸要强。因此，对氧的需要量比营养生长阶段的需要量大。出菇时菇房要及时通风换气，氧气较少时也能生长，但子实体发生和发育必须有足够的氧气。否则环境中 O_2 不足、CO_2 的浓度过高而导致出菇晚、菌柄长而粗，但菌盖小，形成畸形。菇房要经常通风换气，这是栽培中确保子实体正常发育的一项关键措施。同时，适当通风，还能调节空气相对湿度，防止病菌滋生。因此，出菇期必须经常通风，保持菇房空气新鲜。

（5）光线　滑菇菌丝体生长不需要光线，因此要避光发菌。光照对已经达到生理成熟的菌种有诱导出菇的作用，滑菇在生长阶段对光照要求不严，一般在散射光条件下培养，才能在菌丝生理成熟时诱导出菇，如果光线过强反而会抑制菌丝生长。在子实体分化阶段，必须有一定的散射光。在完全黑暗条件下，菌丝不能形成子实体，在光线较弱时虽然能形成子实体，但子实体瘦小，肉薄，色泽暗淡，质地疏松，菇体多为畸形，菌盖小，柄长，色淡，品质差，同时还会影响菇蕾的形成。出菇时照度一般以 300 ~ 800lx 为宜。子实体有向光性，尤其在子实体幼期阶段反应灵敏。因此，菇房要有适量的散射光，光强以操作方便即可。

（6）酸碱度　滑菇是喜弱酸性菌类。适宜 pH 值为 5.5 ~ 6.5，pH 值大于 7.0 时生长受阻，大于 8.0 时停止生长。生产中正常调制的培养料 pH 值基本上符合滑菇生长发育的要求。配制培养基时应把 pH 值调至稍高一些，因为培养基在高压灭菌过程中 pH 值有所降低。另外，菌丝在生长发育过程中，能够产生一些有机酸，增加培养料的酸度，降低 pH 值。

专题二　半熟料块栽

一、生产流程

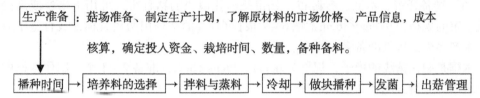

二、栽培任务

本栽培任务结合教学环节进行。6 000 块滑菇菌于 9 月出菇。

三、栽培过程

滑菇半熟料块栽是指栽培滑菇的培养料拌料后用常压蒸锅散料 2～3h，然后压块播种、发菌出菇的一种栽培方法。这种栽培方法采用早春低温播种，可有效地避免杂菌污染。经过春、夏两季发菌，使菌块达到生理成熟，晚秋 9～11 月集中出菇，产品主要盐渍后供应国际市场，一部分产品也在国内市场鲜销。这种栽培方法生产工艺简单，操作方便，容易在广大农村普及推广，是我国滑菇主产区的主要生产模式。

1. 生产的准备

（1）菇场选择　一般农户小规模生产可选在房前屋后田园或空地上，要求离水源近并排水良好。而大规模生产应选择交通运输方便，水源充足，地势平坦，环境清洁，周围远离工厂、畜牧禽舍、农副产品市场等，以免受到有害微生物的污染和蝇、蚊侵害。

（2）菇棚搭建　滑菇块栽利用简易菇棚价廉实用。菇棚一般长 14cm，宽 7m，高 2.5～2.8m。棚内设置床架，进行多层次栽培。架宽 1m，架间设置 60cm 宽的作业道。床架可设置 7 层，架层间距 30cm，最上层距棚顶 60cm，最下层距地面 10cm。棚上盖要做成拱形，上盖塑料防雨，再盖草帘遮阳，四周用秸秆勒栅栏或挂草帘，既要挡光又要通风。如此大小菇棚可摆放 2 000 菌块。菇棚使用前，要收拾干净，地面撒白灰消毒。

（3）制作蒸料锅　生产滑菇蒸料用的蒸锅可用砖或水泥砌成圆桶形或长方形，也可用厚 1～1.5mm 的铁皮焊成。一般锅筒直径或边长为 1.2m，高 1.0m，每锅一次可蒸料 500kg。

（4）备足培养料　一般每生产 1 000 块滑菇菌块大致要准备 2 000kg 的主料（木屑、玉米芯、豆秸等）、400kg 的辅料（麸皮或米糠）、20kg 的石膏粉。所有的培养料都应当在生产前备足。

（5）准备菌种　菌种可自己生产，也可购买。无论自产或购买，都应当注意菌种的质量。菌种的质量的好坏是栽培成功与否的关键。好的菌种是不退化、不混杂、菌龄适宜、适应当地气候条件的优良菌株。健壮菌种的标准是菌丝洁白，绒毛状，生长致密均匀，手触菌种有弹性，用手掰成小块而不易粉碎，菌块内外菌丝量一致；菌龄 50～

60d，不老化，不萎缩，菌种瓶底或袋底无积水。每生产 1 000 块滑菇菌块应当准备 1 000 瓶（500ml 罐头瓶）或 250 袋（17cm×33cm 菌种袋）栽培种。此外，还应准备一些必需的生产工具和消毒药品等。

（6）准备托帘、木框、塑料布　托帘是承托菌块的秸秆帘，可用玉米秆或高粱秆做成。帘的规格为 61cm×36cm，把 6～7 根长 61cm 的秸秆用两根紫穗槐或竹签串成即可。生产多少菌块就准备多少托帘。

木框是制作菌块的模子，规格为 60cm×35cm×8cm，准备 2～3 个。制作木框的木板要求内外光滑，厚度 2cm 左右即可。

塑料布是包菌块用的薄膜，可选用聚乙烯膜，裁成 130cm×120cm 大小，膜厚 0.01～0.012cm（图 4－14）。

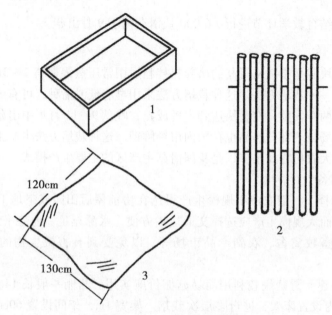

图 4－14　制块相关材料
1. 木框；2. 托帘；3. 塑料薄膜
（引自常明昌教授《食用菌栽培》第二版）

2. 播种时间

多年的实践证明，滑菇的半熟料块栽，播种的气温以 0～5℃ 为宜，因为滑菇菌丝发育的起点温度为 5℃，全国各地区可根据当地的气候条件确定适宜的播种时间。在东北，滑菇多是早春播种，秋冬收获，一年一个生长周期。适时早播，低温发菌，是控制杂菌污染、提高播种成功率的一项非常关键性的技术措施。

3. 培养料的选择

培养料配方：木屑 60kg，玉米芯 40kg，麸皮 15kg，石膏粉 1kg。

栽培任务所需培养料如表 4－20 所示。

表 4 - 20　培养料

木屑（kg）	玉米芯（kg）	麸皮（kg）	石膏粉（kg）
7 200	4 800	1 800	120

4. 拌料与蒸料

（1）拌料　首先要将各种原料按比例称好，然后把主料堆放在干净的平地上，再把辅料撒在主料堆上，用铁锹反复搅拌均匀，慢慢加水，加水量可根据原料的干湿程度而定。边加水边搅拌，拌好的培养料闷半小时后，测定含水量。含水量测定方法是用手紧握培养料成团不松散，指缝间有水印而不下滴为宜，这时培养料的含水量为 55% ～60%。蒸料过程中培养料还可以从蒸汽中吸收部分水分，含水量可达到 60% ～65%，正适合滑菇菌丝体生长对水分的要求。

（2）蒸料　配制好的培养料必须经过蒸料处理，其目的一是软化培养料，使高分子化合物降解为低分子有机化合物，便于菌丝的吸收利用；二是可杀死部分杂菌和害虫，使之减少病虫害的发生。蒸料时，锅上放入铁帘或坚实的木帘、竹帘，往锅内注水，水面距帘 20cm，帘上铺放编织袋或麻袋片，用旺火把水烧开，然后往帘上撒培养料。首先撒一层约 5cm 厚的干料，随着蒸汽的上升，以后哪里冒蒸汽就往哪里撒料，不要一次撒得过厚，一直撒到离锅筒上口 10cm 处为止。用较厚的塑料薄膜和帆布（或麻袋片）把锅筒包盖，外边用绳捆绑结实。锅大开后，塑料鼓起，呈馒头状，这时开始计时（锅内料温为 100℃），保持 2～3h 后即可停火，再闷 2h 便可出锅。

5. 冷却

培养料经过蒸料后，需要趁热出锅，用塑料薄膜在托帘上包料，每包湿重约 6kg。包料时操作动作迅速，尽量缩短培养料与空气的接触时间，以减少杂菌污染的机会。包好的料包运到干净的室内或棚内进行冷却，待料温降到 25℃ 以下时，做块播种。

6. 做块播种

播种前播种场所要进行消毒处理，一般每立方米空间用 10～15g 硫磺熏蒸消毒 12h方可使用。做块播种时，先将木框放在托帘上，再将料包放在木框中打开，整平，把菌种均匀撒在培养料表面，每块播种量 1 瓶（500ml 罐头瓶）或 1/4 袋（17cm×33cm 菌种袋）栽培种，然后用木板压实，立即包严，菌块厚度 6cm 左右（图 4 - 15）。播种结束后将菌块搬到室外堆垛发菌，也可以搬到菇棚内堆垛发菌。近几年，一些栽培户将菌块播种后直接搬到菇棚内上架发菌，也收到了较好的效果。

菌块在棚外堆垛发菌的好处有两条：一是保温，因播菌是在低温条件下，有时气温达到 0℃ 以下，棚内由于阳光照射有限，温度一般都比棚外低，不利于菌种萌发生长；在棚外，由于阳光充足，气温较高，有利于菌种恢复生长。二是菌块堆放在一起，本身就可增加温度，有利于利用培养料内的热量发菌。

菌块要堆放在棚外适宜管理的地方，地面用木杆或砖垫起，每 5～7 块落成一垛，垛与垛之间要留出 10cm 的空隙，以利于空气流通，上面及四周盖 20cm 以上厚的稻草。盖稻草的目的是保温、透气，防止阳光直射，促进菌丝生长。在堆放期间要防止猪、

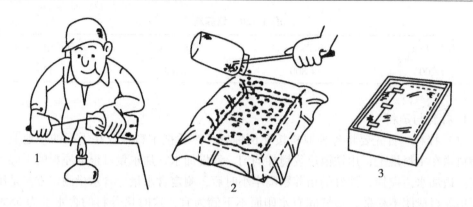

图 4 – 15 播种

1. 挖菌种；2. 打包接种；3. 菌块

（引自常明昌教授《食用菌栽培》第二版）

狗、大牲畜及老鼠损害。

一般菌块在棚外可堆放到 5 月初，以后进入菇棚上架发菌。堆放时间过长，块与块之间压得过实，氧气不足，影响菌丝生长。

7. 发菌

（1）发菌前期管理　从接种后到菌丝布满整个菌盘表面为发菌初期。此期管理的目的是使菌丝尽快恢复生长，迅速布满菌盘表面，管理的重点应放在保温和通风上。一般播种后，初期外界气温 1～3℃之间，达不到菌丝生长的最低温度要求，不能直接摆放在培养架上，以防菌盘受冻害，此时要以保温为主，尽量勿使菌块结冰。发菌场所应保持清洁，空气湿度不宜过大，不要向菌块上喷水。发菌初期菌丝量少，呼吸量也少，不可经常通风。在菇棚内堆垛发菌的，因堆垛上下温差大，需要两周左右倒垛一次，以使发菌均匀一致，倒垛时检查发菌情况。在温度适宜的条件下，经过 10～15d，菌块上的白色菌丝开始向料内生长，发菌初期结束。发菌初期时间虽短，但对栽培成败关系极大。因为此时温度变化大，有急速上升的可能，一旦气温上升，不能及时将菌盘疏散开，温度越高，菌丝生长越旺，菌丝呼吸作用产生的热量因薄膜包裹而散发很慢，几天后就会使培养基变酸，出现了通常所说的"烧堆"现象。因此，在接种和发菌初期管理交织在一起时，必须头脑清醒，防止顾此失彼。

（2）发菌中期管理　从菌种培养基表面到长满整个培养基为发菌中期，此期间管理的重点是加强菇房内通风换气，确保菌丝菇预定期限内布满整个培养基，到了发菌中期，菌盘应该上架了。有观点认为，接种后发菌时间长一点，培养基压实，产量高。堆垛发菌时间的长短，应根据气温回升的快慢而定，不能将堆垛时间拖得太久。

接种 20d 后，气温逐渐上升，菌丝生长更加旺盛，必须加强培养场所的通风，每隔 1～2d 就应给菇房通风，同时简易菇房顶部要盖上遮阳物品，如草帘、苇帘等，以防阳光暴晒菇房内温度骤然上升。这个阶段是杂菌污染的多发期，因此，要经常检查菌盘，如果个别菌盘发现杂菌污染，属于链孢霉、根霉、毛霉污染的，可将其移到阴凉、通风的地方继续培养。在接种 40d 左右应将菌盘上下调换一下位置。

（3）发菌后期管理　发菌后期指从菌丝布满整个培养基到蜡质层形成的时期。这个时期与前两个时期管理的不同点是适当提高菇房温度，使之保持 18~22℃。

当滑菇菌丝体达到生理成熟时，还要让菌丝充分生长，吸收积累营养，随着菌块表面形成一层锈色的菌膜，此时正值高温季节，必须把菌块单摆在棚内床架上，打开通风窗，使棚内空气对流。伏季需要昼夜通风，以降低菇棚内温度。经过 4~5 个月的菌丝培养，菌丝已牢固地长满整个菌块，此时菌块表面出现橙黄至锈褐色菌膜，有光泽，有香味，用手按有弹性。如菌块松散，菌丝暗黄、发黑、发黏，有臭味，应及时淘汰；菌块有青、绿霉菌或毛霉污染时，可局部清除，放到低温通风处，菌块重新愈合后，仍可出菇。滑菇菌丝培养切忌在地下室、防空洞或菜窖等通风不良处进行，培养场所必须清洁、凉爽、通风良好，避免高温危害。

菌膜形成的好坏，对产量影响很大。正常的菌膜有橘黄色和红褐色之分，厚度在0.5~0.8mm，菌膜对盘内菌丝起保护作用，既防止水分蒸发，又防止外部虫害和杂菌的侵入。形成良好的菌膜，也是菌丝健壮和高产的重要标志。有的栽培户，往往忽视这个阶段的管理工作，以为只要菌丝长满盘，秋后就会有较好的产量。实践证明：菌膜形成的不好，菌盘内菌丝对杂菌的抵抗力低，容易烂盘。影响菌膜形成的因素有两个：一是劣质菌种，菌丝弱，一般不易形成菌膜；二是散射光照度不够。在菌丝布满培养基后，就应该及时给以散射光。但光度要合适，光线越强，菌膜越厚，有时厚达 1.0~1.5cm，这样的菌膜过多地消耗营养，不利于水分的吸收，往往影响产量。

（4）菌块越夏管理　滑菇菌丝培养后能否安全越夏是生产成败的关键。菌丝安全越夏的措施主要是通风、降温、避光、防治病虫害 4 个环节。管理中要求通风良好及适量的空气对流。棚温一定要控制在 30℃ 以下，因为滑菇不耐高温，特别是菌丝处于老熟休眠阶段，超过 30℃ 连续 4h 就会使菌丝受到伤害。菇棚的门窗需要用玉米秸串成的遮阳帘遮光，以防止直射光照射。为了防治害虫危害，棚内经常用敌敌畏熏蒸。

8. 出菇管理

（1）打包划面　滑菇出菇前首先要将料包的塑料膜打开，称为打包。打包时间可根据当地的气温条件而定，通常在 8 月下旬，平均温度 20℃ 左右，距出菇时间 30~40d。打包不宜过早，以防止高温和杂菌对菌块的危害，但也不宜过晚，最晚不得超过8 月末至 9 月初。打包之后，必须将菌块表面形成的一层硬的锈红色膜层划破，称为划面。划面的目的是使菌块得到新鲜的氧气，加强透气透水，促进菌丝扭结，形成原基。划面的工具可用锯条、刀形铁器或铁钉制成的小耙。划面时用力按住菌块，划线间距4cm 左右，划面的深度根据表面蜡层厚薄而定，锈红色蜡膜较厚的划面不能浅于 1cm，表面蜡层发白的要轻划，菌块表面未形成蜡膜的可不划。划道时要注意勿将菌块弄碎或将表面的硬盖揭下，必须保持菌块的完整（图 4-16）。

（2）水分管理　滑菇菌块打包划面后，出菇早晚、产量高低的关键在于水分的管理，因为滑菇具有喜湿耐水的特性，出菇期间空气相对湿度为 90%~95% 才能出菇整齐，产量高。滑菇出菇期的管理，应主要抓住以下几个关键阶段。

第一阶段，要轻喷划面水。菌块划面 7~10d 内喷水要轻，做到轻喷水，以保持培养料面的湿润状态。

第二阶段，要狠喷扭结水。在滑菇的水分管理中，喷扭结水是最重要的环节，此时

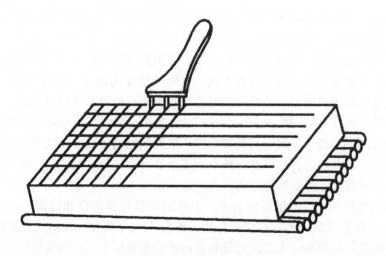

图 4 – 16　打包划面

（引自常明昌教授《食用菌栽培》第二版）

气温已下降至 20℃以下（约 9 月上旬），每天早、午、晚及夜间各喷一次水，喷水量要大，要使菌块含水量增加到 70% 左右，即用手按菌块有水渍出，并可见指纹；并要保持 90% ~95% 的空气相对湿度，菇棚内地面也要经常洒水，保持潮湿状态。当菌块吸收到适宜的水分后，表面出现小米粒状的菇蕾，此时不要再往菌块表面上喷水，以免菇蕾窒息而死，主要调节空气相对湿度达到 90% ~95%，每天需要喷水 3 ~4 次，夜间补喷一遍水。

第三阶段，要控制转潮水。滑菇每次采收后，要控制两天不喷水，但要保持菌块表面不干，使菌丝体再积累营养。

（3）温度管理　滑菇子实体在 5 ~20℃时都能生长，高于 20℃子实体发生小，菌柄细。菌柄盖小，开伞早，甚至不出菇；低温 5 ~10℃生长仍很健壮，但产菇少。子实体发生的最适温度，因品种而异，一般 10 ~18℃为宜。10 月后的深秋季节，自然温差大，应充分利用自然温差，加强管理，促进滑菇多产。夜间气温低，出菇室温应不低 10℃；中午气温高，应注意通风，使室温不高于 20℃为好。

目前，我国栽培滑菇主要是靠自然温度养菌、出菇，使用的菌种主要是中、晚熟品种，出菇时要求 10 ~15℃的温度。然而，适宜出菇的时间只有一个半月左右，为了充分提高产量，当气温降到 5℃以下时要考虑给予适当的增温条件以延长出菇期。近几年，菇农从生产实践中总结出了提高菇房温度的经验，如白天撤掉菇房顶上的遮盖物，利用阳光辐射提高菇房温度，当日光西斜之后，及时盖好保温帘等。这样可维持出完第三茬菇。没有出完菇的菌盘，要采取措施越冬，采完最后一茬菇后，停止喷水阴干 10d 左右，使菌盘的含水量尽量降低，避免冬季保管时受冻害。将菌盘清理干净后，移到 0 ~2℃贮藏室内，用塑料膜将菌盘包好，防止菌盘干燥。第二年春天，当气温回升到 5℃时，揭去塑料薄膜，放到出菇架上喷水出菇。

受冻的或完全变黑的、散碎的菌盘都不能出菇。因此越冬保管前要对菌盘进行一次检查。凡培养块完整、手按时有弹性、掰开菌盘断面有大量白色菌丝，均有产菇能力。

相反，菌盘疏松、散碎，块内无白色菌丝且发黑的，就失去产菇能力，应将其淘汰。

温度适合菌柄生长，有利于提高产量，一般菌柄发育所需温度较原基形成时稍高。当菌盘出菇较整齐时，可采取暂时控制通风，喷水 1～2d 的方法来提高室温。如出菇不整齐时，可对刚出现原基的培养块停止喷水 1～2d 来提高室温，菌柄向上生长时再喷水。如果出菇期温度过高时，则形成的原基小，菌伞色淡，易开伞。

（4）通风管理　出菇期菌丝体呼吸能力增强，需氧量明显增加，需保持室内空气清新。在通风的同时，应注意温、湿度变化。如温度高，室内闷热潮湿，应加强通风。通风不好，也是造成畸形菇的原因之一。

（5）光线管理　出菇时必须有散射光，忌直射光。菇棚顶部如果遮盖物过多，棚内架层间距过小，会导致棚内光线不足，菇体菌柄长而弯曲，菇色淡，子实体小，开伞早。因此出菇期要适当减少棚顶遮盖物，保证菌盘有适当的光照。光线过强对子实体生长也不利，菌盘水分容易散失，不利于菇体正常生长，直接影响产量。出菇时散射光强度以 700～800lx 为宜，也就是在架层间能看清报纸正文小字的光强。

（6）采菇期管理　每次采菇后要及时清理好菌盘表面，清除蘑菇残根，并停止向菌盘喷水，盖上塑料薄膜，防止菌盘表面干燥，稍微提高培养温度，以利于菌丝积累更多的营养，出好下茬菇。滑菇菌丝经组织化形成原基，它所能利用的水分和营养是由原基下部的菌丝供应，这可通过掰开长有子实体的菌盘部分观察出来。出菇的在子实体下方有明显变粗的洁白束状菌丝，而不出菇的仍为白色絮状菌丝，没有白色束状菌丝。这就从菌丝营养生理的角度要求栽菇户在采完一茬菇之后，必须为菌丝从生殖生长转为营养生长创造条件。停止喷水 5～7d 后，菌盘表面生出新的菌丝时，再打开塑料薄膜，向菇房的空间和地面喷水，使相对湿度达到 85%～90%，几天后又有新的原基形成。采收前停水 12h，采收后停水一周，清理菇床和整个菇房，适当提高温度促使菌丝恢复生长。一般可出 3～4 潮菇。生物学效率可达 80%～90%。

专题三　熟料袋栽

滑菇的熟料袋栽是指把栽培滑菇的培养料装袋后经过高温灭菌，然后进行接种、发菌、出菇的一种栽培方法。它与滑菇半熟料块栽方法相比较，其最大优点是一年四季均可以进行接种，只要出菇场所环境条件适宜，可周年出菇，满足市场的需求。

滑菇熟料袋栽，培养料的配方和配制方法与上述半熟料块栽方法中有关内容相同，可参照去做。另外，在出菇场所要求方面，春、秋可利用简易塑料大棚，冬季最好是塑料日光温室，夏季要利用地下室、防空洞、菜窖等低温场所。

1. 装袋灭菌

料袋规格一般采用 55cm×17cm×0.04cm 的低压聚乙烯筒袋（适合常压蒸汽灭菌）。先将料袋一头用绳系紧，然后装袋，每袋装湿料 2kg。装完料袋，用撕裂绳把袋口双道反折系紧，准备灭菌。灭菌方法有高压蒸汽灭菌和常压蒸汽灭菌两种，生产上常采用常压蒸汽灭菌。

灭菌开始时火力要猛，要求在短时间内将锅烧开，以免造成培养料变酸。在锅内温度达到 100℃时开始计时，要灭菌 10h 以上。锅内要经常补水，以防烧干锅。灭菌后，待锅内温度降至60℃以下时方能出锅。要将菌袋放在经过消毒、干净、通风、宽敞的场所，井字形排列，使之冷却，同时晾干料袋表面的水分。

2. 料袋接种

（1）接种室消毒　为提高接种效果，减少杂菌污染，接种室的消毒十分重要。接种室要在接种前1～2d进行消毒灭菌。首先，地面撒白灰（水泥地面可不撒），然后用3%的来苏尔水进行喷雾消毒。接种前，把所有接种工具及菌种、待接种的菌袋放入室内，用高锰酸钾、甲醛密闭熏蒸2h以上，用量为每立方米空间5g高锰酸钾、10ml甲醛。为减少甲醛对身体的影响，熏蒸后用25%～30%的氨水喷雾（每立方米空间50ml）。现在已有许多高效低毒的消毒剂代替甲醛进行空间消毒，如气雾消毒剂等。

（2）无菌操作　接种时必须严格按无菌操作规程进行。接种者必须衣着清洁，并用70%～75%的酒精消毒双手。开始接种时，先用75%的酒精涂擦菌袋接种面，然后用直径1.5cm左右的木制锥子在菌袋上等距离地打4～5穴。打穴后迅速用接种器或手工将菌种紧紧挤入接种孔内，让菌穴与菌种密切吻合，不留间隙。菌种于穴面微凸起，这样滑菇菌丝一萌发，就可将接种口封住，防止杂菌危害。接种后用3.25cm×3.25cm的专用胶布封穴口，也可不用胶布封口，直接在菌袋外再套一个塑料袋。如果不是高温季节接种，接种后可不用胶布封口或套袋。一般每瓶菌种（750ml罐头瓶）可接20～25袋。需要强调的是，接种时接种动作要迅速，接种量要足，接种室尽量避免人员走动、相互交谈，以免影响接种效果。

3. 发菌

接种后，菌袋要放入发菌室。发菌室也要选在防暑降温条件好、易于通风换气、环境清洁之处。地面易回潮的地方不宜采用。发菌室在使用前也要进行消毒灭菌，其方法与上述接种室消毒灭菌方法相同。现在，很多菇农一般将接种室与发菌室合为一体，即接种后菌袋就在接种室内发菌，这样可减少因搬动造成的杂菌污染。接种后菌袋以井字形或三角形排列，每层4或3袋，叠放8～10层，每堆间留有一定距离。接种后10d内菌棒一般不要搬动，以免影响菌丝的萌发和造成污染。

发菌室对环境条件的要求有四条，务必遵照执行。第一，要求发菌室温度最好控制在20～25℃，菌袋内温度不得超过25℃。第二，要求发菌室空气相对湿度控制在60%～65%，过干、过湿对发菌不利。第三，要求发菌室始终保持通风良好，以便进行气体交换。第四，要求发菌室光线黑暗，要在无光或微光的环境中进行发菌培养。

发菌10d后如果发现菌袋内有污染或菌袋内遇高温（超过25℃以上）时要进行翻堆，轻轻拿出污染菌袋，尽快与培养室隔离，以减少污染源。翻堆后菌袋的摆放高度要适当低些，以利于降温散热。在整个发菌过程中只要没发现污染，菌袋内没遇高温，就不要翻堆，越翻堆污染的菌袋就越多。翻堆时要做到轻拿轻放，小心搬运，不拖不磨，避免人为弄破菌袋，造成污染的机会。

在正常情况下，菌袋在20d左右菌穴的菌落直径可达8～10cm，此时菌袋内的氧气大量减少，菌丝生长速度逐渐变慢或停止生长。为了增加氧气，必须撕掉胶布，去掉套袋。当菌袋长满菌丝，表面产生锈色菌膜后，即可进行出菇管理。

4. 出菇管理

出菇前脱去塑料袋，菌袋脱袋后一般称为菌棒。在出菇场所菌棒的摆放方式主要有两种，一种是将菌棒摆放在地面简易的床架上，即在地上钉木桩，拉上竹竿或铁线，倾斜摆放菌棒，棒距 6 ~ 8cm，床架间留 0.5m 宽作业道，每 667m^2 地面可摆放 10 000 个菌棒。如果在出菇场所搭设多层床架，立体摆放，可有效利用空间，每 667m^2 出菇场所至少可摆放 20 000 个菌棒。菌棒摆放后，每天要喷水催菇，半个月左右便可出菇。

另一种是菌棒埋土出菇，这种管理方法既可以使菌棒保湿、降温，又可以使菌棒从土壤中吸收水分和养分，有明显的增产效果。首先在菇场作畦，畦宽 1m，深 10cm，然后将菌棒从中间切断，一棒变两棒，切口断面着地，将菌棒立在畦内，埋上土，菌棒露出土面 2 ~ 3cm，以防出菇时菇体沾土。菌棒也可以不经过切割，直接将其平摆在畦内，再埋土。菌棒埋土后往畦内灌透水，以后每天喷小水，保持畦面潮湿。出菇后要用喷雾器喷水，要注意菇体上不要溅上泥土。一潮菇采收结束，停水 5 ~ 7d，再进行出菇管理（图 4 - 17）。

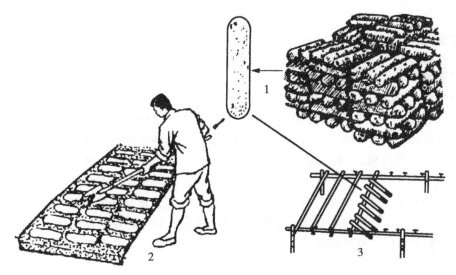

图 4 - 17　出菇管理

1. 脱袋；2. 埋袋出菇；3. 排场

（引自常明昌教授《食用菌栽培》第二版）

出菇场所的温度控制在 7 ~ 20℃，空气相对湿度达到 90% 左右，经常进行通风换气，散射光以能阅读报纸为准。

5. 采收

滑菇子实体原基出现后，一般 7 ~ 8d 成熟，成熟后要及时采收。一般在菌膜即将开裂之前，菌盖橙红色呈半球形，菇柄粗而坚实，表面油润光滑，质地鲜嫩时采收为好。采收适时，子实体重，质量好，加工时不易开伞，等级高，价格好。待菌膜逐渐开裂后，菌盖开展，呈锈褐色或黄红色，柄淡黄色时，即有褐黄色纤毛鳞，孢子开始弹射，菇体则变轻，这时采收就略晚，影响等级。采收过早影响产量。采菇时，还要根据滑菇长势大小采集，一般达到采收标准的菇多时，就全采下来，但不能选采，如果选采后，剩下的小菇开伞快，影响产品的质量。

采收时，用拇指、食指、中指轻轻捏住菌柄基部拧起，不要将培养料带起，影响下潮菇的发生，然后将其从基部逐个掰开，用不锈钢刀切去多余菌柄和脏物，及时进行加工。

复习思考题

1. 试述滑菇的营养价值和药用价值。
2. 滑菇的品种有哪几种类型？
3. 试述滑菇半熟料块栽的生产工艺。
4. 试述滑菇熟料袋栽的生产工艺。

第九节　鸡腿菇栽培

专题一　基础知识

一、概述

鸡腿菇〔*Coprinus comatus*（Mull.；Fr.）S. F. Gray〕又名毛鬼伞、鸡腿蘑、刺蘑菇，学名毛头鬼伞。属真菌门，担子菌亚门，层菌纲，伞菌目，鬼伞科，鬼伞属。

鸡腿菇肉质肥厚细嫩，滑脆爽口，味道鲜美，是一种食用兼药用的菌类。据测定每100g干菇中含蛋白质25.4g，氨基酸总量18.8g。还含有20余种氨基酸（包含人体必需的8种氨基酸），其氨基酸比例合理，尤其是赖氨酸、亮氨酸这些谷物和蔬菜中缺乏的氨基酸含量十分丰富。此外，还含有钙、铁、磷、钾等元素及维生素 B_1 等多种维生素。鸡腿菇味甘性平，有益脾胃、清心安神、治痔等功效，经常食用有助消化，还具有降低血糖、治疗糖尿病、抑癌抗癌的功效。鸡腿菇保鲜期短，是一种条件中毒菌类，与酒或含有酒精的饮料同食易引起呕吐、醉酒等中毒反应。

人工栽培历史并不长。从20世纪60年代开始，德国、英国、捷克等国家就开始进行人工驯化工作，并栽培成功。目前，美国、荷兰、德国、法国、意大利、日本、中国等已开始大规模商业化栽培。我国早在元末明初之际，我国山东省、淮北等地就曾沿用埋木法栽培过鸡腿菇，但形成规模化人工栽培则是近几年在我国北方发展起来的。栽培研究始于20世纪80年代，从90年代初期开始逐渐由北向南发展。形成一定规模的主产区有山东省、河南省、河北省、山西省、江苏省、福建省、广东省、浙江省等地，我国鸡腿菇鲜菇2011年总产量34.23万t。

我国栽培的鸡腿菇品种较多，大多是人工进行子实体组织分离选育而来，也有从国外引进的优良品种。鸡腿菇的优良品种分为单生种和丛生种。优良品种的标准是子实体肥大，菌柄粗短，鳞片少，高产，抗逆性强等。单生品种个体肥大，总产量低，单株菇重一般在30~150g，大的可达200g。丛生品种个体较小，但总产量较高，一般丛重0.5~1.5kg。

二、生物学特性

1. 形态特征

（1）孢子　孢子椭圆形，孢子印黑色。

（2）菌丝体　菌丝细长，管状，分枝少，粗细不匀，细胞壁薄，透明，中间具横隔，内具二核，菌丝直径一般为 3~5cm，大多数菌丝无锁状联合。菌丝体贴生于培养基上，前期呈白色或浅灰白色绒毛状，细密。在母种培养基上，常有菌丝分泌的黑色素沉积在斜面培养基内。覆土后，使加粗成致密的线状菌丝，线状菌丝才能结菇。

（3）子实体　子实体单生或丛生，由菌盖、菌褶、菌柄、菌环四部分组成。菌盖幼时呈白色圆柱形，表面光滑，与菌柄紧密结合在一起；随着子实体的生长，菌盖为锈色鳞片钟状，与菌柄逐渐分离，最后开伞呈伞状。菌褶较密，离生，初为白色，开伞时呈浅褐色，老熟时呈黑色墨汁状孢子液。菌柄白色纤维质，圆柱状，中空或中松，上细下粗，基部膨大，长 12~35cm，直径 1~4cm。菌环白色，膜质，位于菌柄中上部，易脱落（图 4-18）。

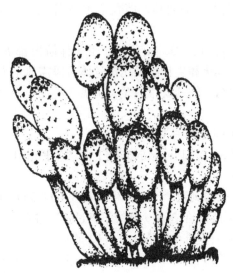

图 4-18　鸡腿菇
（引自常明昌教授《食用菌栽培》第二版）

2. 生活条件

（1）营养　鸡腿菇属草腐土生菌类，而且具有不覆土不出菇的特点。菌丝体阶段 C/N 为 20:1，子实体生长阶段 C/N 以 40:1 为好。

鸡腿菇能利用的碳源、氮源很广泛。在制备培养基时，常以葡萄糖和果糖为碳源，蛋白胨和酵母膏为氮源；在栽培时，常以秸秆、棉籽壳、玉米芯等为碳源，以麸皮、玉米粉、豆饼、尿素等为氮源。维生素 B_1 对鸡腿菇的生长有明显的促进作用。

根据当地食用菌主要原料的来源和栽培品种对料的适应性来选择适宜的原料栽培。常用栽培鸡腿菇的配方如下（以下配方含水量约65%，pH 值为 7.5~8）：

①棉籽壳90%，玉米粉8%，尿素0.5%，石灰1.5%。

②麦秸（或稻草）77%，干牛粪（或干鸡粪等）14%，棉饼（或菜籽饼等）3.5%，石灰2%，过磷酸钙1%，石膏粉2%，尿素0.5%。

③玉米芯88%，麸皮10%，尿素0.5%，石灰0.5%。

④平菇或金针菇菌糠60%，棉籽壳30%，玉米粉8%，石灰2%。

⑤棉籽壳85%，麸皮10%，过磷酸钙1%，石膏粉2%，石灰2%。

（2）温度　鸡腿菇属中低温型的变温结实性食用菌。

菌丝生长的温度为3~35℃，最适温度是21~28℃。菌丝抗寒能力很强，在-30℃的土中菌丝可以越冬。

子实体分化的适宜温度为10~20℃，需要5~10℃温差。子实体生长的温度为10~30℃，最适温度是16~24℃，超过30℃不易形成子实体，低于8℃小菇蕾变黑死亡。

（3）水分和湿度　鸡腿菇属喜湿性菌类。

菌丝生长阶段，培养料含水量65%左右，空气相对湿度约80%为宜。

子实体生长阶段，培养料含水量60%~70%，空气相对湿度为85%~90%。空气湿度低于60%，子实体瘦小，菌柄硬，菌盖表面鳞片反卷；高于95%，菌盖易得斑点病。

（4）空气　鸡腿菇属好气菌类。菌丝体、子实体阶段都需要大量氧气，需要保持环境空气清新。但子实体分化和生长阶段比菌丝体阶段需氧量大，应加大通风量。若通气不良，二氧化碳深度过高，幼菇发育迟缓，菌盖变小变薄，菌柄细长，形成品质极差的畸形菇。

（5）光线　鸡腿菇属弱光性菌类。

菌丝生长不需要光线，在黑暗或微弱光线下菌丝生长健壮。强光对菌丝的生长有抑制作用，并加速菌丝老化。

子实体分化需要散射光的刺激。子实体生长需要60~500lx的散射。在一定范围内，光线越弱，菇体越嫩白，商品价值越高。光线不宜过强，过强菇体发黄，影响品质。

（6）酸碱度　鸡腿菇菌丝在pH值为2~10的培养基中均能生长，最适pH值为6.5~7.5。由于菌丝在生长过程中，呼吸作用及代谢产物使培养基pH值下降，故在生产中培养料及覆土材料的pH值调至8.0~9.0。喷水管理时，还可加入1%~2%的石灰水，防止酸碱度下降。

（7）覆土　鸡腿菇是土生性菌类，若不覆土，菌丝生长得再好也不形成子实体。土壤中细菌类微生物及代谢产物刺激子实体的形成，覆土是鸡腿菇生长的必需条件之一。

专题二　熟料栽培

一、生产流程

准备工作：菇棚准备、制定生产计划，了解原材料的市场价格、产品信息，成

本核算，确定投入资金、栽培时间、数量，备种备料。

培养料配制→装袋→灭菌→接种→发菌→脱袋排畦→出菇管理→采收→采后管理

二、栽培任务

本栽培任务结合教学环节进行。400m² 日光温室脱袋覆土栽培 3 000 袋，预计 9 月上旬出菇。

三、栽培过程

1. 确定栽培季节

鸡腿菇菌丝生长阶段温度以 10～28℃为宜，子实体生长阶段，温度以 12～20℃为宜，根据此温度特性来确定栽培季节。南方地区，一般春栽 2～3 月，秋栽 8～9 月；北方地区春栽 1～3 月，秋栽 8～10 月。由于春季之后进入夏季，温度升高，所以春栽出菇期较短。每年 9 月秋栽最好，可利用自然气温出菇。但也不宜过早，过早温度高，污染严重；过晚，出菇慢，需进行保温管理，增加成本。

本栽培任务预计 9 月上旬出菇。鸡腿菇菌丝还具有不易老化的特性，菌棒、菌砖经长时间存放不影响出菇，在实际生产中，可具体对待。

2. 培养料的选择

栽培鸡腿菇的农作物下脚料比较广泛，如麦秸、玉米芯、豆秸、稻草、玉米秆等。人工栽培有生料栽培、熟料栽培。

本栽培任务选用的培养基为：

棉籽壳 40%，玉米芯 40%，麸皮 10%，玉米粉 5%，过磷酸钙 1%，石膏粉 2%，石灰 2%。

每袋装干料按 1.5kg/袋计，需培养料共 4 500kg，所需各培养料如表 4-21 所示。

表 4-21 培养料

棉籽壳 （kg）	玉米芯 （kg）	麸皮 （kg）	玉米粉 （kg）	过磷酸钙 （kg）	石膏粉 （kg）	石灰 （kg）
1 800	1 800	450	225	45	90	90

3. 培养料配制

把棉籽壳、玉米芯、麸皮、玉米粉干拌匀，把过磷酸钙、石膏粉、石灰溶于水。然后把水泼在料上，边泼边翻，翻匀为止。含水量以用手握有水滴下为宜，此时含水量约 65% 左右。让料充分吸水后，简单发酵。堆制，让料温升至 60℃左右，维持 12h 后翻堆。

4. 装袋灭菌接种

选择 （20～24）cm×（45～50）cm×0.04cm 低压聚乙烯袋。装袋时要注意装袋松紧度，做到外紧内松。采用常压蒸汽灭菌，当温度达到 100℃时，维持 12h。待料温降至 28℃以下时，接种。在料袋周围打 3 排 9 个孔，孔径为 1.5cm，接种后用透明胶布封口。

5. 发菌

发菌期温度控制在 24～26℃，最高不超过 30℃，防止烧菌现象的发生。菌袋可排成 3～5 排，每排可堆积 4～6 层，袋与袋，排与排之间的距离，可根据温度调节。发菌期要注意堆内温度的变化，要经常检查发菌情况。每周翻一次，及时挑出杂菌污染的菌袋。在条件适宜的情况下，25~35d菌丝可长满袋。

6. 脱袋排畦

（1）覆土准备　土壤最好选用林地、稻田或菜园里含有一定腐殖质、透气性良好的土壤。取表层10cm以下土壤，经暴晒2~3d，拍碎，过粗筛，土粒大小不超过2cm为宜。加入2%生石灰将pH值调至8左右，然后用2%高锰酸钾溶液均匀喷雾，将土粒含水量调至手握成团，落地即散。覆盖薄膜闷堆3~4d，以杀死土壤中的害虫和杂菌。

（2）整地做畦　在日光温室内整地做畦，畦床南北延长，宽1~1.2m、深20~25cm、长不限的阳畦。畦与畦之间留有40cm的过道。畦做好后，喷洒0.2%高锰酸钾溶液，对场地进行杀虫、杀菌，畦底及四周撒一薄层生石灰。

菌丝长满袋后约一周，剥去塑料袋，把菌棒从中部断开，断面朝下竖直排放在畦内，菌棒间隙3~4cm，用准备好的覆土填满袋缝，烧透水后，在菌棒表面覆3~4cm厚的土。整平料面，覆膜保温、保湿。

7. 出菇管理

一般覆土后十几天菌丝基本发满，在此期间，温度控制在20~26℃，适当通风，但要保持土层湿润。此后，温度控制在16~22℃，湿度提高到85%~90%。此期间管理要以通风、增湿为主，通过通风、增湿等措施，给予一定的温差及散射光刺激菇蕾的发生。覆土后20d左右，菇蕾破土而出。现蕾后，7~15d可采收。此期间，温度保持在20℃左右，增湿时，不能直接向菇体喷水，否则极易引起小菇蕾死亡。

8. 采收

鸡腿菇一般七成熟时就要采收。切不可采收过晚，以免菌盖老化变黑、自溶，仅留菌柄，失去商品价值。采收标准是，用手指轻捏菌盖，中部有变松空的感觉时即可采收。采收时，应采大留小。采收时，应一手按住覆土层，一手捏住子实体左右转动轻轻摘下，或用刀在子实体基部切下。采收后应及时清理掉基部的泥土或基质，并刮干净鳞片。

9. 采后管理

每潮菇采收后，应及时清理基内菇根和杂物，采完菇形成的凹陷部分应用细土填平。然后补充2%生石灰溶液。发现有虫害，喷洒杀虫药物后覆土。停水2~3d后喷一次重水，再进行后期出菇管理。10~15d之后可采收第二潮菇。鸡腿菇3潮以后明显减少产量，一般只采3潮菇。

复习思考题

1. 简述鸡腿菇的形态特征和生态习性。
2. 简述鸡腿菇二次发酵法栽培技术要点。
3. 试比较鸡腿菇一次发酵法与二次发酵法的异同。

第十节　猴头栽培

专题一　基础知识

一、概述

猴头〔*Hericium ernaceus*（Bull.）Pers.〕隶属于非褶菌目，猴头菌科，猴头菌属，又名猴头菇、刺猬菌、山伏菌、猴头菌、猬菌、对口蘑、对脸蘑、花菜菌等。

鲜嫩的猴头经特殊烹调色鲜味美，为一种名贵菜肴，与熊掌、燕窝、鱼翅并列为四大名菜，素有"山珍猴头，海味燕窝"之称。猴头具有较高的营养价值（表4-22），还含有丰富的维生素、胡萝卜素等。

表 4 - 22　每 100g 猴头中营养成分

粗蛋白质（g）	碳水化合物（g）	粗脂肪（g）	粗纤维（g）	钙（mg）	磷（mg）	铁（mg）
26.3	44.9	4.2	6.4	2	856	18.0

同时，猴头还具有特殊的药用价值，猴头性平，味甘，有"利五脏，助消化"的功效。近代研究分析表明，猴头含有多糖类、多肽类物质，可增强胃黏屏障机能，从而促进溃疡愈合，炎症消退。还具有较高的抗癌活性和增强人体免疫功能的疗效作用。近年来已广泛用于临床的猴菇消炎片等药物，对胃疡、十二指肠溃疡、慢性胃炎等病症疗效显著，对消化道肿瘤也有一定疗效作用。利用猴头制成的各种口服液等保健食品，如猴头饮料、猴头夹心饼干、猴头软糖、猴头蜜饯、猴头菇口服液、太阳神口服液、猴菇菌片、胃友、胃乐宁、三九胃泰以及猴头冲剂等，广受消费者的欢迎。

野生猴头的数量稀少，1959 年，陈梅朋在齐齐哈尔分离猴头获得纯菌种，同年上海市农业科学院食用菌研究所对猴头人工驯化成功。1979 年，浙江常山微生物厂用金刚刺酿酒残渣栽培猴头获得成功。随着科学技术的发展与推广，人工栽培猴头不断普及，以上海市、浙江省、江苏省、吉林省和福建省等为大规模生产地，全国大多省市也发展较快。2000 年，我国猴头鲜菇总产量仅有 0.64 万 t，2011 年为 15.1 万 t。目前，除供国内食用、药用外，还对外出口，因而发展潜力很大。

二、生物学特性

猴头多发生于秋季，生长于深山密林中的栎类及其他阔叶树的立木、腐木上。分布在日本、北美洲、欧洲等国。在我国主要分布于黑龙江省、福建省、吉林省、山西省、河北省、河南省、浙江省、安徽省、湖南省、广西壮族自治区、四川省、贵州省、云南省、陕西省、甘肃省、内蒙古自治区、青海省、西藏自治区等地。

1. 形态特征

（1）孢子　猴头菌的孢子生于菌刺周围的子实层，孢子无色光滑，球形或近球形，含一个油滴，大小（5.1～7.6）μm×（5～7.6）μm，孢子印白色。

（2）菌丝体　菌丝体由孢子萌发而成。细胞内只有一个细胞核，称为单核菌丝或一次菌丝，随后两个单核菌丝进行细胞质融合，形成了细胞内含有两个核的菌丝，称为双核菌丝或二次菌丝。双核菌丝较单核菌丝粗壮，生命力强，具结实能力（单核菌丝不具结实能力）。菌丝体在试管斜面培养基上，初时稀疏、呈散射状，而后逐渐变得浓密粗壮，气生菌丝短，粉白色，呈绒毛状。放置时间略长，斜面上会出现小原基并长成珊瑚状小菌蕾。在木屑或蔗渣培养料中，开始深入料层，菌丝比较稀薄，培养料变成淡黄褐色，随着培养时间的延长，菌丝体不断增殖，菌丝体密集地贯穿于基质中，或蔓延于基质表面，浓密，呈白色或乳白色。在显微镜下，猴头菌菌丝细胞壁薄，有分枝和横隔直径 10～20 μm，有时可见到锁状联合的现象。

（3）子实体　猴头子实体肉质、块状、头状，似猴子的头而得名，一般直径 5～20cm，新鲜时白色，肉质松软细嫩。干燥时淡黄色至黄褐色，无柄，基部处狭窄，除基部外均密布菌刺覆盖整个子实体。菌刺的长短与生长条件有密切关系，菌刺下垂生长，呈圆锥形，刺长 1～5cm，刺前端尖锐或略带弯曲，刺粗 1～2mm（图 4－19）。

图 4－19　猴头

常见栽培品种如下。

生产上栽培猴头的品种较多，通常选择菌丝洁白、粗壮，子实体出菇早、球心大、组织紧密、颜色洁白的品种。目前，我国常见的猴头栽培品种有常山 99、猴头 11、猴头 88、高猴 1 号、猴头农大 2 号、猴头 96、猴杰 1 号、猴杰 2 号、猴头 8905、夏头 1 号等品种。其中高猴 1 号是广东太阳神基地生产用种，也是高温型品种；猴杰 2 号是适合在松木屑培养料上出菇的品种；猴头 96 是山西农业大学食用菌中心培育的优良品种，曾产出 4.1kg 的巨型猴头。

2. 生活条件

（1）营养　猴头属木腐性菌类。腐生生活，在其生长发育过程中，必须不断地从培养基中吸收所需要的碳水化合物、含氮化合物、无机盐类和维生素等。猴头菇生长所需碳源有纤维素、半纤维素、淀粉、蔗糖等；氮源有蛋白质、有机态氮，也能用尿素、铵盐、硝酸盐作为氮源；微量元素有钙、镁、铁、锌、钼等。猴头菌的营养菌丝在生育过程中能分泌些酶类，将培养基中的多糖、有机酸、醇、醛等分解成单糖作为碳素营养；并通过分解蛋白质、氨基酸等有机物，吸收硝酸盐和铵盐等无机氮，作为氮素营养。据试验，以葡萄糖为碳源，菌丝前期生长较快，以红薯淀粉为碳源则后期生长较好。氮源对菌丝生长影响很明显。以酵母膏和麦麸等作氮素营养效果比较好。许多含有纤维素的农副产品，如木屑、蔗渣、稻草、金刚刺酒渣、棉籽壳等都是栽培猴头菌的良好原料。但松、杉、柏等木屑，因含有芳香油或树脂，未经处理不能利用。这是由于这些物质有抑制猴头菌生长发育的作用。猴头菌丝分解纤维素、木质素的能力较弱，特别是接种初期生长十分缓慢，故配料时要尽可能精细些，常加入1%的蔗糖作辅助碳源。

常见的培养料配方有：

①棉籽壳86%，米糠5%，麸皮5%，过磷酸钙2%，石膏粉1%，蔗糖1%，柠檬酸0.2%。

②棉籽壳55%，米糠10%，麸皮10%，棉籽饼6%，玉米粉5%，木屑12%，过磷酸钙1%，柠檬酸0.2%。

③甘蔗渣78%，米糠10%，麸皮10%，蔗糖1%，石膏粉1%，柠檬酸0.2%。

④玉米芯渣50%，木屑15%，米糠10%，麸皮10%，棉籽饼8%，玉米粉5%，蔗糖1%，石膏粉1%，柠檬酸0.2%。

⑤玉米芯77%，麸皮11.8%，米糠9.1%，蔗糖1.1%，石膏粉1%，柠檬酸0.2%。

⑥木屑78%，米糠10%，麸皮10%，蔗糖1%，石膏粉1%，柠檬酸0.2%。

以上原料除木屑以外，要求新鲜、无霉变，经粉碎呈木屑状；酒糟、豆腐渣、甘薯粉则应晒干备用；稻草、麦秆切成3cm左右的小段，并浸泡于水中8h以上，沥水备用。

（2）温度　猴头属低温型恒温结实性菌类。菌丝生长要求的温度是6~30℃，最适生长温度为23~25℃。温度过高，菌丝生长得细弱，高于30℃时生长缓慢，35℃时菌丝停止生长；温度低，菌丝生长缓慢，但菌丝粗而浓，生命力强，5℃以下菌丝停止生长。子实体生长温度为12~24℃，以18℃最为适宜。温度高低对子实体的形态影响较大，在最适宜温度范围内，子实体的个大，菌肉坚实，菌刺短，色泽乳白，商品价值高；气温超过最适温度，子实体个小，菌肉松软，菌刺细长，高于25℃则不能形成子实体，已形成的幼蕾逐渐萎缩、死亡；当气温低于8℃时，子实体色泽暗红，菌刺短少，甚至无刺，商品质量严重下降。人工栽培时，需掌握猴头的变温结实特性，当菌丝生长到一定阶段，创造子实体分化的适宜条件，促使优质菇的生长。

（3）水分和湿度　猴头是喜湿性菌类。猴头的不同生长阶段对水分的要求不同。菌丝体生长阶段，要求培养料的含水量为60%~70%，空气相对湿度为60%~65%。子实体发育阶段需水分较多，培养基中的含水量以65%为好，空气相对湿度为85%~90%较适宜。若空气湿度不足甚至干燥，子实体的表层组织生长不良，菌刺干缩、断裂；如果湿度长期在90%以上则猴头菌刺生长过长，同时通风不良，易发生畸形菇。因此在栽培管理过程中，合理喷水保湿尤为重要，一定要勤喷、轻喷、少喷水。

（4）空气　猴头是一种好气性菌类。其在生长繁殖过程中要有足够的氧气供应。猴头对CO_2极为敏感，菌丝体生长阶段，一般能忍受0.3%～1.0%的CO_2，子实体生长阶段CO_2浓度超过0.1%就会刺激菌柄不断分枝，菌柄伸长，菌刺弯曲成畸形，或长成珊瑚状的畸形菇。CO_2过高时，子实体不易形成，特别是冬季，培养室内加温，CO_2浓度增加，要注意室内的通风换气，保持室内的空气清新，有利于培养优质菇。

（5）光线　猴头属厌光性菌类。对光照条件要求不严，菌丝能在完全黑暗中生长，子实体的分化需要少量的散射光即可。弱光下，子实体色泽白，品质高；光强时，子实体颜色变黄，生长缓慢。

（6）酸碱度　猴头是喜酸性菌类。在中性或碱性的培养料中菌丝很难生长，只有在偏酸的环境中，才能充分地分解培养料中的有机质，因此在斜面培养基中通常用柠檬酸或苹果酸酸化。

猴头的菌丝可以在pH值为2.4～5.0的环境中生长发育，其中以pH值为4时最适宜，因此，人们在拌料时常把pH值调到5.4～5.8。当pH值为2或9时，菌丝停止生长。

猴头菌丝生长过程中会不断地分泌有机酸，因此在培养后期，基质会过度酸化，从而抑制菌丝生长。为了稳定基质的酸碱度，在配制培养基时常加入0.2%的磷酸二氢钾或1%的石膏粉作为缓冲剂。

专题二　瓶栽技术

一、生产流程

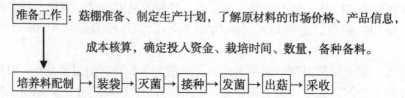

二、栽培任务

本栽培任务结合教学环节进行。400 m² 日光温室棉籽壳熟料栽培 10 000 袋，预计6月上旬出菇。

三、栽培过程

1. 菌种制备

因地制宜，选择适合于本地栽培的优良品种，然后按常规的制种方法，制备了大量的原种和栽培种，制种时要注意调 pH 值为酸性。

2. 确定栽培季节

猴头属中温偏低温型菌类，子实体的最佳发育期的温度为 15～18℃，栽培季节一般在春、秋两季。我国南北气温差异较大，南方气温适宜猴头发育的季节大致为春分至小满（3月下旬至5月下旬）和寒露至小雪（10月上旬至11月下旬）两个时段内，北方则为立夏至芒种（5月上旬至6月上旬）和白露至寒露之间（9月上旬至10月上旬）。各地的小气候不同，还应根据本地的气象资料综合分析、判断。由于猴头菌丝要经过 $25 \sim 30d$ 才能由营养生长转入生殖生长，因此确定猴头发育后期，再向前推 $25 \sim 30d$ 作为播种期。

3. 场地选择

猴头的代料栽培场地一般分室内层架床栽和室内发菌野外荫棚畦床栽培两种，包括发菌室、出菇房和野外荫棚3个场所。

（1）发菌室 菌丝培育的场所要求清洁、干燥、无杂菌。选择适合的房间，提前做好消毒灭菌工作。

（2）出菇房 即猴头菌子实体发育的场所．为了提高空间的利用率在出菇房内设置床架，每个床架 $6 \sim 7$ 层，高 2.8m，宽 $90 \sim 130cm$，层距 30cm。

（3）野外荫棚 猴头菌野外栽培出菇房的场所地，一般选择冬闲田或林地。要求在水源方便，利于排水的地方搭建荫棚，光照以"七分阴三分阳"为宜。荫棚周围的环境应喷敌敌畏等杀虫剂或石灰粉，以防害虫的入侵，林地荫棚还应撒呋喃丹等药物，预防白蚁。

4. 培养料的选择

根据当地原料来源就地取材，选择适合的培养料配方，本栽培任务采用的配方为：棉籽壳86%，米糠5%，麸皮5%，过磷酸钙2%，石膏粉1%，蔗糖1%，柠檬酸0.2%。

5. 拌料

在配制培养料时，要求主料和辅料混合干拌，将蔗糖、过磷酸钙、尿素等先溶于水，在倒入干料中反复拌匀。培养料的含水量严格掌握在 $60\% \sim 65\%$，pH 值为 $5.4 \sim 5.8$。切忌在配料中加入石灰、多菌灵、克霉灵，不能使培养料的 pH 值偏碱，否则不利于猴头菌的生长。料中的水分大小还与扎瓶口的材料有关，如用牛皮纸或双层报纸封口，则拌料时水分应稍增加一点，而用塑料薄膜封口，则水分不易过多。

6. 装瓶

刚拌好的培养料，一般不宜立即装瓶，而应根据料的不同、气温的高低堆闷 $0.5 \sim 1h$ 后再装瓶。装瓶时一般要把培养料装瓶至瓶肩处，离瓶口约2cm，这样既有利于菌丝的后期生长和早出菇蕾，又有利于形成的蕾菇很快伸长到瓶口外。接触到新鲜的空气良好地生长。

装瓶不能装的太满或太浅。装得太满，一方面瓶内揭盖前缺氧，不利于菌丝体的后期生长以及子实体的尽早分化，从而推迟现蕾；另一方面还常因菌丝生长接触到瓶盖纸而引起杂菌污染，同时也造成打孔、接种的不便。装得太浅，瓶中的空气多，在发菌期很容易形成的菇蕾，并在瓶内生长，由于打开瓶口后瓶内的 CO_2 含量远比瓶外的高，因此过早形成的菇蕾因缺氧而难以继续良好地发育，常形成基部狭长的畸形菇。

装瓶时还要松紧度适宜，不能过松也不能过紧。一般往瓶子装料时，要下松上紧，只有这样随着瓶子在灭菌、出锅、接种过程中的不断运动，上下才会均匀。

7. 打孔

用一根直径约 2～2.5cm 的一头钝尖的木棒在瓶内料面中央向瓶底打下一个孔，以便接种方便，同时料中有一孔有利于接种后菌种的定植和均匀发菌。

为了防止培养料的酸化，装袋或装瓶后要尽快灭菌。一般用常压灭菌灶（土蒸灶）进行常压一次灭菌，其方法和程序可参见前序有关内容，如果使用大规格的料袋时应将灭菌时间延长，以保证灭菌效果。灭菌后卸出料袋或料瓶，置于干净的室内冷却。

8. 抹瓶扎口

打孔后，取一块干净的布子，把瓶口和瓶外沾上的培养料抹掉，减少杂菌污染的机会。然后用一层牛皮纸或两层报纸，或塑料薄膜盖在瓶口上，再用细绳或旧自行车内胎剪成的皮套把瓶口扎口。注意高压灭菌时要用聚丙烯塑料膜封口，常压灭菌用聚乙烯膜即可。用纸扎口时，纸的表面不应一下子绷得太紧，而应用手指在纸中央轻轻一按，呈下凹状再系住瓶口，这样做可以避免灭菌后纸盖的破损，从而减少污染。

9. 装锅灭菌

把装好料、扎好口的瓶子，装到灭菌灶中去灭菌。装锅时，一般把罐头瓶子横放于锅内隔层架子上，瓶口对瓶口，瓶底对瓶底，摆满一层后，再在这层瓶子上同上述方法摆放。这样灭菌的效果比瓶子竖着放要好，瓶口的纸盖或塑料薄膜也不易弄潮弄破，从而减少杂菌污染。在灭菌锅的门口处也应堆放灭菌的材料即瓶子，这样可以阻止热蒸汽从锅门处大量、快速地跑掉。装锅后大气上来连续灭菌 8～10h。

10. 出锅

打开灭菌锅门，待料温降至不烫手时就可出锅，把灭过菌的料瓶移到消过毒的接种室准备接种。

11. 接种

待瓶子的温度降至 30℃时，即可在消过毒的接种箱内或超净工作台上接种。接种时要加强无菌观念，严格进行无菌操作。无接种箱时，也可点上两个酒精灯，并在其火焰周围接种。

一般 1 瓶菌种可接 60 瓶栽培瓶。接猴头菌种时，应非常注意一个问题，即把菌种接入瓶中的接种穴时，一定要用周围的培养料轻轻覆盖住。这样做一方面可以促进菌种尽快定殖，均匀发菌；另一方面还可以防止猴头菌种在瓶中未发好菌就提前产生菇蕾，造成栽培上的失败，因为这样的菇蕾是无法正常生长发育的。这样的失误，实际生产中也是常常可以见到的。

12. 发菌

接种后将瓶转移入培菌室，避光黑暗培养。室内温度掌握在 20～25℃，空气相对湿度以 60%～65% 为宜。早春气温低，注意室内升温，秋季则要降温防止"烧菌"。在培养菌期间要经常进行翻堆、检杂、通风换气。一般经 25～30d，菌丝长满菌瓶，可进行催蕾出菇管理。

13. 催蕾

此阶段是猴头由营养生长转向生殖生长的关键时期，所以，要人为地创造良好的温、光、气、湿等条件，满足猴头子实体发育的需要，尽可能使菌瓶现蕾整齐一致。将长满菌丝的菌瓶转入出菇房或野外荫棚，从菌瓶的瓶口处松开薄膜，进行催蕾出菇。此时温度应降至 15～18℃，通过对空间喷雾、地面洒水及空气中挂湿草帘等方法加大湿度，加强通风，并增加散射光照，2d 后又遮阳，这样人为地造成温、光、气湿等条件的改变，促使菌丝转向生殖生长，几天后从瓶口会出现白色突起的菌蕾。

14. 出菇

现蕾后，瓶栽则将上下两层的菌瓶瓶口交叉方向放置，利于扩大菇体生长空间，防止菇体互相粘连。出菇房的温度应控制在 15～20℃，空气相对湿度保持在 85%～90%，不能对菇体直接喷水，以防水伤、烂菇。室内或菇棚要求空气新鲜，但不能有强风，否则菇体表面会出现干燥现象。通风不良或湿度过大，易形成畸形菇。随着菇体从小长大，光照强度可控制在 200～500lx，随着光照的增强，菇体生长圆整、健壮，商品价值提高，但光照过强，菇体色泽微黄至黄褐，从而品质下降。

15. 采收

猴头菌采收的最佳时期应是子实体七八分成熟。当子实体的菌刺长到 0.5～1cm，尚未大量释放孢子时，即为采收期。此时，子实体洁白、味清香、纯正，品质好，产量高。采收时用小刀齐瓶口割下，或用手轻轻旋下，避免碰伤菌刺。若当子实体的菌刺长到 1cm 以上时采收，则味苦，风味差，往往是菇体过熟的标志。

猴头菌的苦味来自孢子和菌柄，采收后的子实体应及时切去有苦味的菌蒂，浸泡于 20% 的浓盐水中，鲜食或制罐，也可剖开直接晒干或烘干。

采收后，立即对料面进行清理，除去菇根、菌皮等杂物，覆盖袋口或瓶口，停止喷水，密闭光线，加强通风 2d，使空气相对湿度降至 70% 左右，并关闭菇房或菇棚，进行"养菌"。约 7d 后，可再次催蕾，进入下一潮菇的管理。瓶栽一般可以收两潮菇，袋栽一般可出 3～4 潮菇，后两潮用覆土处理，可提高产量。

专题三 熟料袋栽

一、小袋两头出菇法

小袋两头出菇袋栽方法就是采用（16～18）cm×（33～38）cm，厚 0.02～0.03cm 的塑料袋筒，每袋能装料 0.35～0.4kg 的干料，经拌料、装袋、灭菌后，采用两头接种的方法。发菌和出菇采用堆叠菌墙的方法，其他管理与瓶栽相同。袋栽一般不需要间菇，产生的子实体个体较大，有的可达 0.25kg 左右，最大可达 0.5kg。因此袋栽的猴头，第一潮菇适合于鲜销、干制而不宜制罐头，第二、第三潮菇才适合制罐头。此法比起瓶栽产量高，省工省时，占地面积小，也易于推广。选择许多地方，特别是购买瓶子不方便的地方，都开始采用小袋子袋栽猴头的方法。

二、大袋中间多点出菇法

这种方法适用于层架立体栽培。采用宽 18～23cm、长 50～55cm 的聚乙烯筒袋装料，扎紧袋口后将菌袋用木板压扁，使上下面成一平面，上面利于接种，下面利于放置。灭菌时注意保持菌袋原形。在灭菌后的菌袋上平面用直径 1.5cm 的打孔器，按等距打 4 ~ 5 个接种孔，深 2.5 ~ 3cm，及时接种、封口，或在菌袋外面套一保护袋。

三、畸形猴头的防治

1. 常见的畸形

（1）珊瑚型 子实体基部起长分枝，在每个分枝上又不规则地多次分枝，呈珊瑚状丛集，基部有一条似根状的菌丝索与培养基相连，以吸收营养。这种子实体有的早期死亡，有的继续生长发育，小枝顶端不断壮大，形成具有猴头形态的一个个小子实体。

（2）光秃型 子实体呈块状分枝，由各分枝生长发育而成。但子实体表面皱褶，粗糙无刺；菌肉松软，个体肥大，鲜时略带褐色，香味同正常猴头。

（3）色泽异常型 这种子实体与正常猴头无多大差别，只是菌体发黄，菌刺短而粗，有时整个猴头带苦味；有的子实体从幼小到成熟一直呈粉红色，但味不变。

2. 发生原因与防治

（1）培养料不恰当，CO_2 浓度过高，就会产生珊瑚型猴头 猴头菌生长完全靠培养料中的营养。如果培养料中含有芳香物质或其他有害物质，菌丝体的生长发育就会受到抑制或异常刺激。因此配制培养料时，应注意不要混放松、柏等树种的木粉及其他有毒物质。猴头菌很敏感。当空气中浓度超过 0.1% 时，就会刺激菇柄不断分枝，从而抑制子实体的发育。因此，在出菇阶段注意温、湿度的同时，还要注意通风换气。如果已形成珊瑚状子实体，可以在猴头幼小时，连同培养料一起铲除，以重新获得正常的子实体。

（2）水分湿度管理不善，会产生光秃无刺型猴头 据实验，一个直径 6 ~ 11cm，体积 70 ~ 150ml 的猴头子实体，每天要蒸发 2 ~ 6g 水分，温度越高，蒸发量越大。因此，当气温高于 25℃ 时要特别加强水分管理，要保持 90% 的空气相对湿度，此外，通风换气要避免让风直接吹到子实体上，以减少水分蒸发。

（3）温、湿度过低是子实体变红的主要原因 当菇房温度低于 10℃ 时，子实体即开始变红，随着温度的下降，子实体颜色变深。因此，培养期间保持适宜的温、湿度是防止子实体变红的有效措施。另外，光照度在 1 000lx 以上时，也易使猴头变红。子实体发黄是一种病态，子实体是苦的，其菌刺粗而短，一旦发现病菌污染，应迅速同培养料一起铲除，并重新调整培养条件抑制病菌，促进新的子实体发生。

复习思考题

1. 试比较猴头菌的子实体与其他食用菌子实体在形态结构上的区别。
2. 猴头菌在生长发育过程中，对环境条件的要求如何？
3. 简述熟料瓶栽猴头菌的生产过程，并比较熟料袋栽的特点。
4. 优质菇的标准是什么？为什么有时会出现畸形菇？如何预防？
5. 如何判断猴头菌采收的最佳时期？怎样除去子实体的苦味？

第十一节　灵芝栽培

专题一　基础知识

一、概述

灵芝 [*Ganoderma lucidum*（Lcy. ox Fr.）Karst.]，隶属于非褶菌目（无褶菌目），灵芝科，灵芝属，又名灵芝草、仙草、木灵芝、红芝、赤芝、丹芝、瑞草、菌灵芝、万年蕈和灵芝仙草等。

1. 灵芝的分类

灵芝的种类很多，据世界各国真菌分类学家研究发表，有标本记录可考查者约有200余种，从平地到海拔3 000km的山地都有分布。中国古代由于缺乏科学仪器分析，只能依其外部形态颜色分类，汉《神农本草经》中曰："灵芝有六种，赤芝、青芝、白芝、黄芝、黑芝、紫芝……"。

从分类学角度看，灵芝科真菌有86种，分属于灵芝属、假芝属、鸡冠孢芝属、网孢芝属。灵芝属又分成灵芝亚属、树舌亚属、粗皮灵芝亚属，其中灵芝亚属分为灵芝组、紫芝组。从用途上分为药用型和非药用型两种，如：热带灵芝可治疗心脏病、关节痛及慢性支气管炎、降血脂等；紫芝可滋补强壮、健脑、消炎、利尿、益胃等；树舌（又名平盖灵芝）可治疗食道癌、止痛、清热、化积、止血、化痰等功效。非药用型灵芝也有不少，如闽南灵芝、贵州灵芝、福建假芝、小孢灵芝等。从观感角度看，有些灵芝有很高的欣赏价值，如喜热灵芝，长柄小盖，色红润亮泽，可做盆景；紫芝，表面紫黑色有似漆样的光泽，盖大有同心沟，可制成盆景销售。

2. 灵芝的药用价值

灵芝是我国传统的名贵中药材，含有多种矿物质，如K、Mg、Ca、Fe、Mn等，有机物中含有多糖类、蛋白质以及许多种酶。灵芝中的有效成分已分离出数十种之多，但主要生理活性成分是灵芝多糖、灵芝酸、腺苷和氨基酸、有机锗。

灵芝是一种食用兼药用真菌。在我国有着悠久的应用历史，自古就被当作珍贵的中草药加以利用，《神农本草经》中也把它列为上品。早在清代就有关于灵芝栽培的记述。灵芝神奇的药效人们也早已认识，灵芝性温、味苦涩，能滋补强身、健脑、消炎、利尿、益胃，主治神经衰弱等。近代人们对灵芝有了更深入的研究，最早研究的学者是食用菌研究所陈梅朋先生。该所于1960年就开始驯化栽培灵芝，1963年与第二军医大学合作探索灵芝的疗效。1972年与上海制药三厂合作研制的灵芝片剂生产获得批准，正式应用与临床治疗神经衰弱、冠心病、老年慢性支气管炎等。

现代医学已证明，灵芝的确有以下八大作用：①抗血栓形成，每天服用灵芝可以溶解新形成的血栓，也可以溶解老化且难以溶解的血栓。②提高人体免疫力，有抗癌防癌的作用。③使血压正常化，强化造血作用，对白血病和贫血病亦有疗效。④能防止动脉硬化。⑤使中驱神经等躯体机能保持平衡。⑥改善高血脂。⑦有镇痛作用，可以减轻癌症或其他疾病的病痛。⑧延迟细胞衰老，防止人体老化，提高开始衰退的内脏器官功能。

灵芝还具有美容的作用，有助于消除皮肤皱纹、褐斑和雀斑，避免发生青春症，同时还具有减肥的作用。因此，在日常生活中，我们可以看到这样的美容化妆品，如灵芝胎盘洗面奶、灵芝美容膏等。

此外，灵芝还具有很高的观赏价值，其颜色鲜艳，形体多姿，造型奇特，常制成盆景陈列于室内，古朴典雅，具有极高的观赏价值。

综上所述，灵芝具有很高的价值。经常食用灵芝可以防病于未然，起到延年益寿的作用。为此，人们研制开发了许多灵芝保健品，如灵芝酒、灵芝胶囊、灵芝错源泉饮品、灵芝口服液、灵芝蜂王浆、灵芝果酱、灵芝果茶、灵芝粥、灵芝拧橡水等。2000年，全国灵芝总产量为1.35万t，2011年达到11万t。

二、生物学特性

灵芝在野外多生于夏秋初雨后栎、槠树等阔叶林的枯木树兜或倒木上，亦能在活树上生长，故属中高温型腐生真菌和兼性寄生真菌。灵芝品种多样，广泛分布于我国的云南省、贵州省、四川省、西藏自治区、陕西省、河南省、河北省、广东省、广西壮族自治区、湖南省、安徽省、浙江省、江苏省、江西省、福建省、台湾省、黑龙江省等地。

1. 形态特征

（1）孢子　孢子着生于管内壁子实层外的担子上。孢子印呈淡褐色或黄褐色。子实层由担子和侧丝组成，担孢子卵形、卵圆形，顶端平截，双层壁，外壁无色，内壁有小刺，淡褐色，大小（8.5~11）$\mu m \times$（5~7）μm。

（2）菌丝体　菌丝白色，直径1~3 μm，有分枝，弯曲，有锁状联合，交织而形成菌丝体。在PDA培养基上，菌丝生长旺盛时，表面分泌出一层含有草酸钙的白色结晶物。菌丝以接种点为中心，呈辐射状向四周生长，接种点菌丝常呈淡黄白色，菌丝匍匐生长于基质表面，老熟时分泌黄色或黄褐色的色素，易形成菌膜。菌丝体发育到一定阶段后，在适宜的条件下开始相互扭结，在基质表面形成光滑的白色物，并向上突起，即子实体的原基。

（3）子实体　灵芝与其他肉质菌类显著不同处在于成熟子实体为木栓质、肾形的伞状体。不同品种色泽差异较大，有红、紫、黑等色。

（4）菌盖　肾形、半圆形或近圆形、12cm×20cm，厚可达2cm；盖面黄褐色或红褐色，有时向外渐淡，盖缘为淡黄褐色，有同心环带和环沟，并有纵皱纹，表面有油漆状光泽；盖缘钝或锐，有时内卷。菌肉淡白色至材白色，近菌管部分常呈淡褐色或近褐色，木栓质，厚约1cm。菌管淡白色、淡褐色至褐色，菌管长约1cm；管口面初期呈白色，渐变为淡褐色、灰褐色至褐色，有时也呈污黄色或淡黄褐色，每米间有4~5个。

（5）菌柄　侧生或偏生，罕近中生，近圆柱形或扁圆柱形，粗2~4cm，长10~19cm，表面与盖面同色，或呈紫红色至紫褐色，有油漆状光泽。

（6）子实层　子实层毛孔状，孔管长1cm左右，每平方毫米有管口4~5个。菌肉近淡黄褐色。

以红芝为例（图4-20），其菌盖木栓质、肾形、红褐色，表皮具有一层漆样光泽，表面有环状棱纹和辐射状皱纹，大小及形态变化很大。菌盖通常 4～20cm，厚约 2cm。菌盖背面有很多针头大小的管孔。管口圆形，呈淡褐色，每平方毫米内有 4～5 个孢子。管内壁为子实层。其菌柄呈不同规则的圆柱形，有时稍扁且有些弯曲，并侧生。整个菌柄都呈紫红色，以向光的一侧较深，接近基质处较浅。菌柄粗细与长短随环境条件而变化。

图 4-20 灵芝

常见的栽培品种：

人工栽培的品种主要有红芝、紫芝、泰山赤芝、南韩银芝、晋灵 1 号、甜芝、GA-3、京大、信州 2 号、南韩圆芝、台芝 1 号、黑芝、日本红芝和慧州 1 号等。

2. 生活条件

（1）营养 灵芝是木腐性菌类。主要的营养物质是碳水化合物和含氮化合物，同时也需要少量的无机盐、维生素等。在含有纤维素、半纤维素、木质素的培养基质上均可生长。对碳源的要求以蔗糖为适宜；氮源以有机氮为最好，在天然的有机氮中，花生饼效果最理想，其次是大豆饼；在矿物质元素中，必要的是钙、磷、镁等元素；加入适量的碳酸钙，可收到稳定培养基 pH 值不致过酸的效果。木屑和一些农作物秸秆如棉籽壳、麦麸、米糠、玉米芯、稻草等都可作为栽培原料。由于培养基中含有木质素、纤维素、淀粉、蔗糖等碳水化合物，以及蛋白质等氮源物质，这些物质的分子量很大，灵芝菌丝不易吸收，但灵芝菌丝生长过程中会不断地向基质中分泌分解上述物质的酶，将这些物质分解为葡萄糖和氨基酸等，被菌丝直接吸收。所以培养灵芝时也可以直接加葡萄糖和氨基酸。试验证明，在含单宁酸多的树种上及壳斗科、枫香、桦木、柞木等木材组织上，灵芝菌丝生长良好。在培养基中加入一定浓度的维生素 B_1，灵芝菌丝生长更好。

常见的培养料配方有：

①木屑 74%，玉米粉 24%，石膏粉 1%，蔗糖 1%，含水量 58%～60%。

②棉籽壳 44%，杂木屑 44%，米糠 10%，蔗糖 1%，石膏 1%。

③木屑 39%，棉籽壳 39%，玉米粉 20%，蔗糖 1%，石膏粉 1%，含水量 60%～62%。

④棉籽壳 83%，玉米粉（麸皮）15%，石膏粉 1%，蔗糖 1%，含水量 60%～62%。

⑤玉米芯 75%，麸皮 24%，石膏粉 0.5%，磷酸二氢钾 0.5%，含水量 60%～65%。

⑥稻草粉 35%，麦草粉 35%，米糠 25%，生石灰 2%，石膏粉 2%，蔗糖 1%。

（2）温度　灵芝属高温型菌类。菌丝生长的适温为 3～40℃，其中以 26～28℃最为适宜。子实体原基分化温度为 22～28℃。子实体发育温度为 18～30℃，其中以 25～28℃为最适。若低于 18℃，原基就会变黄、僵化，不能正常分化；若长期处于 30℃培养，虽然子实体生长较快，发育周期短，但质地不紧密，皮壳的光泽也较差。

（3）水分和湿度　灵芝是喜湿性菌类。由于栽培在高温季节，水分很容易散失，因此培养料中的水分一定要适宜，人工栽培的培养基含水量以 60%～65% 为宜。水分过少，菌丝生长细弱，而且难以形成子实体；水分过多，菌丝生长受到抑制。子实体生长阶段，空气的相对湿度保持在 85%～95% 为宜。在室内或塑料棚内栽培时，应适当处理好通风与保湿的矛盾。

（4）空气　灵芝为好气性真菌。菌丝体阶段需要少量的氧气，但子实体分化及生长发育阶段则需要大量的氧气。缺氧时往往会造成子实体畸形，如脑状或鹿角状分枝，只长菌柄而不分化出菌盖。当空气中的二氧化碳含量超过 0.3% 时，则子实体就会停止生长。因此，栽培灵芝时，一定要加强通风换气以保持菇房内空气清新。

（5）光线　灵芝是喜光性菌类。在菌丝生长阶段不需要光，强光会抑制其菌丝生长。但子实体生长发育过程则需要一定的散射光，没有一定量的光照菌蕾不能形成，子实体开片不良，光照太弱还会影响灵芝色泽。此外灵芝还具有趋光性，子实体总是朝着有光源的方向生长，特别是子实体幼小时。因此在栽培过程中，不宜经常移动栽培瓶或袋子，以免造成菌盖畸形。

（6）酸碱度　灵芝是喜弱酸性菌类。pH 值在 3～7.5 菌丝均能生长，在 pH 值为 4.5～5.2 时生长较好。因此，配制培养料时注意酸碱度的变化，有利于菌丝生长。

专题二　代料瓶栽

一、生产流程

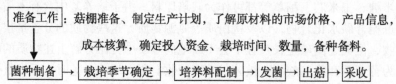

二、栽培任务

本栽培任务结合教学环节进行。$500m^2$ 塑料大棚栽培，预计 10 月上旬采收。

三、栽培过程

瓶栽灵芝最大的优点就是出菇早、污染少、成功率高，缺点是子实体较小。其主要生产程序与猴头瓶栽基本相同。菌种制备→栽培季节确定→培养料选择→料的处理→拌料→装瓶→打孔→抹瓶→扎口→装锅灭菌→出锅接种→发菌→出菇管理→采收。

1. 菌种制备

选用适合于本地区栽培的优良品种，采用阔叶树木屑、棉籽壳、玉米芯等都能培养原种和栽培种。

2. 栽培季节确定

代料栽培灵芝生产季节安排对灵芝生产的产量、质量有着密切的关系。安排恰当，子实体生长能得到良好的自然生长条件，灵芝能得以良好生长，子实体个体大、质坚、品质好、产量高。反之，灵芝子实体发育不良。我国一些地区代料栽培灵芝的适宜季节，因其自然气温不同而有一定差异加表 4－23 所示。

表 4－23　我国一些地区代料栽培灵芝的适宜季节

地区	制种时间	栽培时间	
		开始	结束
华南地区	2 月中下旬	3 月下旬至 4 月上旬	6 月上中旬
长江流域地区	4 月中上旬	5 月上中旬	7 月中旬
黄河以北地区	4 月下旬至 5 月中旬	5 月中下旬	7 月下旬

3. 培养料选择

灵芝栽培原料非常广泛，阔叶树木屑、棉籽壳、玉米芯、稻草均可作为栽培主料。添加的辅助原料有：麸皮、米糠、糖、石膏、石灰、过磷酸钙等物质。

本栽培任务选用的培养料配方为：木屑 74%，玉米粉 24%，石膏粉 1%，蔗糖 1%，含水量 58%～60%。

灵芝栽培过程中，其料的处理、拌料、装瓶、打孔、抹瓶、扎口、装锅、灭菌及接种过程等生产工艺与猴头瓶栽相同。

4. 发菌

接种后把料瓶移入消毒过的培养室发菌。一般在 27～29℃下进行培养，保持空气的相对湿度在 70% 左右即可。室内有一定的散射光，而不应有过强的直射光照射。在菌丝体生长后期，要加强通风换气，在这样的条件下，经过 20～25d，菌丝即可长满整个料瓶，甚至有些料的表面开始形成子实体原基。

5. 出菇管理

当培养料瓶中有子实体原基或长满菌丝后，即可打开瓶口移入菇房，把料瓶放在地上或床架上，横卧或直放，与瓶栽猴头菌的堆放方法一样，在子实体生长发育阶段，要控制好温度、湿度、空气和光照等。当一个瓶内长出许多菌蕾时，要用剪刀剪去多余的菌蕾，仅留 1～2 个，使其继续生长。在菌蕾期，温度要控制在 25～28℃ 范围内，不能长时间低于 20℃，或高于 35℃，否则培养料表面菌丝会萎黄，子实体僵化，生长极为缓慢。空气相对湿度要保持在 90%～95%。湿度低，幼嫩的子实体会失水，从而使其生长迟缓或僵化，因此要在整个菇房勤喷、少喷、轻喷水，保持环境湿润。此时期还要加强通风换气，一般每天早晚要开窗 1～2h，否则不易分化出菌盖，或子实体脑状及鹿角状分枝，造成畸形。在通风良好的情况下，灵芝开片早，柄短，盖厚，产量高。室内还应有大量的散射光，这样有利于子实体的分化、菌盖的生长以及子实体颜色的加深等。

6. 采收

当灵芝子实体边缘颜色变红、变深，菌盖木栓化，灵芝表面或瓶口周围有褐色粉状物即孢子粉出现时，即可及时采收。用手轻轻向上一提即可摘下，或用剪刀剪下。从接种到采收大约需 50~80d 的时间。

专题三　其他栽培方法

一、袋栽

灵芝的袋栽与瓶栽在许多生产工序上都相同，不同的只是培养容器的改变。袋栽灵芝产量高、品质好、个体大。袋栽灵芝时，一般选用规格为（16~20）cm ×（35~40）cm 的小袋装料进行，袋栽灵芝的生产工序为：菌种制备→确定栽培季节→培养料选择→料的处理→拌料→装袋→打孔→扎口→装锅灭菌→接种→发菌→出菇管理→采收。

袋栽灵芝发菌时间稍长些，因此播种时间应比瓶栽提前半个多月。袋栽可把小菌袋横放在床架上两头出菇，也可竖放在床架上出菇，还可以堆叠成菌墙两头出菇。若用大袋子栽培，则一般采用床架卧式袋面打孔出菇的方法。还可采用长袋子侧面打孔接种，周身出菇的方法。

二、覆土栽培

1. 阳畦覆土栽培

阳畦栽培是指在向阳通风的地方开挖半地下式保护地进行灵芝栽培的方法。据测试畦内平均气温比外界高 3~5℃，湿度高 15%~19%，适用于北方气温较低的地区。阳畦一般应东西向，畦宽 1.0~1.2m，长 8~10m，地下挖 0.4~0.6m，挖出的湿土沿畦面南北边垛成 0.5m 高的土墙，用细竹在墙上扎成拱形骨架，竹子之间距离 0.5m，拱高 0.8m，棚高 1.6~1.8m，拱架用薄膜覆盖后秸秆或草帘遮阳。在架下东西向筑畦两行，畦间走道宽 0.7m 左右。

2. 阴棚覆土栽培

阴棚一般宽 3~3.5m，高 2m，长度视栽培数量而定。棚架用毛竹或木棍作立柱，间距 2m 左右，棚顶、柱子用竹竿相连。棚架用铁丝捆扎结实，上用茅草或稻秸遮阳，能抵抗大风及阴雨天气。内挖两畦，畦宽 1.3m 左右，畦长不限，畦间走道 60cm。

畦床要求床底平整，床壁拍实，栽植前用杀虫剂和 pH 值为 10 的石灰水喷洒地床及周围。然后将发好菌的栽培袋脱去塑料膜，直立摆放在地床内，菌筒之间相距 5~6cm，上端保持平整，均匀覆上腐殖质丰富的土壤，填满所有空隙，床面覆土厚 2~3cm，轻压平整土层。栽植完地床要浇一次透水，覆盖草帘保温保湿，温度控制在 25~30℃，有利于子实原基的形成和生长。

3. 覆土后的管理

栽植后阳畦和荫棚内温度要基本稳定，温差不宜过大，以 26~28℃ 最为适宜。由于灵芝需要温度偏高，阳畦内湿度较大，采用日光暖棚栽培灵芝一定要掌握好空气流通，防止闷气、闭气，若空气不好，子实体的原基不生长，易发生杂菌污染。经过 10d 左右的管理，可形成灵芝原基。13~15d 后原基可陆续长出地面，20d 左右原基分化成菌柄。这一阶段每天要把畦床上的薄膜底脚揭开，每天通风 2~3 次，每次通 20~30min，并逐渐加大通风量。如果覆土发白，可结合揭膜通风时进行喷水，喷水量以覆土含水量 25% 左右、土粒无白心为宜。

（1）调光控温　灵芝属向光型真菌，在出芝期间，菌盖正常生长与光照有很大关系，因而要有三分阳的透光率，最好固定在一定的光源位置，光照强度在 3 000~5 000 lx，可利用遮阳网或草帘来控制光照，避免阳光直射导致温度过高。子实体生长期温度应保持在 27~29℃。如果在 15~22℃ 时，会出现菌柄徒长，子实体多呈鹿角状丛生；当温度超过 22℃ 后，在鹿角状顶部又能正常分化形成菌盖。温度超过 30℃ 时子实体生长虽快，但菌盖较薄，质量差。温度低于 24℃ 时，菌盖虽厚，但产量较低。

（2）保湿通风　在原基形成后，空气湿度要保持在 85%~90%，低于 80% 对子实体生长不利，细嫩的菌蕾易死；但长期湿度超过 95% 时，又容易感染杂菌或因缺氧而造成畸形，影响产量和品质。过高采取通风降湿，过低要进行喷水保湿，要根据勤喷、少喷、喷匀的原则来调控暖棚的空气湿度。灵芝好气性强，随着原基的分化增大，要加大通风量，保持暖棚内空气清新，在管理上既要保温保湿，又要通风透气。如通风不好，暖棚内 CO_2 浓度过高，会导致菌盖不分化，出现鹿角状分枝，产生畸形灵芝。由于拱棚内空间小，CO_2 浓度容易增高，为了便于通风，拱棚四周底膜不必密封，随时可揭开通风。每天通风 2~3 次，每次 30min 以上。

（3）适时采收　当灵芝菌盖已充分展开不再长大，边缘浅白或浅黄色消失，边缘色泽与菌盖中间颜色相同，菌盖变硬有光泽，弹射棕红色担孢子时即为成熟，这时应及时在灵芝子实体下铺上塑料薄膜并停止喷水，收集孢子粉，待灵芝充分成熟后，先将子实体连柄一齐拔出，塑料袋内的子实体残留部分用小钩掏出，剪去菌柄下端带有培养基的部分，及时晾干或烘干，装塑料袋内保存，并注意经常检查，防虫防霉变。如采收过早，子实体细嫩，菌盖小而薄，质量低。过迟采收，子实体衰老，药效较差，不利于第二茬生长。

复习思考题

1. 灵芝栽培有哪些方法？
2. 灵芝栽培管理上应注意哪些方面？

第十二节　白灵菇栽培

专题一　基础知识

一、概述

白灵菇 [*Pleurotus nebrodensis*（Inzengae）Quél.] 隶属于担子菌纲，伞菌目，侧耳

科，侧耳属，又名白灵侧耳、翅鲍菇、阿魏菇、白阿魏菇、百灵菇、雪山灵芝。它是杏鲍菇的近缘种。

白灵菇形似灵芝，色泽洁白，味如鲍鱼，菌肉肥厚，质地细腻，脆嫩可口，享有"素鲍鱼"之美称，是一种珍贵的高品位食用兼药用菌。据国家食品质量监督检验中心检测，白灵菇蛋白质中含有 17 种氨基酸，含量高达 14.7%，其中含有人体必需的 7 种氨基酸，含量占氨基酸总量的 35%，尤其是精氨酸、赖氨酸的含量比称为"智力菇"的金针菇还要高。白灵菇营养丰富（表 4 - 24）。在碳水化合物中，多糖含量丰富，每克多达 190mg。还含有有铜、锰、硒等微量元素，其中钾和磷含量丰富。

表 4 - 24 干香菇中营养物质含量/100g

脂肪（g）	碳水化合物（g）	粗纤维（g）	灰分（g）	钾（mg）	磷（mg）	镁（mg）	钠（mg）	钙（mg）	锌（mg）
4.3	43.2	15.4	4.8	1 639.8	519	59.7	19	9.8	1.75

白灵菇不仅营养丰富，还有较高的药用价值，所含真菌多糖具有调节人体生理平衡、增强人体免疫功能、抗肿瘤的作用。据《中国药用真菌图鉴》记述，白灵菇具有消积、杀虫、健胃等功效，并用于治疗腹部肿块、肝脾肿大等。在新疆民间被誉为"天山神菇"、"西天白灵菇"、"草原牛肝菌"。

自 1983 年开始，我国食用菌工作者对白灵菇进行了大量的研究（表 4 - 25）。白灵菇栽培技术日趋完善，栽培面积不断扩大，在新疆维吾尔自治区、北京市、河南省、山西省、河北省、天津市、青海省、甘肃省、内蒙古自治区、云南省等地开始规模化生产，在有条件的地方已逐渐实现工厂化栽培。近年来在我国北方发展十分迅猛，2000 年我国白灵菇鲜菇总产量仅有 1 000t，2011 年已达 31 万 t。

表 4 - 25 白灵菇栽培历史

栽培时期	栽培状况
1983 年	新疆生物土壤沙漠研究所的牟川静采用云杉木屑、棉籽壳和麸皮培养基驯化栽培白灵菇，并获得成功
1990 年	新疆首先开始大面积栽培
1996 年	北京金信公司从新疆木垒引种栽培成功，翌年开始大面积栽培
1997 年	卯晓岚将该栽培标本鉴定为白灵侧耳，首次将其商品名定为白灵菇

二、生物学特性

1. 形态特征

（1）孢子 孢子无色，光滑，长椭圆形或柱状椭圆形，（9 ~ 13.5）μm × （4.5 ~ 5.5）μm，孢子印白色。

（2）菌丝体 菌丝较粗，有分枝，锁状联合结构明显。在试管斜面上或平板上培养时，菌丝多匍匐状贴于培养基表面生长，呈束状，气生菌丝少，灰白色，生长速度比平菇菌丝慢。

（3）子实体　子实体单生或丛生，一般较大，菌盖直径5～15cm或更大，初期近扁球形，很快扁平，基部渐下凹或平展，纯白色，中央厚，边缘薄，表面平滑，干燥时易形成龟裂状斑纹。菌褶白色，后期带粉黄色，延生。菌柄侧生或偏生，少中生，长3～8cm，直径2～3cm，上下等粗或上粗下细，表面光滑，中实，细嫩，纯白色（图4－21）。

图4－21　白灵菇

常见的栽培品种如下。

白灵菇按菇形分为手掌形、马蹄形，而市场上受欢迎的是手掌形；按出菇温度分为低温型、中温型和高温型，生产上主要是低温型或中温型品种。目前，主要的栽培品种有白灵菇10号、白灵菇12号、白玉1号、新优3号等。

2. 生长条件

（1）营养　白灵菇属木腐性菌类。人工栽培白灵菇的主要原料有阔叶树木屑、棉籽壳、玉米芯、甘蔗渣、豆秸等，这些原料主要供应碳源，必须新鲜、无霉变。为了补充氮源，还需要添加麸皮、玉米粉。除此之外，石膏、过磷酸钙、碳酸钙、石灰等可作为矿物质元素和维生素的添加剂。

常见的培养料配方有：

①棉籽壳77%，麸皮20%，石膏1%，石灰2%。

②棉籽壳80%，麸皮18%，石灰1%，石膏1%。

③棉籽壳50%，玉米芯25%，玉米面5%，麸皮16%，石膏1%，石灰粉2%，碳酸钙1%。

④甘蔗渣49%，棉籽壳28%，麸皮20%，石膏1%，石灰1%，过磷酸钙1%。

⑤木屑77%，麸皮20%，石膏粉1%、碳酸钙1%，蔗糖1%。

上述配方中，木屑应提前过筛，除去木块、枝条等，玉米芯拌料时先将主料与辅料干翻拌均匀，然后加水搅拌均匀，使含水量达65%～70%。

（2）温度　白灵菇属中低温型变温结实性菌类。菌丝生长温度5～34℃，最适温度为25～28℃，5℃以下、35℃以上菌丝停止生长。子实体分化的温度为5～22℃，子实体原基的形成需要低温刺激，以0～13℃最适，同时菌袋生理成熟后也需要较长时间的温差刺激。子实体发育以15～18℃最适，但在8～13℃的气温下，子实体生长慢，质地紧密，口感滑嫩，品质好。出菇期间菇房温度高于20℃时，子实体开伞快，颜色变黄，组织疏松，口感下降，品质差。

（3）水分和湿度　菌丝体生长时培养料含水量以60%～65%为宜，空气相对湿度以65%左右为宜，一般不超过70%。子实体原基形成、分化和生长阶段要求较高的空气相对湿度，以85%～90%为最适。由于白灵菇个头大，菌肉厚，因此抗干旱能力比其他菌类强。在6～7℃低温和干燥条件下，菌盖表面易发生龟裂；反之，在高温高湿条件下，易发生烂菇。

（4）空气　白灵菇是好气性菌类。菌丝体生长和子实体发育均需要足够的氧气，尤其子实体形成时呼吸量大，代谢旺盛，对氧气的需求量大。通风不良时，子实体生长缓慢，甚至变成菌盖反翘或柄长盖小的柱状或拳头状畸形菇。

（5）光线　白灵菇是喜光性菌类。白灵菇菌丝生长不需要光照，在完全黑暗条件下生长更好，光照过强会抑制菌丝生长，发菌期间见光过多，培养基表面易形成菌皮，影响出菇。子实体分化需要一定的散射光，子实体生长则需200～500 lx的较强光照，这样有利于形成菌柄短、菌盖大、掌状或马蹄状的菇；若光照不足，易形成质地疏松、盖小柄长的柱状或拳头状畸形菇。

（6）酸碱度　白灵菇属偏碱性菌类。白灵菇生长的阿魏根系土属微碱性土壤，其pH值一般为7.85～8.5。菌丝在pH值为5～11均可生长，最适pH值为6.5～7.8。因此在配制培养基时，往往添加石灰，使pH值提高到7.5～8.5，这样有利于抑制酸性霉菌的生长。

专题二　栽培技术

一、生产流程

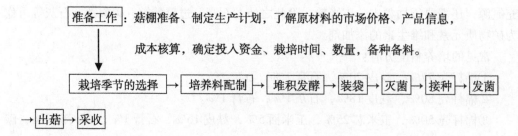

二、栽培过程

1. 栽培季节的选择

在自然条件下，应在日最高气温稳定在 30℃ 以下时制袋接种，黄河中下游地区 8 月下旬至 9 月中旬为栽培适期，待菌丝满袋后，12 月至翌年 4 月为出菇适期。提前接种，若气温高于 30℃，易杂菌污染，而且容易形成菌皮，影响出菇；推后接种，低温来临时，对菌丝生长不利，出菇期会推迟至翌年 3 月，产量低，效益差。

2. 栽培场所

栽培场地可因地制宜，但要选择地势平坦通风良好的场地。可利用专用菇房，也可利用普通民房稍加改造，简易菇棚、蔬菜大棚等都可以利用。栽培场地要求能保温保湿，通风良好，水源充足，菇房周围环境要求洁净，不应有畜圈、厕所和垃圾堆，以免病虫的滋生蔓延和为害。应尽量满足白灵菇在发菌期和出菇期对外界环境条件的要求。

3. 培养料配制

先将原料按配方比例严格称重备好，然后将不溶于水的干料混合均匀，再将易溶于水的原料溶于足量水中，与干料充分混合，拌料要做到三匀一充分，（即料与料拌匀，料与水拌匀，酸碱度均匀，吸水充分），pH 值调节至 8~9，使料的含水量达 65% 左右。

4. 堆积发酵

培养料拌匀后可直接装袋，也可将培养料堆制发酵后再装袋，采用发酵处理效果好，可减少杂菌污染。堆积发酵程度要轻，发酵处理方法是：选通风条件好、地势平坦的地面建堆。配好料，按料水比拌均匀，堆成宽 1.2~1.3m，高 1.3~1.5m 长度不限，在堆的上面及侧面每隔 40~50cm 打通气孔。堆上覆盖塑料薄膜。建堆后 48~72h，料堆中心料温达 65~75℃ 时，进行第一次翻堆。发酵过程约 5d 左右，共翻堆 2 次。

发酵好的料呈棕褐色，不沾手，无酸臭味和氨味，质地松软，富有弹性，有浓香酒糟味，说明料已发酵比较理想，即可散堆降温，当料温降到 30℃ 左右即可装袋，装袋前调料含水量为 65% 左右，掌握"宁干勿湿"的原则，即抓一把料用力紧握，指缝间有水不下滴为适度。pH 值以 7.5~8.5 为适。

5. 装袋与灭菌

用高密度低压聚乙烯折角袋，袋要薄厚、宽窄一致，规格为 17cm × 34cm × 0.04cm。将配制好的培养料装填到栽培用的培养袋中称装袋，一般采用装袋机装袋。装袋时，先将塑料袋口张开，全袋套入装袋机出料口，踩下开关，双手紧拖，压紧，随后筒身后退，待料装到 2/3 时取下，竖起封口。为了装填速度一般需要两人配合，装袋速度可达 500~600 袋/h。或用冲压式多功能装袋机装袋需要 5 人合作，每小时装袋 1 500 左右。如果没有装袋机可用人工装袋，不管采用哪种方法装袋，大多需要用手工将培养袋口的培养料压实，用布擦干袋口，上套环或用线绳扎口，要封严实但线绳要扎活口，以便接种时好解。菌袋制作好后，由于制袋时间是炎热的夏季，气温高培养料容易发酸变臭，应及时灭菌，栽培量小的可采用高压灭菌，缩短时间，降低成本。生产量大的采用常压灭菌。常压灭菌时，将培养袋装入周转筐放入常压灶内 100℃，维持 10~18h，待温度降至 60~80℃ 时搬入冷却室冷却。高压灭菌维持 30~120min 就可以达到完全灭菌的目的。

6. 接种

接种室在接种前用 $10ml/m^3$ 的甲醛、$6g/m^3$ 高锰酸钾熏蒸 24h。接种箱接种，先把冷却至 30℃ 以下的料袋、接种用具、酒精灯等物品一起放入接种箱内，打开紫外线灯照射 30min，同时用气雾消毒盒熏蒸，然后开始接种。接种要严格按无菌操作规程，接种量按 10% ~ 15% 用量。先挖去菌种瓶内表层 2cm 厚的老化菌种，两人配合，一人放菌种，另一人拿灭菌后的培养袋。将料袋直立，打开袋口，从菌种瓶内迅速挖取菌种一块放入袋内，将袋内的孔填满菌种。袋口不可扎得太紧，以免通气影响发菌。一批料袋应一次接完，中间不要随便开箱、门，接种好的袋运出后，清理工具、杂物、打扫卫生，装入下批料，重新消毒后继续接种。

7. 发菌管理

（1）发菌管理　接种后的料袋移入发菌室培养，在装卸、搬运、摆放菌袋过程中要轻拿轻放，防止破损，造成污染。此期的管理重点是促菌快发，早日满袋，菌丝密壮。一般堆放 4 ~ 6 层。气温高时，层与层之间放上 2 根细竹竿，以利通风散热。发菌期间室温控制在 22 ~ 25℃，室内空气相对湿度在 70% 以下，保持空气新鲜，暗光培养。每周喷一次消毒剂进行消毒。

1 周后菌丝长满料面，新陈代谢增强，袋温开始上升，此时要严格控制袋温不能超过 30℃。若料温偏高，应增加通风次数和延长通风时间，或在夜间气温低时加大通风，必要时散堆降温。2 周后进行第一次翻堆，检查菌丝生长情况，并挑出污染菌袋及时处理。第 3 周和第 4 周，菌丝生长最快，要特别注意通风换气，以免造成"烧菌"。

（2）促熟管理　经过 30 ~ 35d 菌丝可长满袋，此时袋内菌丝稀疏，菌袋松软，尚未达到生理成熟，不能开袋出菇，应及时转入促熟管理。促熟的重点是降低温度。在温度 10 ~ 20℃ 和相对湿度 70% ~ 75% 的环境下继续培养，经过 30 ~ 40d 的后熟培养，当料面菌丝形成菌皮时，便可进行出菇。

8. 出菇管理

（1）出菇场所　一般房屋、专用菇房、日光温室、塑料大棚均可作为出菇场所。出菇场所必须远离污染源，经常保持清洁。

（2）出菇方式　出菇方式有平放地面或床架上单向出菇、垛式堆放双向出菇、全脱袋覆土或只将菌袋下部薄膜脱去覆土出菇。覆土出菇虽产量高，但菇体含水量高，质量较差；单向立式或卧式出菇，菇质好，但产量偏低。目前，普遍采用的出菇方式是双排菌墙出菇和双向卧式出菇，这两种方式不但产量较高，而且菇体的商品性状好，有利于进行立体化栽培，提高菇房的利用率。

双排菌墙出菇：先将菌袋的薄膜脱去 2/3，留 1/3，然后将菌袋脱袋的一端头对头砌成双排菌墙。底层菌袋相隔 20cm，中间填土，间距向上逐渐缩小，菌墙高 6 ~ 8 层，摆好后菌墙横断面呈梯形。摆放菌袋时，层与层之间要有 2cm 间距。菌墙顶部做成水槽，以便于灌水。菌墙垒好后，要用塑料薄膜覆盖，以保持湿度，促使出菇。

双向卧式出菇：解开两端袋口，剪去袋口多余的薄膜，然后将菌袋卧式堆叠排放，一般放 4 ~ 6 层。

（3）催蕾　成熟的菌袋要想及早整齐出菇，须经催蕾。催蕾要将菇房温度降到

10℃以下，并加大昼夜温差10℃以上，空气相对湿度控制在85%左右，同时给以散射光，并适当通风，让菌丝体接触新鲜空气，促使菌丝扭结出菇。10~15d后，培养料表面就会出现米粒状原基。

（4）出菇管理 原基出现后将棚温控制在12~15℃。当原基长到蚕豆大小时，要及时疏蕾，一般每袋保留1~2个菇蕾，多余的菇蕾用小刀削掉，疏蕾时避免伤及所留菇蕾。

当子实体长到乒乓球大小时，温度控制在14~17℃。若温度超过18℃，子实体易变黄，温度超过18℃可通风降温；温度低于12℃，子实体生长慢，须采取增温措施。

子实体生长期间空气相对湿度保持在80%~90%。湿度偏小时，菌盖表面上易出现鳞片，生长慢，菇体小，应采取向地面喷水或空中喷雾的方法补充，切忌直接向菇体喷水，否则菇体顶部易发黄、发黏。采用菌墙出菇要定期向菌墙上部的水槽内灌水。出菇期间还应加强通风，防止菇房内 CO_2 积累过多而影响菇体正常生长，并给予一定的散射光。

9. 采收

低温季节白灵菇从幼菇到采收需10~15d。当菇体七八分成熟、菌盖边缘逐渐平展、尚未散发孢子时，应及时采收，切忌采收过晚，若延迟到孢子大量释放、过度成熟时再采收，则风味变差，商品价值下降。

采收前12h停止喷水，所用的采收工具应清洁卫生，采摘人员的手要洗净，小刀、盛鲜菇用的塑料筐要提前消毒。采收时可手捏菌柄左右轻轻转动扭下或用小刀齐根切下，削去基部杂物。采下的鲜菇不可漂洗或浸泡，否则极易发黄变质。将符合标准的菇与次菇分开放入塑料筐中。

复习思考题

1. 试述白灵菇的营养价值和药用价值。
2. 白灵菇子实体的形成有哪些条件？
3. 在栽培管理中如何提高白灵菇的品质？

第五章　食用菌工厂化生产

第一节　食用菌工厂化生产概述

食用菌工厂化生产是利用现代工程技术和先进的设施、设备，人工控制食用菌生长发育所需要的温、湿、光、气等环境条件，使生产流程化，技术规范化，产品均衡化，供应周年化，是采用工业化生产和经营管理方式组织食用菌生产的过程。它是多学科知识和技能在农业生产上的应用。

我国食用菌工厂化生产起步较晚，至今在国内还没有形成较为明确、较为统一的食用菌工厂化定义，但相对较完整的定义为：在不同气候条件下，在单位土地面积内，采用现代工业设施和人工模拟的食用菌生态环境技术，创造出适合不同菌类不同发育阶段的环境，进行立体、规模、全天候周年栽培，逐步实现生产操作的机械化、生产环境调控智能化，以达到不受季节限制的周年化、产品质量标准化的一种生产模式。其目的就是提高全年食用菌复种次数（一般自然栽培全年 1~2 次，工厂化栽培全年都可进行），提高设备设施的使用效率，提高资金周转使用率，从而使传统的食用菌生产方式升级为一种新型的、高效优质的、集现代农业工业化管理为一体的先进生产方式，进而实现食用菌产业现代化。

在国外食用菌工厂化生产起步较早，食用菌生产工厂化最早在双孢菇栽培中应用，距今已有 60 年的发展历史。欧、美是食用菌工厂化栽培最早、规模最大、技术最先进的地区。1947 年，荷兰在控温、控湿和控制通风条件下，栽培双孢菇获得成功，由此开创了世界草腐菌工厂化栽培的先河，之后美国、德国、意大利、法国、波兰等国也相继实现了双孢菇的机械化和工厂化生产，而且专业化程度较高，培养料堆制，菌种制作，栽培管理，销售和加工等分别由不同的专业公司完成，并得到迅猛发展。日本在 20 世纪 50 年代开始，创建了金针菇等木腐菌瓶栽和袋栽的工厂化生产模式。1965 年，日本长野县创建了第一个金针菇的工厂化瓶栽生产基地并获得成功，由此开创了世界木腐菌工厂化栽培的先河。韩国在日本的基础上开始了食用菌工厂化生产的尝试，近年来已迅猛发展成一个新型产业。欧美、日本、韩国等国家发展至今，食用菌工厂化产业已被公众誉为"蘑菇工业"，在专业化生产方面发展十分完备，分工十分明确，规模效益也十分惊人，如日本长野最大的金针菇工厂化生产厂每天产量可高达 30t，生产实现了全程自动化。20 世纪 80 年代，韩国和我国台湾地区也相继引进日本生产模式，并根据自身条件加以改进，生产规模不断扩大，栽培技术日臻成熟。

自 20 世纪 80 年代，我国台湾省首先引进日本栽培模式，开始了金针菇的工厂化生产，促进了我国木腐菌工厂化的栽培，同时期山东九发食用菌股份有限公司从美国引进了双孢菇工业化自动生产线，促进了我国草腐菌工厂化的栽培。20世纪90年代，随着经济发展和市场条件的成熟，国内再次掀起了以金针菇、杏鲍菇、真姬菇等木腐菌工厂化生产投资热潮。除了台湾、日本一些独资、合资企业陆续在大陆投资建厂外，国内不少企业（如上海浦东天厨菇业有限公司、丰科生物技术有限公司、北京天吉龙食用菌公司等），也陆续投资开发食用菌工厂化生产。在学习借鉴国外成功经验基础上，采用引进设备和自创技术相结合的方式，先后获得了成功。此外，各地小型半工厂化或设施加强型的规模化生产模式更是不断涌现。

随着经济发展和市场周年消费需求的不断增强，工厂化生产是食用菌产业发展的必然趋势。

一、食用菌工厂化生产模式

1. 以欧美草腐菌为主导的食用菌工厂化生产模式

其特点是专业化分工、大型机械化生产、自动化及智能化控制，采用三次发酵技术，投入高，产量高，质量稳定，品种专一，主要栽培的是双孢菇、棕色蘑菇等草腐性菌。

欧美发达国家在双孢菇的生产上已基本实现了全过程工厂化，从拌料、堆肥、发酵、接种、覆土、喷水、采菇及清床等生产环节均已实现食用菌工厂化生产工艺的机械化，同时，又在温、光、水、气、肥等主要生态因子综合控制的基础上，随着信息高新技术在产业中的快速渗透，逐步发展远程控制、生理检测及在线咨询等更先进的集成技术手段，实现了双孢菇周年化均衡生产和市场供给，并朝着自动化、智能化、精细化的方向更完善发展。

2. 以日韩木腐菌为主导的食用菌工厂化生产模式

其特点是专业化分工，机械化、自动化生产，效率高。工厂化机器设备体型较小，具有多功能性，适合于多种木腐菌类的工厂化应用。木腐菌的工厂化生产相对草腐菌来说，生产环境卫生，栽培品种多样，生产工艺大同小异。目前主要以生产白色金针菇、杏鲍菇为主。

从20世纪60年代开始，由接种车间、菌丝培养车间、催蕾车间、生长车间、包装车间和库房构成的标准菇房在日本得到普遍推广。日本拥有北研株式会社、森产业株式会社和食用菌中心三大著名研究机构，其核酸分析、单孢分离、生化检测分析仪、菌种超低温速冻贮藏及超净封闭人工气候培养室等设备均为国际先进水平，并配有国内一流的专家从事研究工作。食用菌菌种由专门企业提供，工厂化生产能力和环境控制水平较高，已普遍使用液体菌种，实现了工厂化生产。液体菌种具有繁种快、成本低、发菌短、出菇整齐的优点，但投入大、技术难度高。之后韩国仿效日本技术，也实现了食用菌机械化生产，生产场地规模较大，工厂化设施栽培在国际上处于领先水平。韩国最大的金针菇生产场地——大兴农场日产量达到了10万瓶，栽培场地以计算机智能控制菇房，整个生产过程按一定程序进行，仅在少量环节加以人工辅助操作。韩国工厂化生产的菌种包括金针菇、杏鲍菇、小平菇等都已基本实现了液体菌种培养，每个菇场都采用自制的菌种。日本和韩国已普遍采用大口径瓶栽技术，一般采用容积1 100～1 400 ml，口径75～82mm的专用聚丙烯塑料栽培瓶栽培白色金针菇和杏鲍菇，工艺装备也不断提高，如装瓶机从4 000瓶/h提高到12 000瓶/h，液体接种机也从4头接种发展到16头接种，从而大大提高生产效率。目前日本、韩国工厂化大口径瓶栽技术已逐渐取代袋栽技术。

3. 中国式食用菌工厂化生产模式

其特点是土洋结合、半机械化生产、半自动化控制、产量和质量稳定、资金投入相对较少、回报率高，适合中国国情。栽培品种具有多样化，既工厂化栽培草腐菌中的双孢菇、褐色双孢菇、草菇、鸡腿菇，又栽培木腐菌中的白色金针菇、杏鲍菇、白灵菇、真姬菇。目前，我国工厂化栽培以袋栽为主，瓶栽为辅。瓶栽主要以小口径瓶栽为主，一般采用容积850～1 000ml，口径58～65mm的专用聚丙烯塑料栽培瓶栽培白色金针菇、杏鲍菇、真姬菇。

20世纪80年代，山东九发食用菌股份有限公司从美国引进了双孢菇工业化生产线，并运营成功；上海浦东天厨菇业有限公司借鉴国外先进经验，在我国率先建立了金针菇工厂化生产基地；上海丰科生物技术有限公司、北京天吉龙食用菌公司采用引进设备和自创技术相结合，先后建立了日产4～6t的金针菇、真姬菇生产基地；辽宁阜新王彦令先生创建的田园公司，成功地实现了褐色双孢菇工厂化生产，其日产7～8t，全部出口创汇；北京金信食用菌有限公司1997年创立了白灵菇工厂化栽培模式；福建农林大学谢宝贵2002年在福建泉州成功地创建了中小型南方模式的白色金针菇工厂化栽培，并在福建闽南地区迅速推广；山西农业大学常明昌创建的山西鼎昌农业科技有限公司，2005年，在山西太谷创立了中小型北方模式的白色金针菇工厂化栽培，并在山西迅速推广；江苏连云港国鑫医药设备有限公司等对欧美、日本等发达国家的食用菌机械化生产技术与装备进行消化吸收，并结合我国生产实际率先对关键技术装备进行了国产化研发，将用于医疗药用配套的脉动式真空高压蒸汽灭菌技术移植于食用菌生产，开发出价格性能优于国外同类产品的大型灭菌设备。

近十几年来，我国在消化吸收日本、韩国等先进技术的基础上，相继研制出了食用菌生产和加工关键环节的一些相关设备，特别是福建、江苏的食用菌机械设备生产厂家，对推进食用菌生产机械化、工厂化和规模化发挥了积极作用。国内食用菌设备的生产还处于比较低的水平，原有的一些食用菌生产设备企业，由于自身技术力量薄弱，只能生产一些简单设备，如小型装袋机、简易搅拌机等单机，自动化程度低、成套性差、生产效率低、劳动强度大，难以满足工业化、产业化大规模生产的要求。总的来看，我国食用菌生产机械化，无论是研究开发还是生产应用均处于起步和发展阶段，与国际先进水平相比差距较大。因此，我国中小型工厂化生产食用菌一般采用国内组装配套的设备，而大型工厂化生产食用菌一般引进日本和韩国的设备。

二、食用菌工厂化生产的特征

食用菌工厂化栽培是最具现代农业特征的产业化生产方式，它以提高食用菌生产综合效益为核心，以大幅度提高劳动生产率、产出率、商品率为目标。

1. 农业工业化

食用菌工厂化是在现代农业的基础上，尤其是设施现代化、设备智能化，采用工业先进的设施环境、机械化设备和高新技术，创造出相对可控的生长发育条件，对食用菌进行反季节全天候周年生产，从而实现了高产、优质、高效、生态、安全，是一种最具现代农业特征的工业产业化生产方式。食用菌工厂化生产双孢菇，在国外已被人们称为"蘑菇工业"。要实现食用菌工厂化生产，提高生产效率和经济效益，就必须依赖现代化科学技术，而科学技术的运用都是靠现代化的设施和智能化的设备来完成的，因此必须装备先进的生产设施和设备。例如，菇房必须有保温、调光、通气的保护设施及经济有效的控温、控湿设备。

2. 生产高度集约化

食用菌工厂化具有资本密集、技术密集、装备密集的特点，是一项高投入、高技术、高产出、高效益的新型农业产业。整个生产过程相对传统农业来讲，装备先进，机械化程度高，技术含量高，是一项综合了农业多学科和工业新技术的系统工程。

3. 生产管理科学化、精准化

一般食用菌自然条件下栽培多是季节性、小手工作坊式栽培，是一种粗放式随意性强的管理，而食用菌工厂化则实现了生产过程模式化、栽培经验数据化、农艺要求指标化、企业管理专业化、市场营销商业化，是一种精准式的透明管理。要获得食用菌工厂化生产的最佳效果，就必须建立科学的生产管理体系，来保证生产工艺和生产规程得到切实执行。生产管理体系包括工作标准和管理标准。整个生产环节始终处于符合标准要求的稳定可靠状态。

4. 产品安全化

食用菌工厂化生产是在相对洁净、封闭可控的环境下进行，培养料经过了严格灭菌，接种又是在无菌条件下进行，加之整个生长过程从不使用农药，而且封闭的环境能够有效控制病虫害的发生，因此是无公害生产，其生产出的产品自然是符合食品安全的。食用菌工厂化生产由于采用了先进的技术手段，在可控的条件下按照严格的标准化作业。因此，产品无论是外观还是内在很容易达到标准化、优质化，从而实现真正的订单农业，使食用菌工厂化产业逐步走向精品农业。

5. 工艺流程化、技术规范化

要实现产品质量均衡化，按计划批量生产出符合规格的菌产品，必须制定科学的企业生产技术规程或者技术标准（包括菌种、原材料、生产操作规程、产品分级直到产品包装、运输、上货架的整个生产过程的规范要求，）和确保实现标准的工艺流程及相应的操作条件，而这些规程、流程和条件的选用都是依据食用菌的生物学特性和生长发育规律进行的。

此外，食用菌工厂化产业是一种生态农业。其生产所用原料都是工农业的下脚料（如棉籽壳、玉米芯、秸秆、木屑、甘蔗渣、废棉、甜菜丝、酒糟等），充分利用这些材料栽培食用菌，不仅可以变废为宝，得到人类所需的各种优质菇类，而且还能消除环境污染，化害为利，取得良好的社会效益。生产后的废菌袋既可破碎后施于农田，改良土壤结构，化作肥料，又可当作燃料节约能源，用于灭菌和采暖。

食用菌工厂化还是一种高效节约型农业。因为它是一种高度立体化、高密度、集约化周年生产的新型现代农业栽培模式，如一个占地为 3 333m^2 的工厂化生产车间，其产量相当于 60 个季节性自然栽培菇棚的产量，而一个菇棚实际占地约 1 333 m²。所以不难看出，进行食用菌工厂化生产比传统的季节性自然栽培大大节省了宝贵的土地资源。工厂化生产在相对可控制封闭的条件下进行，因此比传统的季节性开放式自然栽培节省了大量的水资源。

三、食用菌工厂化生产的意义

第一，我国农业发展正面临着耕地不断减少、人口不断增加、社会总需求不断增长的严峻形势，面对资源紧缺、人口膨胀的现实，必须改变农业低效高耗的增长方式，走技术代替资源的路子，走农业工业化的发展道路，食用菌工厂化生产正是在有限的土地资源上，创造出高产、优质、高效的食用菌产品，从而创造出巨大的经济和社会效益。

第二，食用菌工厂化是在相对封闭可控的生长条件下，利用工业技术和机械化设备对食用菌进行反季节全天候周年生产，从而打破了传统农业季节性生产的被动局面，大大提高了劳动生产率，使传统农业走向现代农业。

第三，食用菌工厂化能够周年提供高质量、高品位的产品，满足了中高档消费群体的需求，弥补了生产淡季市场对食用菌鲜品需求的空白，成为农业产业结构调整的重要内容。

第四，食用菌工厂化是无公害生产，其生产的产品一般是安全食品，符合食品卫生安全要求，一方面更好地满足国内对食用菌产品的食品安全要求越来越高的消费需求；另一方面容易使国内食用菌行业成功打破国际技术壁垒和绿色壁垒，从而使食用菌产品进入国际市场，打造我国食用菌创汇农业。

第五，食用菌工厂化产业的发展不仅促进了我国传统农业的升级换代，加快了农业工业化的进程，促进了现代化食用菌产业的发展，而且还带动了相关产业和技术的发展，如食用菌机械制造业、制冷业、塑料制品业、建筑业、保鲜加工业以及空气净化技术、远程监控技术、农业自动化测控技术等。

总之，食用菌工厂化是现代食用菌产业发展的必由之路。

第二节　食用菌工厂化生产的原理与构成

专题一　食用菌工厂化栽培的原理

食用菌工厂化栽培的基本原理是利用工业上的一些先进设备和设施，如温、光、气、湿的调控装置和空气净化等装置，在相对封闭保温的食用菌生长车间内，通过对食用菌生长车间的温度、湿度、通风、光照等主要环境条件的调控，形成一种适合于食用菌生长的最佳环境条件，并逐步发展和完善食用菌栽培机械化，从而形成一套完整的工业化、标准化现代农业生产管理体系，实现食用菌全天候工厂化周年生产。

一、环境条件

任何生物都是在特定的条件下生长的，食用菌生长发育除了要求充足营养条件外，还要求适宜的温度、湿度、氧气、酸碱度和光照等环境因子。每种食用菌对每种环境因子的要求都有最适点，最高限和最低限，超过高限，低于低限食用菌都不能生长。同一食用菌品种在不同的发育阶段，要求的环境条件也不同。

1. 温度

温度是食用菌栽培成败及产量高低的关键因子。一般说，菌丝体生长阶段要求较高的温度，子实体生长发育要求相对较低的温度。

根据食用菌菌丝生长对温度的要求高低，把食用菌分为中、低、高温三大温群。低温群：菌丝生长最高温度为 21~23℃；中温群：菌丝生长最高温度为 32℃；最适温度 24~25℃；高温群．菌丝生长最高温度 40℃，最适温度 29~30℃。根据促成子实体分化的温度大体分为 3 个类型：低温型最高温度为 24℃以下，最适温度为 20℃以下。如金针菇、平菇、杏鲍菇等；中温型：子实体分化最高温度在 30℃以下，最适温度 20~24℃，如银耳、木耳等多在晚春或早秋发生。高温型：子实体分化温度在 30℃以上，最适温度 24℃以上，如草菇、灵芝等。

2. 湿度

包括培养料湿度和空气相对湿度，一般适宜食用菌菌丝生长的培养料含水量是 60% 左右，空气相对湿度 60%~70%；子实体形成和发育阶段除了应保持相对培养料湿度外，还需要较高的空气相对湿度，一般适宜的空气相对湿度是 80%~90%。空气相对湿度过大，易引起杂菌感染。

3. 酸碱度

大多数食用菌喜酸性环境，适宜菌丝生长的 pH 值为 5.5~6.5。一般来说草腐菌要求 pH 值高些，木腐菌要求的 pH 值相对低些。（食用菌生长的最适 pH 值并不就是培养基配制时的酸碱度。因为，培养基在灭菌后 pH 值会下降；同时食用菌在培养后新陈代谢会产生有机酸，也会使 pH 值降低。所以我们配制培养基时把 pH 值适当调高。若 pH 值偏碱时可在培养基中加入 0.2% 的磷酸二氢钾调节，pH 值偏酸时，可添加少许中和剂碳酸钙或者氢氧化钠溶液滴定。如杏鲍菇菌丝生长最适 pH 值为 6.5 左右，培养料配制后的 pH 值为 7.5~8.0 左右，灭菌后，pH 值为 6.6。双孢菇适宜菌丝生长的 pH 值为 6.8~7.0，培养料 pH 值调节到 8.0 左右，培养料发酵后 pH 值达到 7 左右。

4. 空气

大多数食用菌是好气性真菌，菌丝生长和子实体发育均需新鲜空气。但在菌丝生长阶段一定浓度的二氧化碳积累对菌丝反倒有刺激和促进作用。（我们知道正常的空气中，氧气的含量占气体总量的 21%，二氧化碳的含量是 0.03%，当空气中二氧化碳浓度增加时，氧就相对减少，过高的二氧化碳浓度必然会影响食用菌的正常呼吸作用。）子实体分化阶段对氧气的需求量略低，二氧化碳浓度（0.03%~0.1%），能诱导子实体原基形成。一旦子实体形成，由于呼吸旺盛，对氧气的要求也急剧增加，这时 0.1% 以上的二氧化碳浓度对子实体就有毒害作用，往往出现畸形菇。因此，在生产上，防止二氧化碳浓度过多积累，加强栽培室（房）内通风换气非常重要。

5. 光照

菌丝生长一般不需要光线，但大多数食用菌子实体形成和发育则需要适宜的散射光线。也有少数食用菌例外，如：双孢菇、大肥菇等连散射光线都不需要。而木耳在光线充足下，子实体颜色深、长得健壮肥厚，只要有高的湿度，强烈的阳光也不能抑制木耳的生长。

二、生产工艺流程

母种→原种和栽培种→栽培。

（1）母种工艺　清洗试管→烘干→调制培养基→分装→塞棉塞→高压灭菌→制斜面→无菌观察→接种→培养→保藏或投入生产使用（继续扩大培养或接种原种）。

（2）原种和栽培种工艺　原料准备→培养基配制→培养料分装→培养基灭菌→接种→培养→检测。

（3）栽培工艺　原料预处理→配料→拌料装袋→灭菌冷却→无菌接种→发菌培养→出菇管理→适时采收→分级包装。

专题二　食用菌工厂化构成

工厂化栽培食用菌是利用设备和设施创造食用菌生长发育条件，从而满足食用菌不同生长阶段对环境条件的不同要求。环境条件主要是温度、湿度、通风和光照，并对这些因子进行综合调控。同时，根据每天出菇生产规模的大小，来设计相应的工厂化菇房面积。因此，在设计工厂化菇房时，根据食用菌生产工艺的要求，合理地安排生产设施的面积、建造结构、建造材料及配套设备，充分考虑控温系统、光照系统、通风系统和增湿系统的科学性和合理性。

我国目前除少数经济实力大的公司进行大型食用菌工厂化生产外，绝大多数厂家都采用中小型工厂化栽培模式，并以栽培白色金针菇、杏鲍菇、白灵菇、真姬菇等木腐菌为主，这也符合我国现阶段食用菌产业发展的经济状况和技术水平。由于大型食用菌工厂化需多专业人员来设计完成，设计难度大，再加之本书篇幅有限，在此仅介绍中国式食用菌工厂化小型栽培模式。

一、工厂布局

厂区必须划分为生产区和生活区。生产区要有原料库、装袋车间、灭菌冷却车间、菌种培养室、接种室、养菌室和出菇室、产品包装室、贮藏室及办公室等。接种室与培养室、养菌室与出菇室相互衔接，相互配套，并避免与原料库及装袋车间靠在一起。在满足工艺要求情况下，尽量减少运料距离和方便机械装载。

根据食用菌工厂化生产的环节，食用菌工厂化由栽培车间和辅助生产车间两大部分构成。栽培车间主要包括发菌室、催蕾室、出菇室；辅助车间主要包括原料贮藏室、拌料装袋（装瓶）室、灭菌室、冷却室、接种室、菌种培养室和保藏室、产品的包装及冷藏室。同时，根据不同车间的功能配备相应的生产设备。为实现周年化、标准化生产食用菌，需在生产车间配置温度、湿度、光照、通风等调控设备，包括制冷机、加热设备、加湿器、风扇、轴流风机等，同时在接种室配置紫外线灯、臭氧发生器或空气过滤等装置，从而净化空气，提高接种成功率。为了提高工作效率，在拌料装袋（装瓶）室应配备相应的拌料机、装袋机（装瓶机）、周转筐、周转车等机械设备、工具，经济条件好的还可配备自动生产线；灭菌室配备大型高压灭菌仓或常压灭菌仓。

二、食用菌工厂化栽培车间的构成

栽培车间主要是根据食用菌不同生长发育阶段的生长规律和全天候工厂化周年生产的需求设计菇房。因此，首先要考虑栽培车间的保温性和温、光、气、湿的科学调控系统，其次考虑车间发菌室、催蕾室、出菇室的合理布局（如数量、大小等）和空间使用效率（如订架的层数和大小），最后考虑车间内工作的便捷性（如搬运菌袋、菌袋的上架或下架、催蕾、采菇等操作的方便性。）

1. 栽培车间墙体保温设计

菇房尽可能做到夏季隔热和冬季保温，较高的保温与隔热能力能有效降低调控能耗，并直接影响今后的运行成本和整体生产的经济效益。在生产实践中，不同地区，其保温与隔热要求不一样，在我国南方地区，其隔热性要求较高，在我国北方地区要求保温性能较好。一般菇房的墙体可分为砖混结构和库板钢架结构（即双层彩钢夹高密度聚苯乙烯泡沫板）两种。砖混结构墙体的保温通常采用室内整体表面张贴苯板（聚苯乙烯泡沫板）或聚氨酯发泡材料两种方法。采用的苯板最好是用阻燃性高密度苯板，一般厚度为 4～10cm，密度为 15～25kg/m³，经济条件好时，也可采用聚氨酯发泡材料，保温效果更好，但其造价高。库板钢架结构多采用厚度为 10～12cm，密度为 15～25kg/m³ 的库板，墙体的厚度南方可适当薄些，北方应厚些。

2. 栽培车间的合理布局

根据所栽培种类的特点和日产量，合理安排发菌室、催蕾室、出菇室的数量和大小。合理设计室内床架的大小和层数，以便实现立体化、高密度、集约化栽培，提高单位面积使用率。一般采用 9 层床架，床架主体采用角钢和圆钢，床面采用木板（南方多采用杉木，北方多采用桐木）或竹片。工厂化栽培白色金针菇袋栽和瓶栽多采用床架立式出菇，杏鲍菇袋栽多采用网架式卧式出菇。

3. 调控系统

主要包括调温系统、调湿系统、通风系统、光照系统。

（1）调温系统 包括加热系统和制冷系统。

加热系统一般根据发菌室、催蕾室、出菇室温度的不同，设计的暖气片组数和管道不同，还要考虑到辅助车间的取暖问题，锅炉一般多采用 0.3～0.5t 的常压锅炉，最好采用静压式环保新型采暖锅炉。由于南方的寒冷季节较短，故南方的工厂化车间一般不考虑此项投入，在最寒冷时，可临时采用热风炉、空气加热器、暖风机等设备。

制冷系统一般根据发菌室、催蕾室、出菇室温度的不同以及菇房空间的大小，而采用 3 种不同功率的制冷机组（日韩发动机与欧美的测试标准不同，发动机标称功率不一样，日韩发动机功率匹标为 PS，欧美标为 HP，1HP≈1.15 PS）。研究表明，南方多采用水冷式机组，而北方则应采用风冷式机组，这是因为北方（如山西省、陕西省、内蒙古自治区、甘肃省等）水质偏硬，易形成水垢，加之冬天气候寒冷易结冰，容易堵塞管道及机组，加大了维护成本。当有充足资金投入时可采用噪声低的全封闭机组，也可采用半开放式机组，一般不采用全开放式机组。同时，菇房内配置的蒸发器可根据空间的大小来选择。由于制冷机组在室外放置，必须在其上方加设防雨防晒棚，从而保证制冷机组在不同恶劣的天气情况下也能正常工作。

（2）调湿系统　由于制冷系统运转时，菇房的湿度较大，一般不需要专门的喷水设备，个别情况下需要补湿时，采用小型可移动式加湿器即可，同样当资金充裕时可采用管道式超声波加湿系统。

（3）通风系统　采用轴流风机或换气扇，主要根据菇房的空间大小来安装不同数量、不同功率的轴流风机，还需特别注意通风口必须安装防鼠铁网和防虫网。通风口一般离地面 30～50cm，栽培室内为了保证温度、湿度和氧气均匀，房顶还需安装吊扇。

（4）光照系统　主要是根据食用菌在发菌、催蕾、出菇、长菇过程中对光线的不同要求，设置不同数量、不同功率的节能灯或灯管。

三、食用菌工厂化生产车间的构成

辅助车间在建造时，一定要布局合理，结构紧凑，便于生产操作，提高工作效率，减少污染。辅助生产车间与栽培车间应尽量缩短距离，相邻建造。

1. 原料贮藏场所

原料贮藏场所主要用于棉籽壳、玉米芯、木屑、甘蔗渣、麸皮、米糠、玉米粉、轻质碳酸钙等原材料的存放。一般原料应放于遮风避雨的厂棚下（木屑原料例外），用单层彩钢板建造的大型工棚即可，与拌料室邻近，但应远离火源。

材料贮存室主要存放栽培袋、口圈、棉塞、制作母种培养基药品、消毒药品、接种工具、酒精灯等。

2. 拌料装袋（装瓶）室

拌料装袋（装瓶）室面积的大小取决于日产量以及生产线的长短，还应考虑动力电源和用水方便。南方的拌料室条件可简单些，北方的拌料室还必须考虑寒冷季节的采暖。根据日产量配备相应的拌料机、装袋机（装瓶机）周转筐、周转车等机械设备、工具，以便于半机械化操作，降低劳动强度。当生产规模很大或经济条件好时还可配备自动生产线，这样可大大提高工作效率，降低成本。小规模工厂化一般多采用手工装袋，在劳动力紧张时，才采用冲压转盘式装袋机，手工装袋破袋率低，机械装袋效率高，但寒冷季节破袋率高。

3. 灭菌室

灭菌室可配备大型高压灭菌仓或常压灭菌仓。蒸汽来源于 0.3～0.5t 的新型环保蒸汽锅炉，为了节能，最好采用静压式锅炉，这样可不配制锅炉上的鼓风机。灭菌仓购买现成的价格昂贵，运输不便，一般可请专业人员按日灭菌量自行设计。有条件的也可采用脉动式真空高压蒸汽灭菌设备。

4. 冷却室

冷却室用于灭菌后菌袋（瓶）的冷却，一般多采用自然冷却或风扇对流冷却，有条件的公司可采用制冷机强制冷却，并在冷却室安装空气净化器，对冷却室的空气反复循环进行空气净化，达到冷却和减少杂菌污染的目的。冷却室应与接种室邻近。

5. 接种室

接种室是分离菌种及各级菌种接种的地方，食用菌工厂化无菌要求最高的场所，接种室内壁、屋顶及地面光滑平整，便于擦洗、消毒及通风换气，其面积取决于日产量的大小。室内有工作台、凳子、接种箱及接种用的各种工具，靠上墙设立临时培养架，室内安装日光灯和杀菌紫外灯。接种时，中小规模工厂化生产多采用接种箱人工接种，也采用连续接种生产线，只有少数大型工厂化采用液体菌种，自动接种机接种；投资规模达到 3 000 万元以上的公司才采用进口接种设备和层流空气过滤净化技术，否则投资成本过高，产出效益不明显甚至出现亏损。

6. 培养室

培养室是培养各级菌种的场所，主要用于原种和栽培种的大量培养，一般根据生产规模确定培养间数，每间不宜过大，方便消毒杀菌。因此，培养室设计及建造必须满足菌丝生长发育对温度、湿度、气体、光照等条件。培养室培养面积要与接种室相配套。培养室内配有空调设备及安装照明用日光灯及遮光用门帘和窗帘。培养室内还放置恒温培养箱、培养架等设备，制作母种及少量原种时，在恒温箱内培养，制作栽培种和大量原种放在培养架上培养。

7. 菇房设施及设备

菇房分养菌室和出菇室两部分，单间菇房面积在 50 ~ 60m²，高度在 3.5 ~ 4m，墙体结构要牢固，兼顾保温性、密封性、通气性、安全性。房内配套安装温度控制、空气循环、加湿等控制系统。

每室内后墙下端，均匀安装 2 ~ 3 个排气扇，以利于室内气体交换。室内每走道上方各吊 1 台风扇，用以扩散所制冷气和菌丝培养过程中所产生的热气，对室内气体循环起到重要作用。排气扇一定要安装在冷气回流的下端，不能与冷机对流，否则，新鲜空气进入后马上即由排气口排出，不但换气效果不佳，而且浪费能源。冷机所制冷气，经过室内上部空间或走道空间吹到对面墙上再往下回流，冷气无法达到的角落部位，以风扇相补，使冷气均匀。

另外，每个养菌室内，设置 3 ~ 4 个培养架，每架 7 ~ 8 层。每层宽 1.2m、长 8 ~ 9m。每两培养架间留 0.8m 走道，以便气、热均匀扩散及方便操作。

每个育菇室内均匀设置篙（架）式栽培架 4 ~ 5 架，每架长 7 ~ 8m，高 3m 左右。每两篙架之间留 1m 的走道，以便冷、气扩散、光照均匀及操作方便。篙式袋栽方式，有利于栽培袋受光、热、湿、气均匀，便于操作管理，出菇整齐。同时可充分利用菇房空间，节约成本。

8. 菌种保藏室

菌种保藏室主要用于发满菌后原种或栽培种的临时保藏，采用制冷机控温，温度一般控制在 2 ~ 4℃。菌种保藏室的大小根据生产需求而定。

9. 产品包装室

产品包装室主要用于鲜菇采收后的处理和分级包装，应建在离出菇车间较近的地方，要求清洁干净，避免阳光直射。最好在低温条件下进行分级包装，这样不仅符合食品加工的卫生要求，而且使保鲜期延长。室内应配备相应的不锈钢分级工具、包装操作台、多功能包装机（根据市场要求可抽真空，充氮气）、包装箱等。

10. 产品冷藏室

产品冷藏室主要用于包装好的产品销售前的预冷和短时间存放，一般控制在 2 ~

4℃，其大小根据栽培规模而定，一般与产品包装室邻近。

食用菌机械化是食用菌工厂化中重要组成部分，也是大幅度提高工厂化生产效率的重要方面，它贯穿于工厂化生产的绝大部分环节。工厂化栽培很大程度上依赖于机械设备的先进性，必须大力研制和推广食用菌生产的专业应用机械和设备，如专用的接种设备、空气净化设备、灭菌设备、自动生产线等。同时要根据食用菌生产不同环节的特点，进行细致的专业分工，为食用菌生产由手工劳动转换为机械自动化作业创造良好的条件，而设备的技术研发又会推动珍稀菇类产业的发展。另外，食用菌工厂化生产的过程中，不但要掌握栽培工艺，还要了解设备使用的原理、运转过程的操作和维修，能够随时根据天气变化、菇体发育的状况及时对环境进行调控，从而提高生产效率，达到优质高产的目的。

根据经验，一般建设一个日产 1t 袋栽白色金针菇的小型工厂化生产厂，目前，需投资 200 万元左右，才能正常运转。若想取得良好的经济效益，还需选用优良的品种，采用科学的生产工艺，进行严格的企业管理和有效的市场运作。

第六章　食用菌病虫害及其防治

在食用菌栽培中，会受到多种病虫危害，影响了食用菌的产量和品质，轻者造成减产，重者绝收。因此，有效及时地防治病虫害是保证食用菌栽培成功的重要措施之一。为了解决食用菌生产中的这些问题，应根据食用菌生长发育的特点，了解病虫害的形态特征、发生规律、危害症状等，采取以防为主综合防治的措施，把病虫害杜绝在发生之前。

人工栽培的食用菌，按照发病原因，可以分为侵染性病害、生理病害和虫害。

第一节　侵染性病害及其防治

食用菌在其生长和发育过程中，由于遭受其他微生物的侵染，致使食用菌的生长和发育受到显著的影响，因而降低食用菌的产量或品质，叫食用菌侵染性病害。侵染性病害包括竞争性杂菌和寄生性病害，其中危害最多的是竞争性杂菌。

专题一　竞争性杂菌

竞争性杂菌简称杂菌，其与菌丝体争夺营养，分泌毒素，抑制菌丝生长，在菌丝体阶段普遍发生，其生长的环境条件要求多与食用菌极其相近，故一旦发生，很难防治，造成的危害一般比较严重。因此，对栽培者来说，关键在预防，防重于治。

1. 青霉

（1）发生特点　各类食用菌制种及栽培中普遍发生青霉的污染。受染初期，发现白色绒毛状菌，1~2d后，菌落变成粉粒状蓝绿霉，菌落近圆形，时常具有一宽的新生长的白边（图6-1）。空气中的孢子随处散落，很容易造成培养料的污染，高温高湿条件有利于此病菌的发生。此菌在一定的条件下具有寄生能力，能使子实体致病。

（2）防治措施

①培养室要密封熏蒸，保持清洁卫生。②菌种生产中，要灭菌彻底，严格遵守无菌操作规程，操作人员要技术熟练。③栽培平菇时可用培养料干重的0.1%多菌灵或克霉灵拌料。④菌种发现污染立刻弃除，在生产中，栽培料出现污染要挖去污染部分，并喷洒40%多菌灵200倍的药液。⑤注射甲醛或绿霉净消毒液。

2. 毛霉

（1）发生特点　在各类食用菌的制种及栽培中均可发生此菌污染。初为白色棉絮状，生长速度快，不久变为灰色，然后各处均成黑色（图6-2）。初次侵染由空气传播，接种所用器具及接种箱（室）等灭菌不彻底，无菌操作不严格，棉塞受潮，培养

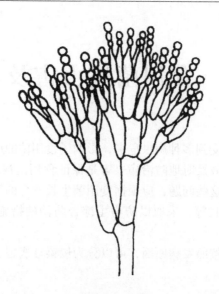

图 6 - 1 青霉
（引自刘波，1991）

环境湿度大易造成此菌污染。

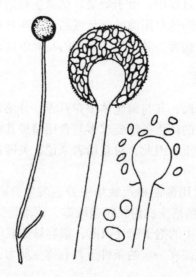

图 6 - 2 毛霉
（引自刘波，1991）

（2）防治措施　同青霉菌。

3. 根霉

（1）发生特点　各类食用菌制种及栽培中均可发生污染，发生普遍，为害较重，常造成菌种报废，产量下降。受污染的培养料，表面有匍匐生长的菌丝，并在匍匐丝上生出假根，假根接触基物，菌丝生长不像毛霉那么快，后期在培养料表面形成一层黑色颗粒状霉层（图 6-3）。高温高湿条件有利于此病菌的生长繁殖。

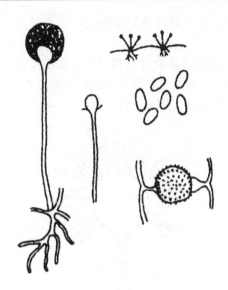

图 6 - 3　根霉

（引自刘波，1991）

（2）防治方法　同青霉菌。

4. 木霉

（1）发生特点　各类食用菌制种及栽培中普遍发生此菌的污染，受污染后料面上产生霉层，初为白色，菌丝纤细，致密，由菌落中心向边缘逐渐变成浅绿色，最后变成深绿色，粉状物（图 6 - 4）。如不及时处理，几天就会在整个料面上层形成一层绿色的霉层。高温高湿而偏酸性的条件有利于此病的发生。

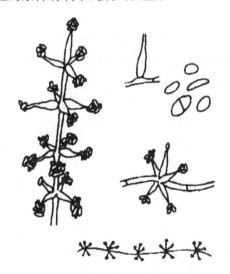

图 6 - 4　木霉

（引自刘波，1991）

（2）防治方法　除采用青霉的防治方法外，还应注意栽培料中麸皮或米糠的比例不要超过 10%，比例过高，木霉的污染率也高。

5. 曲霉

（1）发生特点　在各类食用菌制种及栽培中，在温度高时最常发生污染的有黑曲霉和黄曲霉。在受污染的培养料上，初期出现白色绒状菌丝，菌丝较厚，扩展性差，但很快转为黑色或黄色颗粒状霉层（图 6 - 5）。

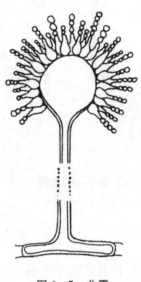

图 6 - 5　曲霉
（引自刘波，1991）

（2）防治方法　同青霉菌。

6. 链孢霉

（1）发生特点　在各类食用菌制种及栽培中，在温度高时最常发生污染的有黑曲霉和黄曲霉。在受污染的培养料上，初期出现白色绒毛状菌丝，菌丝较厚，扩展性差，但很快转为黑色或黄色菌落（图 6 - 6）。

（2）防治措施　除采用青霉的防治方法外，还应注意一旦出现橘红色块状分生孢子团，用湿布或湿纸小心包好拿掉，浸入药液中或深埋，切勿用喷雾器直接对病菌喷药，以免孢子飞散；也可及时涂刷适量的废煤油或柴油，然后用薄膜包扎，可使霉变糜烂死亡。发菌后期污染，可将受污染菌袋埋入深 40～50cm 透气差的土壤中，经 10～20d 缺氧处理后，能减轻病害可出菇。施保功等杀菌剂可控制链孢霉的生长。

7. 酵母菌

（1）发生特点　能引起培养料发酵，发黏变质，并散发出酒酸味。试管菌种受红酵母污染后，在培养基表面形成红色、粉红色、橙色、黄色的黏稠菌落，试管和培养基都不产生绒状或棉絮状菌丝（图 6 - 7）。温度高时易发生。

（2）防治措施　同青霉菌。

8. 细菌

（1）发生特点　受细菌侵染的母种，肉眼可见污白色和微黄色黏稠状菌落。原种

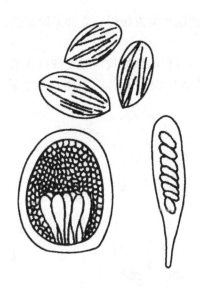

图6－6　莲孢霉

（引自刘波，1991）

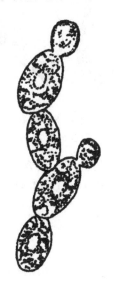

图6－7　酵母霉

（引自刘波，1991）

和栽培种表现症状有：菌丝苍白无力、纤细干瘪、生长缓慢、生长不均匀，菌丝间连接不紧，菌种色泽暗淡，打开时有恶臭味或酸味。

（2）防治措施　①严格灭菌，原种和栽培种的污染外观很难鉴别，不像霉菌污染那样有可见的菌落，常由于灭菌不彻底而留于培养料中造成污染，使菌种生长不良。②严格无菌操作，消毒酒精必须使用浓度75％的酒精，接种工具在接种前必须蘸取75％酒精后在火焰上灼烧彻底灭菌，保证其绝对无菌。消毒用的酒精要定期更换。③严格挑选菌种，严防菌种带菌。④生料栽培时，料的含水量要适当偏少，发菌期要避免料温过高，保持通风良好。发现菌种萌发缓慢，立即采取降温、通风措施。

9. 鬼伞

仅在以草本植物秸秆为培养料的生料栽培和发酵料栽培中发生。

（1）发生特点　子实体成熟快，老熟后菌体自溶变软，最后成为一滩墨汁状物（图 6 - 8）。

图 6 - 8　鬼伞
（引自刘波，1991）

（2）防治措施　①发酵彻底均匀。②配料含氮量不要过高，特别是无机氮含量不要过高。③发菌期避免料的高温高湿。一旦发生要在开伞前及时拔除，并结合降温、散湿和通风。

专题二　寄生性病害

食用菌寄生性病害中包括真菌性病害、细菌性病害、线虫性病害和病毒性病害。主要是前两种病害。

1. 真菌性病害

（1）褐斑病（又名轮枝霉病、干泡病）。

①症状：子实体感染后菌盖产生许多针头状褐斑，早期子实体发育不良，颜色灰白，幼菇感染成洋葱菇，中期有唇裂现象，质地较干，不腐烂，无特殊臭味。

②病因：轮枝霉菌通常由覆土带菌为最初侵染源。可以通过带菌的采菇箱、采菇筐传播，昆虫、气流、喷水等也可传播。该病菌不侵染培养料和菌丝体，只侵染子实体。当出菇室通风不良、空气湿度大时易发病。

③防治措施：一要注意菇场和环境用具卫生。菇房用前、用后均严格消毒；二是覆土前用 0.5% 石灰粉拌匀后堆闷，或者使用施保功、蘑菇祛病王等药物进行处理；三是

菇房普遍感染时，病菇周围用施保功、蘑菇祛病王等喷洒；四是采菇时要病菇与健菇分别采收，以防蔓延。

（2）褐腐病（又名疣孢霉病、白腐病、湿泡病）。

①症状：发病初期，蘑菇的菌褶和菌柄下部出现白色棉毛状菌丝，稍后病菇呈水泡状，随后褐腐死亡或幼菇受害后常呈无盖畸形，并伴有暗黑色液滴渗出，最后腐烂死亡。

②病因：病原菌为疣孢霉。疣孢霉的厚垣孢子可在土壤中休眠数年，首次侵染主要来源于土壤；菇棚内的再度侵染和病害蔓延则主要是病菌孢子通过人体、害虫、工具或喷水等渠道传播的。出菇室高温高湿、通风不良时发病严重，10℃以下极少发病。

③防治措施：一要搞好环境卫生，注意菇房清洁和覆土材料消毒，覆土材料消毒可用施保功药液均匀拌土，一周后使用；二要选好栽培季节，第一潮菇出菇期温度避开25℃以上高温；三要及时处理病斑，防扩散，并做好治虫防病工作，以防昆虫携带传播；四是药剂防治，可用50%施保功可湿性粉剂喷洒。

（3）软腐病（又称腐烂病）。

①症状：菌柄基部变水渍状褐色斑点，病菌逐渐上移，扩展到整个菇体，使基部变软，子实体倒状并腐烂，轻者影响产量和质量，发现严重的绝收。

②病因：多发生于培养料含水过高，菇房湿度较大，喷雾水分不均匀造成积水，长时间覆盖薄膜，通风不良，有利于该病发生。室外大棚栽培发病较重。

③防治措施：一是在子实体生长阶段要控制适宜的含水量，要经常清除菇体表面积水，保持菇房空气新鲜；二是发现病菇后应及时清除，然后喷施65%漂白粉。对已发病菌袋，清除病株后，用40%克霉灵可湿性粉剂800倍液喷施。

2. 细菌性病害

（1）细菌性褐斑病（又名斑锈病、细菌性斑点病）。

①症状：发生部位在菌盖和菌柄上，病斑褐色，菌盖上的病斑圆形或椭圆形，或不规则形状，潮湿时，中央灰白色，有乳白的黏液，气温干燥时，中央部分稍凹陷；菌柄上的病斑菱形和长椭圆形，褐色有轮斑。条件适宜时，会迅速扩展，严重时，菌柄、菌盖变成黑褐色，最后腐烂。

②病因：病原菌为托拉斯假单胞杆菌。此菌在自然界分布极广，培养料、覆土材料以及不洁的水中均有，在15℃以上、空气相对湿度大于85%时，病菌非常活跃，通过人体、气流、虫类和工具等渠道广泛传播。常在春菇后期，逢高温高湿、通风不良，特别是菌盖表面有水膜时极易发生。

③防治措施：一要选用抗病品种，加速品种更新，合理安排出菇时间。根据各种食用菌生长所需的温、湿度来合理安排栽培季节，尽量避开高温高湿的影响；二要做好出菇场地卫生消毒工作，场地用0.05%～0.1%漂白粉喷雾1～2次，然后用消毒粉或高锰酸钾和甲醛熏蒸；三是发病初期用漂白粉对水喷雾，稀释浓度为0.2%，或用浓度为40～50mg/kg的土霉素喷雾，看发病程度，间隔3～5d重喷一次，或用1∶500～1 000倍黄斑消喷雾，间隔2～3d连喷2～3次。

（2）金针菇褐腐病

①症状：子实体感病后，在菌盖、菌柄上形成不定型的褐色斑点，然后腐烂。有时很多病斑连成片，包括菌柄均变为黑褐色，质软，不能直立，有黏液，最后整丛菇变褐腐烂。

②病因：病原菌为欧文氏杆菌。金针菇不同品种间的抗病性差异较大，当温度超过18℃，湿度较大，通风不良，特别是子实体表面处于水湿状态时易发病，蔓延快。

③防治措施：选用抗病品种；其余可参照细菌性褐斑病的防治。

3. 病毒性病害

①症状：子实体表现小而畸形，菌柄长而弯曲，开伞极早，子实体水渍状或有水渍状条纹。

②防治措施：各种食用菌的病毒几乎完全是菌种传播的，而且一旦发生无法防治。因此，关键是要选择和使用脱毒菌种。

第二节　生理性病害及其防治

在食用菌整个栽培过程中，由于遭遇极不适宜的环境条件，而发生的病害为生理性病害。

1. 菌丝徒长

（1）症状　各种食用菌发菌后至出菇前。表现为气生菌丝繁茂、浓密，甚至成为厚厚的气生菌丝层，而迟迟不发生子实体。严重者要去掉徒长的菌丝层。

（2）病因　空气相对湿度过高，覆土湿度过大，气温过高，通风不良，菌株生物学特性与栽培环境条件不匹配，基料碳氮比例失调等。

（3）防治措施　科学设计配方，加强通风，降低湿度，降温，菌种生产时连同其基质一起挖取后接入下级菌种。严重者要去掉徒长的菌丝层。

2. 颉颃线

（1）症状　菌丝尖端不再继续发展，菌丝积聚，由白变黄，形成一道明显的菌丝线；或者菌丝接壤处形成一道明显的菌丝线条，如同两军对垒，互不相让。

（2）病因　一是培养料含水量过高，菌丝不能向高含水料内深入，形成颉颃线；二是菌袋两头各接入了两个互不融合的菌种。

（3）防治措施　基料内的含水量要适宜；在一个菌袋内只接入同一菌株。

3. 菌丝稀疏

（1）症状　菌丝表现稀疏、纤弱、无力、长速极慢等现象（在排除细菌污染的前提下）。

（2）病因　种源特性退化，种源老化，种源自身带有病毒病菌，基料营养配比不合理，基料含水量过低，基料pH值过高或过低，培养温度过高，湿度过大等。

（3）防治措施　选用适龄的脱毒菌种，科学合理地调配基料，注意基料pH值变化，调控培养室的温度。

4. 菌丝不吃料

（1）症状 表面菌丝浓密、洁白，但菌丝不向下伸展。开料检查，发现有一道明显的"断线"，未发菌的基料色泽变褐，并有腐味。

（2）病因 基料配方不合理，原料中有不良物质，基料水分过大，菌种老化或退化。

（3）防治措施 合理选择原料，配方应科学合理，适量用水，选择适龄的脱毒菌种。

5. 退菌

（1）症状 菌丝逐渐失白，继而消失。

（2）病因 种源种性退化，基料水分偏高，闷热、水大，菌丝自溶。

（3）防治措施 严格控制种源，控制基料的含水量在适宜水平，高温季节尽量避免菌袋间的过分拥挤。

6. 发菌极慢

（1）症状 与正常生长速度相比菌丝生长极慢。

（2）病因 基料水分过大，通透性极差，菌丝无法深入内部；基料灭菌的起始温度低或者装料与灭菌之间的时间偏长，高温时基料酸败；基料配方不合理，某些化学物质对菌丝发生抑制；种源的特性不适应或者生物性状退化。

（3）防治措施 基料配方合理，调控适宜的含水量，选择适合本地区的脱毒适龄菌种；装瓶或装袋后应立即灭菌。

7. 死菇

（1）症状 子实体尚未发育成熟，个别还很小时便萎缩、变黄，最后死亡，有时甚至成批出现。生理性病害的死菇，手触摸时表面干爽无黏液。

（2）病因 出菇过密，营养不足；出菇室持续高温高湿，通风不良，氧气不足；覆土层缺水，幼菇无法生长；采菇或其他管理操作不慎，造成机械损伤；或者使用农药不当，产生药害等均可引起子实体死亡。

（3）防治措施 根据上述原因，采取相应措施，如改善环境条件，正确使用农药等。

8. 畸形菇

（1）症状 在双孢菇、平菇、香菇、灵芝等的栽培过程中，常常出现子实体形状不规则，如柄长盖小，子实体歪斜，或原基分化不好，形成菜花状、珊瑚状或鹿角状的畸形子实体。

（2）病因 出菇室通风不良，CO_2 浓度过高，光线不足，温度偏高；覆土颗粒太大，出菇部位低；机械损伤；病毒为害或农药中毒等均能导致子实体畸形。

（3）防治措施 加强通风，并给予适量的光照和适宜的温度，不使用敌敌畏灭虫；使用煤炉加温时烟筒要密闭，严防煤气泄漏。

第三节　虫害及其防治

食用菌生长发育过程常受到许多害虫为害，主要有菇蚊、瘿蚊、菇蝇、螨类、线虫等。菇蚊、瘿蚊、菇蝇均以幼虫为害食用菌的菌丝体，螨类和线虫也直接取食用菌菌丝。害虫为害造成减产和影响菇体外观，致使食用菌降低甚至失去商品价值。下面介绍食用菌生产中常见的害虫及其防治措施。

专题一　昆虫类害虫及其防治

为害食用菌的昆虫主要是双翅目、鳞翅目、鞘翅目和等翅目中的一些害虫，其中以双翅目害虫种类多，数量大，寄主广泛，为害最为严重。双翅目害虫主要集中于菌蚊科、眼蕈蚊科、瘿蚊科和粪蚊科等。

1. 尖眼菇蚊类

（1）别名　菇蚊、菌蚊、菇蛆。

（2）形态　尖眼菌蚊的成虫体长 2 ~ 3mm，褐色或灰褐色，翅膜质，后翅退化为平衡棒，复眼发达，顶部尖，在头顶延伸并左右相接。幼虫细长，白色，头黑亮，无足，老熟幼虫长 5mm（图 6 - 9）。

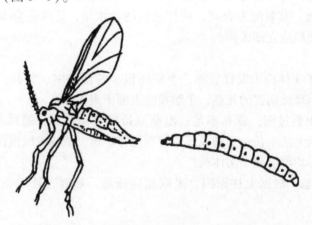

图 6 - 9　尖眼菇蚊
1. 成虫；2. 幼虫
（引自常明昌教授《食用菌》第二版）

（3）为害　成虫产卵在料面上，孵化出幼虫取食培养料，使培养料成黏湿状，不适合食用菌的生长。幼虫咬食菌丝，造成菌丝萎缩，菇蕾枯萎。幼虫蛀食子实体的菌柄和菌盖，钻孔后发生腐烂，耳片被咬食后，腐烂消融。

（4）防治方法

①经常保持菇房内外的清洁卫生，随时清除残菇废料。②菇房的通风口及门窗要安装防虫飞入的纱窗。③培养料按要求严格处理，用生石灰水浸泡或热力灭菌。④菇房在

进料前要进行熏蒸。⑤黑光灯诱杀，在灯下放一个盛有洗衣粉溶液的水盆，引诱成虫投入水盆内。⑥药物防治。发现害虫，及时采用药物防治，可用锐劲特、菇净喷雾，注意采菇前 7～10d 禁止用药。

2. 瘿蚊类

（1）别名　菇蝇。

（2）形态　成虫体长 1.07～1.1mm，翅展 1.8～2.3mm，小蝇状，淡褐、淡黄或橘红色。幼虫蛆形，体长 2.9mm 左右，头尖，无足，常为橘黄、淡黄或白色（图 6－10）。

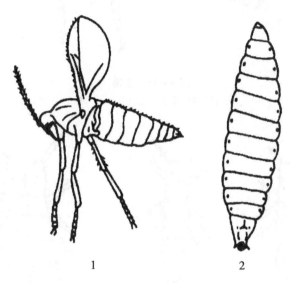

图 6－10　瘿蚊

1. 成虫；2. 幼虫

（引自常明昌教授《食用菌》第二版）

（3）为害　既取食菌丝和培养料，也咬食子实体，使菌丝衰退，子实体残留伤痕和斑块，品质下降。

（4）防治方法　同尖眼菇蚊类。

3. 蚤蝇类

（1）别名　粪蝇、菇蝇。

（2）形态　成虫体小，淡褐色至黑色，翅较短尖圆（图 6－11）。幼虫蛆形，白色，无足，体长约 4mm，无明显头部。

（3）为害　幼虫常在菇蕾附近取食菌丝，引起菌丝衰退而菇蕾萎缩，幼虫钻蛀子实体导致枯萎、腐烂。

（4）防治方法　同尖眼菇蚊类。

4. 跳虫类

（1）别名　烟灰虫。

（2）形态　跳虫体长 1～2mm，无翅，成虫灰色或紫色，虫体无变态（图 6－12）。

图 6 – 11　蚤蝇

（引自常明昌教授《食用菌》第二版）

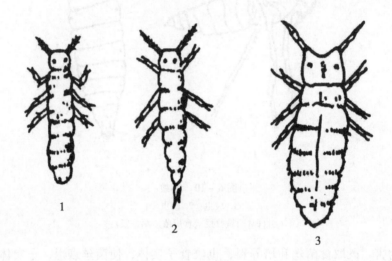

1

2

3

图 6 – 12　跳虫

1. 幼虫；2. 雌成虫；3. 雄成虫

（引自常明昌教授《食用菌》第二版）

（3）为害　蛱虫取食双孢菇、平菇、草菇、香菇等食用菌的子实体。

（4）防治方法　同尖眼菇蚊类。

专题二　害螨及其防治

螨类属于节肢动物门，蛛形纲，蜱螨目，是食用菌害虫的主要类群之一，统称菌螨，又叫菌虱、菌蜘蛛。螨类繁殖力极强，一旦侵入，为害极大。为害食用菌的螨类很多，其中以蒲螨类和粉螨类的为害最为普遍和严重。

1. 形态（图6-13）

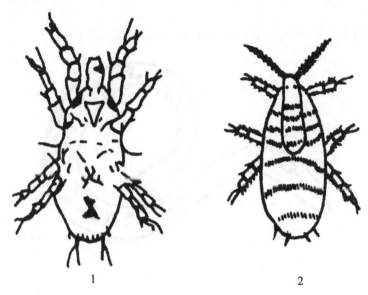

图6-13 螨
1. 腹面；2. 背面
（引自常明昌教授《食用菌》第二版）

（1）蒲螨 体小，长圆至椭圆，体壁毛短，咖啡色，行动缓慢，多在料面或土粒上聚集成团，似一层土黄色的粉。

（2）粉螨 比蒲螨大，圆形，白色发亮，体壁有若干长毛。单独行动。

2. 为害

螨害主要是培养料或昆虫带入菇房。螨咬食菌丝和子实体，咬食菌丝后，菌丝枯萎、衰退，严重时可将菌丝吃光。菌丝消失后，培养料变黑腐烂。它也能将菇蕾咬死，为害已长大的子实体。在子实体表面形成不规则的褐色凹陷斑点。吃了带有螨的子实体可引起腹泻。

3. 防治方法

①生产场地保持清洁卫生，要与粮库、饲料间及鸡畜舍保持一定距离。②培养室、菇房在每次使用前都要进行消毒杀虫处理。③培养料要进行杀虫处理。用3%～5%生石灰水浸泡，高温堆积发酵，常压或高压蒸汽灭菌，以达到杀死螨虫的目的。④发菌期间出现螨虫，可喷洒锐劲特、菇净、爱诺虫清等；出菇期间如有螨类害虫，可用毒饵诱杀。⑤严防菌种带螨。

专题三 线虫及其防治

线虫属于无脊椎动物门 线虫纲，主要为害双孢菇、草菇、木耳、银耳、香菇、平菇等食用菌，严重影响其产量。为害食用菌的线虫种类很多，多数是腐生性线虫，少数半寄生，只有极少数是寄生性的病原线虫，常见的腐生性线虫有嗜菌丝茎线虫和堆肥滑刃线虫。

1. 形态

线虫体形极小，长 1mm 左右，形如线状，两端稍尖（图 6 - 14）。

图 6 - 14 线虫

（引自常明昌教授《食用菌》第二版）

2. 为害

受害的子实体变色，腐烂，发出难闻的臭味。线虫的为害常随蚊、蝇、螨等害虫同时发生。

3. 防治方法

①保持菇房的清洁卫生，及时清除废料、残菇，进料前对菇房进行全面消毒杀虫处理。②对培养料进行高温堆积发酵。③做好蚊、蝇、螨等害虫的防治工作。④用水要清洁，培养料发生线虫后，应将周围的培养料挖掉，然后病区停水，使其干燥，可用 1% 的醋酸或 25% 的米醋喷洒或用 1.8% 的集琦虫螨虫克乳油 5ml/m^3，严重时用 7.5ml/m^3，或高效低毒、无残留新型熏蒸杀线虫剂线克（150 ~ 200 倍液）。

专题四 软体动物及其防治

为害食用菌的软体动物主要是蛞蝓，俗称鼻涕虫，属软体动物门的蛞蝓科。常见的有野蛞蝓、双线嗜黏液蛞蝓及黄蛞蝓 3 种。

（1）形态 体裸露，无外壳，成虫体颜色因种类不同而异，有灰色、淡黄色、黄褐色、橙色等。头前端有两对触角，能伸缩（图 6 - 15）。

（2）为害 蛞蝓晚间外出活动取食，直接咬食子实体，造成不规则的缺刻，严重

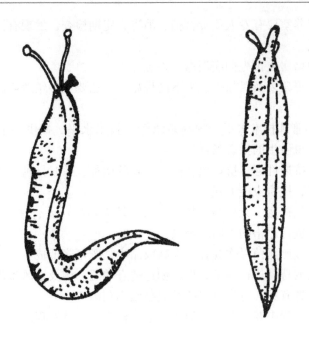

图 6 – 15　蛞蝓

（引自常明昌教授《食用菌》第二版）

影响食用菌的品质，在过于潮湿的菇房、菇场活动，为害尤为猖獗。

（3）防治方法　①保持场地清洁卫生，清除杂草及枯枝落叶，并撒一层生石灰粉。②人工捕杀。③毒饵诱杀。可用多聚乙醛 300g、砂糖 300g、敌百虫 50g、豆饼粉 400g，加适量的水拌成颗粒状毒饵，施放在蛞蝓潜伏及活动的场所进行诱杀。④发现为害后，可在夜间喷洒 5% 的甲酚皂液或稀释 100 倍的氨水。

第四节　病害综合防治措施

一、防治原则

食用菌本身是保健食品，与农作物相比较，生产周期短，多种病虫害又多发生于出菇期，因此，防治食用菌病虫害应遵循"预防为主，综合防治"的植保工作方针，利用农业、物理、生物、化学等综合措施防治，在防治上以选用抗病虫品种，合理的栽培管理措施为基础，从整个菇类的栽培布局出发，选择一些经济有效，切实可行的防治方法，取长补短，相互配合，综合利用，组成一个较完整的有机的防治系统，以达到降低或控制病虫害的目的，把其为害损失压低在经济允许的指标以下，以促进食用菌健壮生长，高产优质。

二、防治措施

1. 农业防治

（1）搞好环境卫生，杜绝虫源、菌源

①接种室、培养室要有专人负责打扫、消毒、定期检查，发现有污染的菌种立即处理，不可随地乱丢。

②发菌房、栽培房要预先彻底消毒、杀虫。

③发现病菇、虫菇要及时除去，采下的病菇、虫菇要集中销毁或深埋，不可丢在菇房边。

（2）提高栽培管理技术水平　提高栽培管理技术水平，提供一个有利于食用菌生长发育而不利于病虫滋生的生态条件。

①选用纯正、抗逆性强、抗病虫和菌龄适宜的菌种，适时播种，以保证接种后恢复生长快，生长健壮，抗病虫能力强。

②选用优质、无霉变、无虫蛀的栽培材料，培养料配比要合理，配料勿加过多糖、粮食类营养物，并进行严格的灭菌、杀虫。

③接种应严格按照无菌操作规程，提高成品率，既可降低成本，又可减少病虫源。

④根据食用菌的特性进行科学管理，创造适宜的温、湿及通风条件，尽量使环境条件对食用菌生长发育有利，对病虫害的发展蔓延不利。

⑤在栽培管理过程中要经常认真细致地进行检查，一旦发现病虫害，就要及时采取措施进行防治控制，防止扩散蔓延。

⑥栽培模式要注意合理轮作换茬。

2. 物理防治

（1）设屏障　栽培室的门窗和通风洞口要装纱网，阻止害虫的入侵。

（2）利用害虫的习性进行防治　有些害虫有着特殊的习性，如菌蚊幼虫有吐丝群居为害习性，对这些可人工捕捉；瘿蚊虫体小，怕干燥，将发生害虫的菌袋在阳光下暴晒1~2h或撒石灰，使虫干燥而死；另外，还有些鳞翅目的害虫幼虫老熟后个体大，颜色艳，可随时捕捉消灭。

（3）诱杀害虫　可用糖醋毒饵诱杀菌蝇成虫；菜籽饼或大骨头诱杀害螨；对蚊蛾用黑光灯或节能灯诱杀，效果也很好。

3. 生物防治

从理论上讲，采用生物防治是最理想的，由于它不污染环境，没有残毒，食用菌的生产场所范围小，人工容易控制，更有利于生物防治技术的应用。但由于食用菌生产周期短，困难较大。目前，用农用抗菌素防治细菌性病害，应用增产菌提高食用菌的抗病性、产量和品质。用寄生性线虫来防治蚤蝇、瘿蚊和眼菌蚊等。因此，在未来的食用菌病虫害防治中有广泛的应用前景。

4. 药剂防治

食用菌在栽培上不提倡使用药剂，尤其是在出菇期。食用菌栽培周期短，农药极易残留在子实体内，对人体健康不利。在栽培过程中，使用农药时必须注意：①用药前一定要将蘑菇全部采完。②严禁使用剧毒农药，对残效期长、不易分解及有刺激性气味的农药，不能直接用于菌床或菌袋上。③尽量选用高效、低毒低残留、对人畜和食用菌无害的药剂，并掌握适当的浓度，适期进行防治。

总之，对食用菌病虫害的防治必须坚持"预防为主，综合防治"的原则，努力改善食用菌的栽培环境，减少和杜绝病虫害发生机会，建立以生态防治为主、化学防治为辅的综合防治体系，确保食用菌生产的高产、优质和高效。

复习思考题

1. 在食用菌生产中，常发生的侵染性病害有哪些？如何防治？
2. 在食用菌生产中，常发生的生理性病害有哪些？如何防治？
3. 在食用菌生产中，常发生的虫害有哪些？如何防治？

附录　菌类园艺工国家职业标准

1. 职业概况

1.1　职业名称

菌类园艺工。

1.2　职业定义

从事食、药用菌等菌类的菌种培养、保藏，栽培场所的建造，培养料的准备以及菌类的栽培管理、采收、加工、贮藏的人员。

1.3　职业等级

本职业共设四个等级，分别为：初级（国家职业资格五级）、中级（国家职业资格四级）、高级（国家职业资格三级）、技师（国家职业资格二级）。

1.4　职业环境

室内外、常温。

1.5　职业能力特征

手指、手臂灵活，色、味、嗅等感官灵敏，动作协调性强，有一定的计算和表达能力。

1.6　基本文化程度

初中毕业。

1.7　培训要求

1.7.1　培训期限

全日制职业学校教育，根据其培养目标和教学计划确定。晋级培训期限：初级不少于 500 标准学时；中级不少于 400 标准学时；高级不少于 350 标准学时；技师不少于 300 标准学时。

1.7.2　培训教师

培训初级、中级人员的教师必须取得本职业高级以上职业资格证书；培训高级人员、技师的教师必须具备相关专业讲师以上专业技术职称，或取得技师职业资格证书 2 年以上，并具有丰富的实践经验。

1.7.3　培训场地设备

满足教学需要的标准教室、实验室、菌种生产车间、栽培试验场、产品加工车间。设备、设施齐全，布局合理，符合国家安全、卫生标准。

1.8　鉴定要求

1.8.1　适用对象

从事或准备从事本职业的人员。

1.8.2　申报条件

——初级（具备以下条件之一者）：

（1）经本职业初级正规培训达规定标准学时数，并取得毕（结）业证书。

（2）在本职业连续见习工作二年以上。

（3）本职业学徒期满。

——中级（具备以下条件之一者）：

（1）取得本职业初级职业资格证书后，连续从事本职业工作 3 年以上，经本职业中级正规培训达规定标准学时数，并取得毕（结）业证书。

（2）取得本职业初级职业资格证书后，连续从事本职业工作 5 年以上。

（3）在本职业连续工作 7 年以上。

（4）取得经劳动保障行政部门审核认定的，以中级技能为培养目标的中等以上职业学校本职业毕业证书。

——高级（具备以下条件之一者）：

（1）取得本职业中级职业资格证书后，连续从事本职业工作 3 年以上，经本职业高级正规培训达规定标准学时数，并取得毕（结）业证书。

（2）取得本职业中级职业资格证书后，连续从事本职业工作 5 年以上。

（3）取得高级技工学校或经劳动保障行政部门审核认定的，以高级技能为培养目标的高等职业学校本职业毕业证书。

——技师（具备以下条件之一者）：

（1）取得本职业高级职业资格证书后，连续从事本职业工作 4 年以上，经本职业技师正规培训达规定标准学时数，并取得毕（结）业证书。

（2）取得本职业高级职业资格证书后，连续从事本职业工作 5 年以上。

（3）高级技工学校本职业毕业生，连续从事本职业工作 2 年以上。

1.8.3　鉴定方式

分为理论知识考试（笔试）和技能操作考核。理论知识考试采用闭卷笔试方式，满分为 100 分，60 分及以上者为合格。理论知识考试合格者参加技能操作考核。技能操作考核采用现场实际操作方式进行，技能操作考核分项打分，满分为 100 分，60 分及以上者为合格。技师鉴定还须通过综合评审。

1.8.4　考评人员与考生配比

理论知识考试考评员与考生的比例为 1∶15；技能操作考核考评员与考生的比例为 1∶5。

1.8.5　鉴定时间

理论知识考试为 120min。技能操作考核（累计）240min。

1.8.6　鉴定场所、设备

理论知识考试在标准教室里进行。技能操作考核在食、药用菌制种、栽培、产后加工场所进行，设备设施齐全，场地符合安全、卫生标准。

2. 基本要求

2.1　职业道德

2.1.1 职业道德基本知识

2.1.2 职业守则

（1）热爱本职，忠于职守；

（2）遵纪守法，廉洁奉公；

（3）刻苦学习，钻研业务；

（4）礼貌待人，热情服务；

（5）谦虚谨慎，团结协作。

2.2 基础知识

2.2.1 基本理论知识

2.2.1.1 微生物学基础知识

（1）微生物的概念与微生物类群；

（2）微生物的分类知识；

（3）细菌、酵母菌、霉菌、放线菌的生长特点与规律；

（4）消毒、灭菌、无菌知识；

（5）微生物的生理。

2.2.1.2 食、药用菌基础知识

（1）食、药用菌的概念、形态和结构；

（2）食、药用菌的分类；

（3）常见食、药用菌的生物学特性；

（4）食、药用菌的生活史；

（5）食、药用菌的生理；

（6）食、药用菌的主要栽培方式。

2.2.2 有关法律基础知识

（1）《种子法》；

（2）《森林法》；

（3）《环境保护法》；

（4）《全国食用菌菌种暂行管理办法（食用菌标准汇编)》；

（5）《食品卫生法》；

（6）《劳动法》。

2.2.3 食、药用菌业成本核算知识

（1）食、药用菌的成本概念；

（2）食、药用菌干、鲜品的成本计算；

（3）食、药用菌加工产品的成本计算。

2.2.4 安全生产知识

（1）实验室、菌种生产车间、栽培试验场、产品加工车间的安全操作知识；

（2）安全用电知识；

（3）防火、防爆安全知识；

（4）手动工具与机械设备的安全使用知识；

（5）化学药品的安全使用、贮藏知识。

3. 工作要求

本标准对初级、中级、高级、技师的技能要求依次递进，高级别包括低级别的要求。

3.1　初级

职业能力	工作内容	技能要求	相关知识
一、食、药用菌菌种制作	（一）制作原种和栽培种培养基	1. 能够制作原种培养基 2. 能够制作栽培种培养基	1. 制作原种培养基的程序和技术要求 2. 制作栽培种培养基的程序和技术要求
	（二）转接菌种	1. 能够进行空间、器皿、接种工具的消毒灭菌 2. 能够进行手的消毒 3. 能够使用接种工具 4. 能够进行转接操作	1. 消毒的方法和技术要求 2. 灭菌的方法和技术要求 3. 接种的技术要求与正确的操作方法
	（三）培养原种	1. 能够培养原种 2. 能够识别侵染原种的常见病害特征 3. 能够识别一种正常的食药用菌原种	1. 原种的培养要求 2. 常见原种病害的侵染特征 3. 原种的质量标准
	（四）培养栽培种	1. 能够培养栽培种 2. 能够识别侵染栽培种的常见病害特征 3. 能够识别一种正常的食药用菌栽培种	1. 栽培种的培养要求 2. 常见栽培种病害的侵染特征 3. 栽培种的质量标准
	（五）菌种的短期贮藏	1. 能够实施母种的短期贮藏 2. 能够实施原种的短期贮藏 3. 能够实施栽培种的短期贮藏	1. 母种的短期贮藏方法 2. 原种的贮藏方法与要求 3. 栽培种的贮藏方法与要求
二、食、药用菌栽培	（一）栽培棚室的建造与维护管理	1. 能够搭建出菇棚室 2. 能够进行出菇棚室的维护管理	1. 食、药用菌出菇棚室搭建的要求 2. 食、药用菌出菇棚室的维护管理知识
	（二）栽培食、药用菌培养料的处理	1. 能够粉碎、配制栽培原料 2. 能够进行培养料的发酵 3. 能够进行培养料的装袋 4. 能够进行培养料的上床操作 5. 能够进行播种操作 6. 能够调试使用粉碎机、拌料机和装袋机	1. 栽培食、药用菌的原料知识 2. 栽培袋的选择与合理使用 3. 培养料发酵、装袋、上床和播种操作知识 4. 粉碎机、拌料机和装袋机的刻度与使用方法

（续表）

职业能力	工作内容	技能要求	相关知识
二、食、药用菌栽培	（三）栽培场所环境条件调控	1. 能够调节食、药用菌出菇棚室的温度条件 2. 能够调节食、药用菌出菇棚室的光照条件 3. 能够调节食、药用菌出菇棚室的水分条件 4. 能够调节食、药用菌出菇棚室的空气条件	食、药用菌出菇棚室温度、光照、水分、空气等环境因素的调节方法
	（四）栽培场所的病虫害防治	1. 能够识别侵染食、药用菌的常见病害特征 2. 能够识别侵染食、药用菌的常见虫害特征	1. 常见食、药用菌病害的侵染特征 2. 常见食、药用菌虫害的侵染特征
	（五）食、药用菌的栽培管理	1. 能够指出一种食、药用菌发菌期所需的温度、光照、水分、空气等环境条件 2. 能够进行一种食、药用菌发菌期的常规管理 3. 能够指出一种食、药用菌出菇期所需的温度、光照、水分、空气等环境条件 4. 能够进行一种食、药用菌出菇期的常规管理	1. 平菇、香菇、黑木耳发菌期所需的温度、光照、水分、空气等环境条件的要求 2. 平菇、香菇、黑木耳的栽培管理知识
三、食、药用菌产品加工	（一）鲜菇采收	1. 能够确定食、药用菌的鲜菇适时采收期 2. 能够正确采收 3. 能够进行采收后处理	1. 食、药用菌生长发育的知识 2. 食、药用菌采收后处理方法
	（二）食、药用菌商品菇干制	1. 能够选择食、药用菌商品菇的干制方法 2. 能够进行三种食、药用菌商品菇的干制	食、药用菌干制的方法与技术要求

3.2 中级

职业能力	工作内容	技能要求	相关知识
一、食、药用菌菌种制作	（一）试管母种制作	1. 能够选择培养基配方 2. 能够进行试管母种的制作与培养 3. 能够识别侵染母种的常见病害特征 4. 能够识别三种食、药用菌正常试管母种	1. 培养基配制原则 2. 制作试管母种的程序和技术要求 3. 母种的培养要求 4. 常见母种病害的侵染特征 5. 食、药用菌母菌的质量标准

（续表）

职业能力	工作内容	技能要求	相关知识
一、食、药用菌菌种制作	（二）原种和栽培种制作与培养	1. 能够选择原种、栽培种培养基配方 2. 能够选择消毒、灭菌方法 3. 能够进行谷粒菌种制作与培养 4. 能够识别三种食、药用菌正常原种、栽培种	1. 制种原料处理的作用要求 2. 制作谷粒菌种的程序与技术要求
二、食、药用菌栽培	（一）食、药用菌配制培养料	1. 能够比较选择栽培原料 2. 能够合理配制培养料	培养料配制原则
	（二）栽培场所病虫害防治	1. 能够进行食、药用菌常见病害的防治 2. 能够进行食、药用菌常见虫害的防治	1. 常见食、药用菌病害的种类、发生期与防治措施 2. 常见食、药用菌虫害的种类、发生期与防治措施
	（三）食、药用菌的栽培管理	1. 能够指出三种食、药用菌发菌期所需的温度、光照、水分、空气等环境条件 2. 能够进行三种食、药用菌发菌期的常规管理 3. 能够指出三种食、药用菌出菇期所需的温度、光照、水分、空气等环境条件 4. 能够进行三种食、药用菌出菇期的常规管理	1. 猴头、灵芝、双孢菇、金针菇、银耳、滑子菇、草菇、鸡腿菇生长发育环境条件要求 2. 猴头、灵芝、双孢菇、金针菇、银耳、滑子菇、草菇、鸡腿菇的栽培管理知识
三、食、药用菌产品加工	食、药用菌商品菇盐渍加工	能够进行一种食、药用菌商品菇的盐渍加工	食、药用菌盐渍加工的技术要求

3.3 高级

职业能力	工作内容	技能要求	相关知识
一、食、药用菌菌种制作	（一）食、药用菌菌种分离	1. 能够选择菌种分离方法 2. 能够进行菌种分离操作	食、药用菌菌种分离方法与技术要求
	（二）食、药用菌菌种保藏	1. 能够选择菌种保藏方法 2. 能够实施菌种保藏	食、药用菌种保藏的原理与方法
二、食、药用菌栽培	（一）栽培场所病虫害防治	1. 能够进行食、药用菌病害的综合防治 2. 能够进行食、药用菌虫害的综合防治	1. 食、药用菌病害的综合防治知识 2. 食、药用菌虫害的综合防治知识

（续表）

职业能力	工作内容	技能要求	相关知识
二、食、药用菌栽培	（二）食、药用菌的栽培管理	1. 能够指出四种食、药用菌发菌期所需的温度、光照、水分、空气等环境条件 2. 能够进行四种食、药用菌发菌期的常规管理 3. 能够指出四种食、药用菌出菇期所需的温度、光照、水分、空气等环境条件 4. 能够进行四种食、药用菌出菇期的常规管理	1. 杏鲍菇、白灵菇、茶薪菇、真姬菇、灰树花、大球盖菇、竹荪、姬松茸、阿魏菇生长发育环境条件要求 2. 杏鲍菇、白灵菇、茶薪菇、真姬菇、灰树花、大球盖菇、竹荪、姬松茸、阿魏菇的栽培管理知识
三、食、药用菌产品加工	食、药用菌保鲜技术	1. 能够选择食、药用菌的保鲜方法 2. 能够实施三种以上食、药用菌的保鲜	食、药用菌商品菇的保鲜方法与技术要求

3.4 技师

职业能力	工作内容	技能要求	相关知识
一、食、药用菌菌种制作	食、药用菌菌种提纯复壮	1. 能够选择污染试管母种的提纯方法 2. 能够选择试管母种的复壮方法 3. 能够进行试管母种提纯复壮操作	食、药用菌菌种提纯知识
二、食、药用菌菌场组建与管理	（一）食、药用菌菌场建设	1. 能够提供建设食、药用菌菌场（菌种厂、栽培场、产品加工厂）的技术方案 2. 能够购置食、药用菌菌场（菌种厂、栽培场、产品加工厂）的必备设备设施	1. 食、药用菌菌场的建造原则与技术要求 2. 食、药用菌菌场的必备设备设施
	（二）食、药用菌菌场技术管理	1. 能够制定食、药用菌菌种厂的技术规程 2. 能够制定食、药用菌栽培场的技术规程 3. 能够制定食、药用菌产品加工厂的技术规程 4. 能够制定食、药用菌菌场各部门技术人员配置方案	1. 制定食、药用菌菌种厂的技术规程的要求 2. 制定食、药用菌栽培场技术规程的要求 3. 制定食、药用菌产品加工厂技术规程的要求

（续表）

职业能力	工作内容	技能要求	相关知识
三、食、药用菌栽培	（一）食、药用菌栽培	1. 能够提供食、药用菌栽培评比试验方案 2. 能够提供食、药用菌反季节栽培技术方案 3. 能够提供食、药用菌周年栽培技术方案 4. 能够提供新种类，珍稀食、药用菌种类推广种植技术方案	1. 食、药用菌栽培评比试验方案的设计要求 2. 食、药用菌反季节栽培设计要求 3. 食、药用菌周年栽培设计要求 4. 能够提供新种类，珍稀食、药用菌种类推广种植技术方案
	（二）病虫害防治	1. 能够对食、药用菌发菌期大面积异常现象进行原因分析 2. 能够对食、药用菌出菇期畸形菇发生原因进行分析并尝试救治	食、药用菌病虫害侵染机理与条件
四、培训指导	（一）培训	1. 能够参与编写初级、中级、高级工培训教材 2. 能够培训初级、中级、高级工	1. 教育学基本知识 2. 心理学基本知识 3. 教学培训方案制定方法
	（二）指导	能够指导初级、中级、高级工的日常工作	

4. 比重表

4.1 理论知识

项　　　目		初级（%）	中级（%）	高级（%）	技师（%）
基本要求	1. 职业道德	5	5	5	5
	2. 基础知识	25	20	15	—
相关知识	1. 食、药用菌菌种制作	30	30	30	30
	2. 食、药用菌栽培	30	35	40	35
	3. 食、药用菌产品加工	10	10	10	—
	4. 食、药用菌菌场组建与管理	—	—	—	25
	5. 培训指导	—	—	—	5
合计		100	100	100	100

4.2 技能操作

	项 目	初级（%）	中级（%）	高级（%）	技师（%）
技能要求	1. 食、药用菌菌种制作	40	40	40	35
	2. 食、药用菌栽培	45	45	45	35
	3. 食、药用菌产品加工	15	15	15	—
	4. 食、药用菌菌场组建与管理	—	—	—	20
	5. 培训指导	—	—	—	10
合计		100	100	100	100

主要参考文献

［1］刘波等.1989.山西食用菌栽培.太原：山西科学教育出版社

［2］刘波等.1991.食用菌病害及其防治.太原：山西科学教育出版社

［3］刘波.1974.中国药用真菌.太原：山西人民出版社

［4］常明昌等.2009.食用菌栽培（第二版）.北京：中国农业出版社

［5］杨新美等.1996.食用菌栽培学.北京：中国农业出版社

［6］王贺祥.2008.食用菌栽培学.北京：中国农业大学出版社

［7］常明昌等.2003.食用菌栽培学.北京：中国农业出版社

［8］常明昌等.2002.食用菌栽培.北京：中国农业出版社

［9］常明昌.1998.图说食用菌栽培新技术.北京：科学出版社

［10］常明昌.1994.实用食用菌学.太原：山西高校联合出版社

［11］常明昌.1998.香菇栽培技术.北京：人民出版社

［12］吕作舟等.2006.食用菌栽培学.北京：高等教育出版社

［13］潘崇环等.2010.食用菌栽培新技术图解表.北京：中国农业出版社

［14］李玉.2008.中国真菌志（黏菌卷2）：绒泡菌目·发网菌目.北京：科学出版社

［15］黄年来等.2010.中国食药用菌学.上海：上海科学技术文献出版社

［16］黄年来等.1987.自修食用菌学.南京：南京大学出版社

［17］黄年来等.1993.中国食用菌百科.北京：中国农业出版社

［18］黄年来等.1998.中国大型真菌原色图鉴.北京：中国农业出版社

［19］黄年来.1998.18 种珍稀美味食用菌栽培.北京：中国农业出版社

［20］黄毅等.2008.食用菌栽培.北京：高等教育出版社

［21］王德芝等.2012.现代食用菌生产技术.武汉：华中科技大学出版社

［22］谢宝贵等.1999.食用菌栽培新技术.福州：福建科学技术出版社

［23］谢宝贵等.2000.珍稀食用菌栽培技术.福州：福建科学技术出版社

［24］刘振祥等.2011.食用菌栽培技术.北京：化学工业出版社

［25］冯景刚.1997.种菇速成图说.北京：中国农业出版社

［26］卯晓岚等.2000.中国大型真菌.郑州：河南科学技术出版社

［27］何培新等.2001.茶树菇高效栽培技术.郑州：河南科学技术出版社

［28］何培新等.1999.名特新食用菌 30 种.北京：中国农业出版社

［29］夏志兰.2012.食用菌菌种生产与检验技术.长沙：湖南科学技术出版社

［30］曹德槟.2012.有机食用菌安全生产技术指南.北京：中国农业出版社

［31］杜双田等.2002.蛹虫草、灰树花、天麻高产栽培新技术.北京：中国农业出

版社

[32] 杨庆尧.1981.食用菌生物学基础.上海：上海科学技术出版社

[33] 李育岳.2012.食用菌栽培手册.北京：金盾出版社

[34] 王波等.2004.杏鲍菇栽培与加工.北京：金盾出版社

[35] 王春晖.2012.食用菌栽培新技术.长沙：湖南科学技术出版社

[36] 陈俏彪.2012.食用菌生产技术.北京：中国农业出版社

[37] 黄晨阳等.2012.国家食用菌标准菌株库菌种目录.北京：中国农业出版社

[38] 张金霞.2004.食用菌安全优质生产技术.北京：中国农业出版社

[39] 张金霞.2000.新编食用菌生产技术手册.北京：中国农业出版社

[40] 潘崇环等.2006.新编食用菌栽培技术图解.北京：中国农业出版社

[41] 潘崇环等.2004.珍稀食用菌栽培与名贵野生菌的开发利用.北京：中国农业
出版社

[42] 张雪岳.1988.食用菌学.重庆：重庆大学出版社

[43] 李育岳等.2000.金针菇高产栽培新技术.北京：中国农业出版社

[44] 张甫安等.2000.珍稀菌菇实用栽培技术.香港：香港教科文出版有限公司

[45] 张甫安.1989.食用菌制种指南.上海：上海科学技术出版社

[46] 李玉等.1996.药用菌物学.长春：吉林科学技术出版社

[47] 陈士瑜.2003.食用菌栽培新技术.北京：中国农业出版社

[48] 蔡衍山等.2003.食用菌无公害生产技术手册.北京：中国农业出版社

[49] 杨国良等.1999.26种北方食用菌栽培.北京：中国农业出版社

[50] 张树庭，P. G. Miles 著.杨国良，张金霞译.1992.食用蕈菌及其栽培.保定：
河北大学出版社

[51] 姚淑先等.1997.花菇栽培新技术.北京：中国农业出版社

[52] 刘克均.1990.食用菌病虫害防治实用技术.北京：农业出版社

[53] 郭美英等.2000.中国金针菇生产.北京：中国农业出版社

[54] 李昊等.2003.虫草人工栽培与深度开发.北京：科学技术文献出版社

[55] 应建浙等.1982.食用蘑菇.北京：科学出版社

[56] 应建浙等.1987.中国药用真菌图鉴.北京：科学出版社

[57] 邓淑群.1963.中国的真菌.北京：科学出版社

[58] 戴芳澜.1979.中国真菌总汇.北京：科学出版社

[59] 杨曙湘等.1991.食用菌栽培原理与技术.长沙：湖南科技出版社

[60] 寿诚学.1982.蘑菇栽培.北京：农业出版社

[61] 杨爱民.2007.白灵菇无公害栽培技术.北京：科学技术文献出版社

[62] 贾身茂等.2000.中国平菇生产.北京：中国农业出版社

[63] 贾身茂.2004.白灵菇无公害生产技术.北京：中国农业出版社

[64] 宫志远等.2002.食用菌保护地栽培技术.济南：山东科学技术出版社

[65] 王传福.2002.新编食用菌生产手册.郑州：中原农民出版社

[66] Atinks F C.1974. Guide to mushroom growing. Faber and Faber, London

［67］刘遐. 2005. 我国食用菌工厂化生产发展的若干重要关系（一）（二）（三）. 食用菌，（1）～（3）：1～2

［68］Chang S T，Hayes W A. 1978. Tthe Biology and Cultivation of Edible Mushrooms，Academic Press，New York

［69］Deacon J W. 1980. Introduetion to Modern Mycology，Blaekwell

［70］Hawksworth D L，Sutton B C，Ainsworth G C. 1983. Ainsworth & Bisby's Dictionary of the Fungi，Seventh Edition. Commonwealth Mycological Institude，Kew

［71］Kerrigan R W. 1995. Global genetic resources for Agaricus breeding and cultivation. Can. J. Bot.，73（Suppl. 1）：S973～S973

［72］Liu B. 1984. The Gasteromycetes of China. J. Croamer，Vaduz

［73］Liu B，KTao，Chang M C. 1989. Two new species of Melanogaster from china. Acta Mycologica Sinica，8（3）：210～213

［74］Singer R. 1961. Mushrooms and Truffles，Botany Cultivation and Utilization. Leonard ill（Books）Limited. Inc，London，Inter-science Publishers，New York

［75］Weber N S，Smith A H. 1985. A Field Guide to Southern Mushroom，The University of Michigan Press，Ann Arbor